한반도,
서양 고지도로 만나다

한반도, 서양 고지도로 만나다

초판 1쇄 발행   2015년 8월 6일
초판 2쇄 발행   2016년 2월 12일

지은이   정인철

펴낸이   김선기
펴낸곳   (주)푸른길
출판등록   1996년 4월 12일 제16-1292호
주소   (08377) 서울특별시 구로구 디지털로 33길 48 대륭포스트타워 7차 1008호
전화   02-523-2907, 6942-9570~2
팩스   02-523-2951
이메일   purungilbook@naver.com
홈페이지   www.purungil.co.kr

ISBN   978-89-6291-292-0 93980

중세부터 근대까지, 서양 고지도 속 한반도에 대한 총체적 분석

한반도,
서양 고지도로 만나다

정인철 지음

푸른길

머리말

인간은 시간과 공간 속에서 살아간다. 그리고 인간은 자신이 사는 시대의 공간을 지도로 표현하였다. 즉 지도는 인간이 살아가는 공간의 표상이다. 따라서 고지도에는 역사의 흔적이 고스란히 배어 있고 고지도를 연구하면 시간 속에서 공간이 어떻게 변해 왔는가를 알 수 있게 된다.

지도를 제작하는 것은 과학적이고 객관적인 행위만은 아니다. 지도를 제작하기 위해서는 지도에 표현해야 할 대상과 삭제해야 할 대상을 구분하여 취사선택하게 되는데, 이 과정에 제작자의 공간 인식이 개입된다. 또한 제작된 지도는 탐험을 하거나 여행을 하는 데 이용되기도 하며, 서적의 참고자료로 첨부되기도 하는데 이때의 지도는 소비자가 원하는 정보가 들어 있거나 취향에 맞아야 한다. 이처럼 지도의 제작과 이용, 보관의 모든 과정은 지도 제작자의 공간 인식과 지도 소비자의 정보 취향이 상호 작용하면서 이루어지는 것이다. 예를 들어 18세기 후반에 제작된 유럽의 지도책에는 캘리포니아가 섬으로 표시된 지도와 반도로 표시된 지도가 함께 수록된 경우가 있다. 당시 캘리포니아를 섬으로 인지하고 있었기 때문이 아니라 독자 중의 일부가 캘리포니아를 17세기의 지도처럼 섬으로 표시하기를 원했기 때문인데, 이 지도책의 편집자가 두 독자층을 모두 만족시키기 위해 함께 수록한 것이다.

따라서 고지도를 제대로 연구하기 위해서는 지도 제작에 필요한 이론뿐만 아니라 당시의 사회적 상황에 대해서도 이해해야 한다. 18세기까지도 측량을 하지 않고 지도를 제작하는 경우가 많았다. 직접 우주에 가 보지 않고도 우주 지도를 만드는 것과 마찬가지로, 가 보지 않은 세계는 이론에 의거해서 그렸다. 거기에는 지리적 사실과 관계없이 학문적으로 명성이 높은 지리학자의 이론이 채택되기도 하였다. 물론 탐험에 의해 사실이 알려지면 그 내용은 논의를 거쳐 수정되었다.

지도의 역사를 연구하기 위해서는 무엇보다도 많은 지도를 접하는 것이 필요하다. 그래서 지도의 역사 연구에는 지도학자만이 아니라 지도 수집가나 고지도 판매상들이 큰 역할을 하고 있다. 고미술품을 제대로 팔기 위해 미술품의 작가나 내용에 대해 설명해야 하듯이, 고지도를 팔기 위해서는 지도가 가지는 가치를 독자에게 알려야 한다. 누가, 언제, 어떤 목적으로 제작했으며 얼마나 희귀한가를 제대로 알려야 비싼 값을 받을 수 있다. 그러다 보니 고지도 상인들은 재야 학자의 범주를 뛰어넘어 지도 연구자가 되기도 한다. 이것은 기본적으로 이들이 늘 지도와 접할 기회가 많기 때문이다.

또한 세계적인 지도 역사 전문가 중에는 도서관의 지도 전시실 사서로 평생을 보낸 분들도 있다. 이들 역시 남들이 보기 힘든 원본 지도를 가까이 접할 수 있었기 때문이다. 필자는 영국과 프랑스의 도서관에서 희귀본 지도 열람을 신청하였다가 여러 번 거절당한 경험이 있다. 원본 파손의 위험이 있다는 것이다. 지도 역시 미술품과 마찬가지로 원본을 보는 것과 도록에 수록된 것을 보는 것에는 엄청난 차이가 있다. 원본을 보면 당시의 지도 제작자가 지도를 그리면서 느낀 지리적 상상력에 대해 생각해 보게 된다. 그들은 아시아 지도를 그리면서 부의 땅, 미지의 땅에 대한 무한한 상상력으로 가슴이 뛰었을 것이다. 그리고 지도의 빈 공간에 새롭게 발견한 내용을 기재하면서, 미지의 세계에 사는 사람들에 대한 막연한 인류애 아니면 정복욕을 느꼈을 것이다.

서양 고지도들 중에도 우리나라를 그린 지도들이 많다. 이들 지도는 모두 우리나라의 과거 공간에 대한 매우 귀중한 사료이다. 하지만 한반도는 당시 유럽 인의 관심사가 아니었기 때문에 중국이나 일본에 비해 상당히 늦게 지도에 표현되기 시작하였다. 16세기부터 일부 지도에 한반도를 표현하기 시작한 이후 유럽의 지리서에도 한반도에 대한 정보가 등장하였다. 이 정보들은 유럽 인이 한반도를 보는 지리적 인식을 반영한 것이다.

　하지만 현재 우리나라의 '서양 고지도 속의 한반도'에 대한 연구는 매우 일천하다. 코리아 지명의 사용, 동해와 독도 표현, 이양선이 그린 조선 말기의 한반도 지도, 고지도 속의 한반도 형태를 비교하는 연구에 제한되고 있는 실정이다. 정작 우리에게 중요한 연구, 예를 들어 라페루즈(La Pérouse)가 왜 동해를 한국해가 아닌 일본해로 표기했는지, 당시 유럽 인의 해양 표기 방식은 무엇이었는지, 중세에 고려가 어떻게 지도에 표기되었는지, 솔랑기와 카우리가 지도에 어떻게 표현되었는지, 더들리(Robert Dudley)의 해도에서 조선이 어떻게 기술되었는지, 한반도가 왜 섬으로 그려졌는지 등에 대한 연구는 전혀 이루어지지 않고 있다. 그러다 보니 국립해양박물관에 전시된 더들리의 해도집 『바다의 신비(Dell'Arcano del Mare)』의 해설문에도 저자와 제목, 그리고 동해가 한국해로 표기되었다는 내용만 소개될 뿐이다.

　사실 서양 고지도 연구는 우리에게 결코 쉽지 않은 일이다. 한 장의 새로운 지도를 발굴하기 위해서는 많은 지도를 살펴봐야 하며 기존의 지도를 완전히 숙지해야 한다. 그런데 우리는 무엇보다도 이들 지도에 대한 접근성이 매우 낮다. 물론 우리나라에도 서양 고지도의 열람이 가능한 박물관이 있다. 하지만 거의 전부가 동해나 독도와 관련된 지도만 보관하고 있을 따름이다. 그래서 런던이나 파리 또는 네덜란드의 도서관에서 지도를 발굴해야 하는데, 이들 도서관에서는 하루에 10장 정도의 지도 열람만 허용하고 있다. 런던의 대영도서관의 경우, 지도 자료실에는 카메라를 들고 들어갈 수 없는 것은 물론이고 외투까지 벗어야 한다. 그리고 10장의 지도를 열람한다고 해도 실제로 한반도에 관한 새로운 콘텐츠를 제공하는 지도는 거의 없다. 사전 역시 마찬가지다. 어떤 사전의 열람을 신청해서 '코리아'와 같이 우리가 필요로 하는 단어를 검색해 보지만, 사전에 그런 단어가 아예 명시되어 있지 않거나 한 줄로만 설명된 경우가 많다.

～✦～

이 책은 서양 고지도에 등장하는 한반도에 대해 전반적인 지식을 제공하는 것을 목적으로 한다. 일부 내용은 기존에 알려진 것이지만, 상당수의 내용은 기존의 논문이나 저서에서 전혀 언급되지 않은 것들이다. 지도 역시 필자가 새롭게 발굴한 것들을 집중적으로 수록하여 독자들에게 새로운 콘텐츠를 제공하고자 하였다.

먼저 1장에서는 중세 유럽의 지도를 살펴본다. 중세 유럽의 세계지도는 기독교 세계관을 표출한 것으로, 이에 따라 지상 낙원인 에덴동산이 동아시아에 위치한다. 중세 초기에는 에덴동산이 인도 정도에 표시되었지만, 점차 동쪽으로 이동하여 중국의 동쪽에 표시된 지도도 등장하였다. 성경에 언급된 말세도 동아시아와 관계가 있다. 반기독교 지도자들인 곡(Gog)과 마곡(Magog)의 민족이 지도상에 처음 등장한 곳은 캅카스 산맥이었으나, 점차 동쪽으로 이동해서 나중에는 만리장성 동쪽, 심지어 한반도에 위치시키는 지도도 등장하였다. 마르코 폴로의 『동방견문록』에는 고려로 추정되는 카우리가 언급되었고, 아브라함 크레스크는 1375년의 『카탈루냐 아틀라스』에 카우리를 표시하였다. 중세의 지도에 한반도가 직접적으로 그려진 경우는 드물지만,

일부 지도에서 성경의 세계관 또는 『동방견문록』과 관련하여 언급되었다.

2장에서는 16세기의 지도를 다룬다. 16세기의 동아시아 지도 제작은 포르투갈이 주도하였다. 특히 호드리게스의 지도에 한반도가 표시되었고, 이후에는 도라두나 테이셰이라 등의 지도에 한반도가 그려져 있다. 여기서는 이들 지도에서 한반도가 길쭉한 섬으로 그려진 이유에 대해서 살펴볼 것이다. 그리고 유명한 메르카토르(Gerhardus Mercator)의 『1569년 세계지도』에 솔랑가라는 지명이 표시되어 있는데, 이와 관련하여 당시 네덜란드 지도의 솔랑가(기)와 카우리 지명에 대해 살펴볼 것이다.

3장에서는 17세기의 지도를 다룬다. 17세기의 지도는 대체로 네덜란드의 주도하에 제작되었지만, 17세기의 전반부까지는 여전히 포르투갈이 동아시아 지도를 주도하였다. 1610년대에 에레디아가 한반도 지도를 그렸고, 한반도가 카티가라일 확률이 높다고 주장하였다. 1630년경에는 최고의 지도들이 만들어지는데, 바로 주인선(朱印船)의 정보를 활용한 포르투갈 해도이다. 포르투갈의 동남아시아 정보와 일본의 한반도 정보를 결합하여 그린 지도로서 주인선 무역에 사용되었다. 주목할 만한 것은 이 지도들 중 하나에 독도로 추정되는 섬이 그려져 있다는 점이다. 또한 네덜란드 동인도 회사에서 제작한 지도 속의 한반도에 대해서도 살펴볼 것이다. 그리고 블라외의 대지도첩의 일부로 제작된 마르티니의 『신 중국 지도첩』에 수록된 한반도의 형상 및 한반도에 대한 기술과 로버트 더들리의 『바다의 신비』에 수록된 지도를 살펴본 다음, 네덜란드 해도집 속의 한반도에 대해 언급할 것이다. 17세기 중반 이후에는 세계지도 제작의 중심이 네덜란드에서 프랑스로 이동하는데, 지도 제작에 대한 루이 14세의 후원으로 지도 제작 기술을 프랑스가 주도하게 되었기 때문이다. 17세기 중반 네덜란드와 프랑스의 지도 제작 기술의 전환기에 활동했던 사람이 지리학자인 상송이다. 그는 다양한 중국 정보를 수집하여 조선을 반도 또는 섬으로 그렸다.

4장에서는 18세기의 지도를 다룬다. 18세기의 동아시아 지도는 프랑스의 영향력에 의해 좌우되었다. 프랑스 예수회 선교사들이 중국에 진출한 뒤 좌표를 수집하여 프랑스 과학원에 전달하였기 때문이다. 그래서 18세기 초부터 프랑스의 아시아 지도에서 한반도는 새로운 형태로 나타난다. 동시에 18세기 초부터 동해 명칭으로 한국해가 사용되는데, 한국해의 정의에 대해서는 기존의 누구도 연구하지 않은 부분이다. 여기에서는 이에 대해 살펴볼 것이다. 또한 『황여전람도』가 제작된 이후 이 지도를 바탕 지도로 당빌이 『신 중국 지도첩』을 제작했고, 이 지도첩에 「조선도」가 수록되어 있다. 이 「조선도」의 내용을 상세히 살펴본 다음, 당빌의 지도첩 속에 수록된 지도의 조·중 경계를 중심으로 간도 문제에 대해 언급할 것이다. 그리고 18세기 해도에 표시된 조선에 대한 지리 정보를 라페루즈의 항해기를 중심으로 살펴볼 것이다.

5장은 19세기 제국주의 시대의 한반도 지도에 대한 것이다. 제국주의의 목적으로 사용된 지도를 제국주의 지도라고 한다. 하지만 제국주의 정의 자체가 어렵기 때문에 제국주의 지도를 정의하는 것은 힘든 일이다. 19세기의 지도에서 한반도의 형태는 이양선의 측량과 더불어 기존의 당빌 지도 모형에서 급격히 변한다. 한반도의 해안 지역에 표기된 지명들은 외국 상선 또는 탐사선의 선장이나 학자들의 이름으로 채워지게 된다. 19세기 중반의 프랑스 외방 선교회에서는 김대건 신부의 지도를 이용하여 지도를 제작하여 지리학회지에 발표하기도 하였다. 여기서는 김대건 신부의 지도가 어느 지도를 참조하여 제작했는지를 밝힐 것이다. 한편 이 시기 서양 고지도에서 우리나라와 관련해 발생한 최고의 사건은 독도가 수록되기 시작한 것이다. 리앙쿠르호의 출항 배경을 시작으로 서양 고지도에 수록된 내용을 비교적 간략하게 언급한다.

6장은 서양 고지도의 동해 표기와 관련된 것이다. 우리는 "동해 '한국해' 표기 서양 고지도 발견"이라는 뉴스를 일 년에 몇 번은 접한다. 인터넷에서는 서양 고지도에서 동해로 표기된 사례가 일본해로 표기된 사례보다 많다고 소개하고 있다. 우리 국민은 이런 정보를 접하고 일본이 우리의 바다 이름을 빼앗아 간 것에 대해 분개한다. 그러나 과연 그것이 사실일까? 19세기와 20세기에 인쇄된 수만 종의 지도에 대부분 일본해로 표기되어 있는데, 18세기나 19세기 지도에 '한국해'로 표기된 지도가 발견되는 것이 무슨 대단한 일일까? 그것도 '동해'가 아니라 '한국해'이다. 그렇다면 동해가 아니라 한국해로 표기해야 할까? 이런 의문에 제대로 답하기 위해서는 정확한 사료 조사와 함께 동해 표기의 정당성을 주장하는 이론의 정교화가 필요하다. 이 장에서는 우리나라와 유사한 경우로 인정받는 영국 해협과 북해의 사례를 살펴볼 것이다. 영국 해협이 어떻게 영국 해협과 프랑스 어 지명인 라망슈로 병기되고, 독일해와 북해로 병기되던 지명이 어떻게 북해로 정착되었는지 그 과정들을 설명한다. 또한 동해 표기가 서양 고지도에서 시대적으로 어떻게 변화해 왔는지를 살펴보고, 라페루즈가 동해를 일본해로 표기한 이유에 대해서 소개하기로 한다. 사실 라페루즈가 동해를 일본해로 표기한 이유에 대해서는 기존의 연구에서 알려지지 않았다. 프랑스 고문서 보존고의 문서를 통해 필자가 이를 확인한 것은 나름의 의의가 있기 때문에 비교적 상세하게 언급할 것이다.

7장은 우리의 북방 영토로 불리는 간도에 관한 것이다. 18세기의 서양 고지도에서는 간도를 대부분 조선의 영토로 그리고 있다. 두만강 또는 압록강 건너의 간도가 우리나라 땅이라는 주장의 논거를 서양 고지도가 제시하고 있는 것이다. 그래서 먼저 서양 고지도에 표현된 조·청 경계의 유형을 제시하고 이를 지도학적 관점에서 분석하였다. 그러나 서양 고지도는 당시 제삼자가 그린 지도이다. 두 나라의 국경에 대해 가장 정확한 것은 당시 조선이나 중국의 지도이다. 그래서 당시의 조선과 중국의 지도상에 표현된 북방 영토를 통해 서양 고지도에 대한 해석을 보완하였다. 조·청 간의 경계를 논의하는 1885년과 1887년의 감계협약에서 사용된 공식 지도는 「황조일통여지전도(皇朝一統興地全圖)」이다. 그런데 국내의 간도 관련 연구에서는 이 지도를 전혀 언급하지 않고 있다. 자기가 주장하고 싶은 것에 방해되는 자료에 대해 일부러 눈을 감고 무조건 자기주장만 하는 것은 현명하지 못할뿐더러 국가의 올바른 정책 판단에 해악이 되기도 한다. 그래서 이 지도를 통해 당시의 협약 내용도 살펴보기로 한다.

～～

　그동안 한국에서 서양 고지도 연구는 주로 동해와 독도의 표기, 독도와 간도의 영유권에 집중되어 있었다. 이 중에서 영유권의 문제는 기본적으로 영토의 문제이다. 즉 전쟁을 통하지 않으면 뺏길 수도 뺏을 수도 없다. 과거 역사 속에서 어느 나라 또는 민족이 한때 지배했던 적이 있었기 때문에 그 나라의 영토라는 감상적 민족주의에 기초해 영유권을 주장하는 것은 정치적 프로파간다일 따름이다. 그러나 표기는 이와 다르다. 지명은 기본적으로 감정의 문제이다. 비록 지명 문제를 다루는 국제기구가 존재하기는 하지만, 객관적이고 과학적으로 어느 지명이 타당한지에 대한 연구는 지명 연구가 발전해온 과정을 살펴보면 사실상 불가능하다는 것을 알 수 있다. 그리고 조금만 공부해 보면 지도에 일본해 지명이 많아서 일본해라든지, 동해와 관련된 지명이 많아 동해라고 주장하는 방식이 얼마나 초보적인 대처인지 알게 된다.

　따라서 21세기의 한국과 관련한 지도 연구는 20세기의 방식과는 달라져야 한다. 정확한 사료에 근거하되, 지도와 문헌을 해석하는 방식 역시 발전해야 한다. 국제 사회를 설득하기 위해서는 보다 과학적일 필요가 있다. 그저 고지도의 지명 개수만 세거나 한반도의 형태만 분류하는 것은 너무나 초보적인 지도 해석이기 때문에 상대방의 공감을 얻을 수 없다. 그리고 지도는 여느 문헌과 다른 그래픽 자료이다. 그래픽을 이해하기 위해서는 제작자의 표현 기법과 제작 방식 역시 연구해야 한다. 그래서 지도를 단순한 지형이나 정보를 저장하는 수단을 넘어 미래의 발전을 도모하는 하나의 수단으로 활용했으면 한다. 실제로 지도를 활용해서 지역민 간의 갈등을 지역민 스스로 해결한 사례가 많다.

필자는 이 책의 내용이 출간하기에는 아직 미비하다고 솔직히 인정한다. 그러나 출간을 미룬다 해도 단시간 내에 내용이 풍성해질 것 같지가 않다. 지도를 조사하는 것은 투자한 시간, 노력 그리고 비용에 대비할 때 효과가 매우 낮은 작업이다. 필자는 파리와 런던, 암스테르담에서 낮에는 도서관의 지도 자료실에서 자료를 찾고, 밤에는 민박집에서 낮에 찾은 자료를 정리하며 많은 시간을 보냈다. 책상이 없는 좁고 어두운 민박집에서 저녁 시간을 보내는 생활은 매우 고적하였다. 그렇다고 자료가 쉽게 찾아지는 것도 아니다. 따라서 계속 더 자료를 찾기보다는 현 시점에서 조사한 내용을 출간하는 것이 본인은 물론 후속 연구자를 위해서 의미가 있다고 생각하기에 과감하게 출간을 결정하였다. 필자가 발굴한 지도와 사료를 독자들이 직접 확인하고 사료의 가치에 대한 인식이 공유되기를 기대한다. 혹시 부족하거나 필자가 잘못 이해하고 있는 부분이 있으면 독자들이 질책해 주시기 바란다.

이 책의 집필은 많은 분들의 도움으로 가능했다. 가장 먼저 감사할 사람은 아내이다. 학자의 길을 갈 수 있도록 연구에 필요한 경비는 우선적으로 지출할 수 있게 배려해 줬기 때문이다. 덕분에 용역이나 출제와 같은 외부의 일을 멀리할 수 있었고, 학자의 품격을 유지할 수 있었다. 그리고 오랜 기간 묵묵히 지켜보아 준 큰애와 작은애에게도 감사하는 마음을 전한다.

이 연구는 어떤 기관의 도움을 받아 진행된 것은 아니다. 그러나 이전에 한국연구재단과 동북아역사재단의 도움을 받아 유럽 출장을 다녀온 적이 있는데, 그때 발굴한 자료가 이 책을 집필하는 데 많은 도움이 되었다. 따라서 이들 기관에 감사의 인사를 전한다. 그렇지만 이 책이 실질적으로 집필되는 데는 대한지리학회장을 역임한 부산대학교 지리교육과 손일 교수님의 도움이 결정적이었다. 점심 식사를 함께하면서 늘 서양 고지도 이야기를 나누었는데, 이 과정에서 저서의 집필을 결심했기 때문이다.

어려운 출판 환경에서도 타산이 맞지 않는 책의 출판을 기꺼이 허락해 주신 푸른길 김선기 사장님에게도 감사의 말을 전한다. 그리고 초고의 오류의 많은 부분을 지적해 주셨고, 또 편집해 주신 푸른길의 박윤지 님에게도 고마움을 표한다.

2015년 7월

정인철

차 례

머리말 _4

/ 제1장 /

중세 마파문디의 동아시아와 한반도

• 중세 마파문디의 동아시아 _21
• 『카탈루냐 아틀라스』의 고려 _38
• **1장 주석** _47

/ 제2장 /

16세기 지도의 동아시아와 한반도

• 16세기 지도의 동아시아 _51
• 호드리게스와 피레스 해도의 한반도 _66
• 조선을 반도로 그린 벨류 지도 _72
• 도라두의 콤라이 _77
• 한반도를 길쭉한 섬으로 그린 테이셰이라 _81
• 솔랑기와 카우리 _88
• 린스호턴의 『수로지』 _93
• **2장 주석** _103

/ 제3장 /

17세기 지도의 한반도

- 에레디아의 한반도 _ 107
- 포르톨라노와 주인선, 그리고 한반도 _ 114
- 네덜란드 동인도 회사가 그린 한반도 _ 123
- 마르티니의 한반도 _ 134
- 조선을 섬과 반도로 동시에 그린 상송 _ 143
- 제주도와 사티로룸 _ 148
- 17세기 해도 아틀라스의 한반도 _ 152
- **3장 주석** _ 168

/ 제4장 /

18세기 지도의 동아시아와 한반도

- 18세기의 동아시아 지도 _ 173
- 당빌의 「조선도」 _ 184
- 라페루즈의 해도 _ 198
- **4장 주석** _ 203

/ 제5장 /

19세기의 한반도 지도

- 이양선의 측량 자료에 기반을 둔 지도 _ 207
- 리앙쿠르호의 항해 _ 218
- 서양 고지도 속의 독도 _ 226
- 동중국해의 한국해 _ 241
- 파리 외방 전교회 지도 _ 245
- **5장 주석** _ 250

/ 제6장 /

서양 고지도의 동해

- 동해와 고지도 _ 255
- 라페루즈가 동해를 일본해로 표기한 이유 _ 270
- 동해 지명 연구의 새로운 지평 _ 277
- **6장 주석** _ 288

/ 제7장 /

서양 고지도의 조·중 경계

• 서양 고지도로 본 조·중 경계 유형 _293
• 한국과 중국 고지도를 통해 본 조·청 경계 _305
• **7장 주석** _317

참고문헌 _319

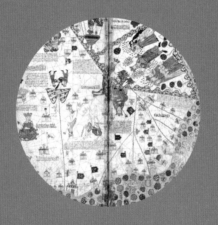

제1장

중세 마파문디의
동아시아와 한반도

중세 마파문디의 동아시아

중세의 세계지도를 마파문디(Mappa Mundi)라고 한다. 마파문디라는 단어 자체가 라틴 어로 세계지도를 의미한다. 아직 아메리카 대륙, 오세아니아 그리고 남극 대륙이 발견되기 이전이었기 때문에, 당연히 이들 대륙을 그릴 수 없었다. 마찬가지로 아시아 대륙은 인도 동쪽 너머의 지역에 대한 지리적 정보가 없어서 기존의 문헌과 학자들의 이론에 근거하여 간략하게 표현할 수밖에 없었다. 오늘날 우리가 우주의 지도를 그린다고 가정할 때, 우주선이 탐사한 지역에 대해서는 정확하게 그릴 수 있지만, 이 범위를 넘어서면 결국 천문학자들의 이론에 근거할 수밖에 없다. 물론 그 이론은 틀릴지도 모른다.

중세의 세계지도에 가장 큰 영향을 미친 책은 성경이다. 성경에 의존해 세계지도를 그리는 것은 믿음으로 세계를 보는 것이기 때문에, 결과적으로 종교적 행위가 된다. 따라서 기독교 세계관이 지리학으로 나타난 것이다. 한편 성경에 언급되지 않은 지역에 대해서는 그리스나 로마 시대에 간행된 문헌이나 학자들의 이론, 또는 동시대에 유행하던 설화 및 여행기를 참조하여 지도에 표기하였다. 그러면 먼저 기독교 세계관이 지도상에 어떻게 표현되었는지를 살펴보자.

중세 세계지도는 이 세상의 창조에서 종말까지를 한 장의 지도에 모두 표현하는 방식이었다. 창조는 성경의 첫 권인 『창세기』에 그리고 종말은 마지막 권인 『요한계시록』에 언급되었으므로 결국 성경 전체가 지도상에 표현된 것으로 보아야 한다. 그러면 구체적으로 지도에 무엇을, 어느 곳에 그려야 기독교 세계관을 표현할 수 있을까? 『창세기』에 의하면 인류의 조상인 아담과 이브(하와)가 거주한 최초의 땅은 지상 낙원인 에덴동산이다. 보기 좋고 맛있는 열매를 맺는 온갖 나무가 그 땅에서 자랐으며, 무엇 하나 부족함이 없는 낙원이었다. 그렇지만 아담과 이브가 선악과를 먹어서 타락하게 되고 이들은 낙원에서 추방되었다.

그런데 중세인들은 에덴동산이 실제로 지구상에 존재하는 것으로 믿었다. 3세기와 4세기에 에덴동산과 관련한 신학적 논쟁이 있었는데, '에덴동산이 실제로 지구상에 존재하는가?' 아니면 '인간의 영적인 고향을 지칭하는 단순한 비유에 지나지 않는가?'에 대한 것이었다. 3세기에 활동한 알렉산드리아 학파는 『창세기』를 주로 비유적인 의미로 해석하였기에, 지상 낙원의 실재 여부에 의미를 부여하지 않았다. 반면 4세기의 안티오크 학파는 성경을 문자적으로 해석하였기 때문에 성서에 기록된 에덴동산은 당연히 실재한다고 주장했다. 이 두 학파의 논쟁은 상당 기간 지속되었지만, 기독교 신학 체계를 정립한 성 오거스틴(Augustine of Hippo), 즉 아우구스티누스(Aurelius Augustinus)가 성서 해석은 비유적 방법과 문자적 방법을 모두 이용해 이루어져야 된다고 주장함으로써 이 논의는 종결되었다(Teske, 1991). 그에 따르면 에덴동산은 역사적으로 실재했고 지금도 존재하고 있으며, 인간의 구세사에서도 비유적 의미를 가진다는 것이다. 그런데 에덴동산이 실재한다면 지도에 그려야 하는데, 어디에 그려야 하는가가 문제로 남는다.

에덴동산의 위치는 『창세기』 2장 8절에 "동방의 에덴"이라는 말을 통해 결정된다. 그러나 문제는 이 동쪽이 구체적으로 어디냐는 것이다. 에덴동산의 위치를 추정할 수 있는 또 하나의 근거는 에덴동산에서 발원하는 네 개의 강이다. 『창세기』 2장은 이 강들이 비손, 기혼, 티그리스, 유프라테스 네 강이라고 명시하고 있다. 그런데 티그리스와 유프라테스의 경우는 명확했지만, 비손과 기혼은 강의 명칭만으로 해당하는 강을 찾을 수가 없었다. 이에 학자들은 다양한 의견을 제시하였지만, 중세인들은 서기 100년경에 활약한 유대 인역사가 요세푸스(Flavius Josephus)가 주장한 '비손이 갠지스 강, 기혼이 나일강'이라는 해석을 받아들였다(Whiston, 1987). 그 이유는 180년에서 200년경에 활약한 데오빌로(Theophilus of Antioch), 이레나이우스(Irenaeus of Lyons) 등과 같은 초대 교부들이 그 의견에 동의하였고, 아우구스티누스 역시 동의했기 때문이다. 그러나 여전히 중세 천년 동안 많은 학자들이 기혼과 비손을 요세푸스와 다르게 해석하였으며,[1] 나일 강의 유로 또한 '인간의 거주가 가능한 공간의 범위', '아프리카의 크기 및 형태'와 함께 중세 지리학의 가장 중요한 주제였다.

　나일 강의 유로는 확실하지 않지만, 갠지스 강이나 티그리스 강과 유프라테스 강의 위치는 어느 정도 알려져 있기 때문에 에덴동산은 이들 강의 동쪽에 위치하는 것으로 결정되었다. 이렇게 해서 지도의 맨 위인 동쪽 끝에 에덴동산을 표시하고 그 주위에 여기에서 발원하는 네 개의 강을 그리게 되었다. 현재의 지도와 달리 동쪽을 지도의 위쪽에 배치한 것은 동쪽에 가장 중요한 에덴동산이 위치하기 때문이었다. 현재도 동쪽을 의미하는 오리엔트를 어원으로 사용하는 '오리엔티어링'이나 '오리엔테이션'이란 용어는 목표 지점을 찾는 것, 기준을 찾는 것과 관련된다.

　에덴동산을 동쪽 끝에 위치시키고 주위에 네 개의 강을 그리는 것은 결정됐지만, 주변에 어떤 나라를 그리는가 하는 문제가 남아 있다. 동쪽에 낙원을 그려야 하는데, 동쪽이라는 방향 외에 구체적인 장소를 알 수 없었던 당시에 신학자들의 비판을 피할 수 있는 유일한 방법은 문헌에 의지하는 것이었다. 그래서 중세의 백과사전 중 플리니우스(Gaius Plinius Caecilius Secundus)의 『박물지(Naturalis historia)』를 인용하였다. 이 책에서는 지상 낙원이 아시아에 속하고, 아시아의 가장 동쪽 지역은 인도라고 기술하고 있다.

중세의 지도 제작자들은 이상과 같은 기본적인 전제를 가지고 지상 낙원을 지도에 그렸으며, 그 방식은 다양하지만 대체로는 인도 동쪽에 섬으로 표기한 경우와 인도 동쪽의 내륙에 표기한 경우로 구분된다. 간혹 중국의 동쪽에 위치시키는 경우도 있는데, 그림 1–1의 프로방스 지도가 대표적 사례이다. 이 지도는 중세가 한참인 12세기 무렵 가장 많이 팔린 책인 이시도루스(Isidore of Seville)의 『어원론(Etymologies)』에 수록된 지도이다. 지도의 맨 위인 동쪽에 붉은색으로 선이 그어져 있고 그 안에 낙원이라는 의미의 'Paradisus'가 기재되어 있다. 붉은색으로 낙원을 표시한 것은 중요하다는 의미도 있지만, 이곳에 접근하는 것이 불가능하다는 의미도 있다. 이를테면 『창세기』 3장에서 아담과 이브가 선악과를 먹은 뒤 타락하여 쫓겨났고, 다시는 에덴동산에 들어가지 못했다고 기술된 내용과 일맥상통한다.

낙원 아래를 보면 인도(India)가 표시되어 있다. 그리고 그 아래에는 현재의 아프가니스탄에 속한, 인도 북부 지역에 해당하는 아르코시아(Aracusa), 이란 북동부 지역인 파르티아(Parthia), 그리고 아시리아(Assiria)가 표시되어 있다. 또 우측 아래에는 두 개의 강 사이에 기원전 1세기경부터 그리스·로마 인이 중국인을 부른 명칭인 '세레스(Seres)'가 표기되어 있다. 즉 지도에서 인도 너머 동쪽에 에덴동산이 위치하며 아시아의 남부에는 중국이 위치한다. 이를 바탕으로 한다면 에덴동산의 위치는 인도 동쪽과 중국 북쪽에 해당한다. 이 장소를 굳이 지구상에서 찾는다면 한반도와 그 이북의 만주 지역이라고 할 수 있다. 그렇지만 이곳에 에덴동산을 위치시켰다 하더라도 낙원에 인간이 갈 수 있다는 것을 의미하지는 않는다. 실재하지만 갈 수 없는 땅을 그린 이 지도는 이 땅에 있는 '신의 도성'에서 천상의 '신의 도성'으로 안내하기 위한

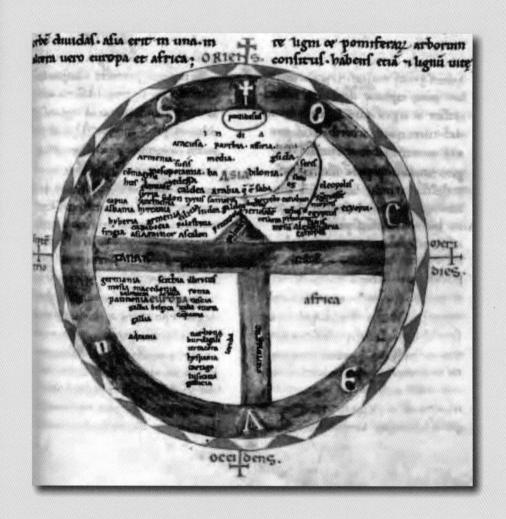

➤ 그림 1-1. 12세기 엑상프로방스 지도
프랑스 메존느도서관(Bibliothèque Méjanes) 소장

것이지, 인간이 물리적 공간 안에서 지상 낙원을 찾을 수 있게 제작된 것은 아니다. 즉 천국을 갈망하는 일종의 신앙 고백인 것이다.

시간의 종말은 지구의 멸망이 일어나는 시점이다. 지구의 멸망은 예수 그리스도가 재림하는 시기이며, 땅끝까지 복음이 전파된 시점이다.『마태복음』 24장 14절에 의하면 천국 복음이 모든 민족과 온 세상에 전파되어야 종말이 온다. 중세의 땅끝은 지브롤터 해협이 위치한 에스파냐 서쪽이었다. 고대 로마 인들은 이 해협 어귀의 낭떠러지에 있는 바위를 '헤라클레스의 기둥'이라 불렀는데, 당시 유럽 인들은 이 기둥을 세상의 끝이라고 생각했다.

시간의 시작인 에덴동산과 그 끝인 에스파냐 서쪽을 이은 선의 정중앙에 위치한 것이 예루살렘이다. 예루살렘은 예수 그리스도가 십자가 죽음을 통하여 인류를 구원한 기독교의 성지로, 시간의 중심이며 공간의 중심이기도 하다. 예루살렘에서 시작된 복음은 서쪽으로 전파되는데, 터키, 그리스, 이탈리아 등을 거쳐 에스파냐에 도달하게 된다. 즉 지리적 위치는 복음이 전파되는 시간적 순서와 연관되어 있다. 예를 들어 프랑스는 복음이 전파되는 시간의 측면에서는 이탈리아 다음의 순서가 된다. 이것은 단순히 역사 지도에서 과거의 사건을 표현하는 것과는 차원이 다르다. 보다 광의로 말하면, 역사의 축이 동쪽에서 시작하여 서쪽으로 이동한다는 것이다. 아시아에서 시작한 역사가 로마와 지중해로 이동하고, 로마법의 관할에 있는 성지에서 그리스도가 탄생함으로서 인간 역사의 정점이 달성되었다. 그리고 이후 그리스도의 재림에 의한 종말을 기대하게 되었다는 의미이다. 결국 마파문디에서는 시간과 공간이 분리되지 않고 역사적 사건 속에서 연결되어 하나로 작용하게 된다.

마파문디 속에서 종말의 장소는 땅끝, 즉 에스파냐 서쪽이다. 그리고 종말을 야기하는 장소는 곡과 마곡(Gog and Magog)의 땅이다. 곡과 마곡은 성경의 『창세기』, 『역대상』, 『에스겔』 그리고 『요한계시록』에서 언급되었는데, 『창세기』와 『역대상』 속의 곡과 마곡은 특별히 사악한 일을 행한 악인이 아니다. 그러나 『에스겔』과 『요한계시록』에서는 곡과 마곡이 말세에 사탄에게 미혹되어 기독교 신자들을 공격하나, 하늘에서 불이 내려와 멸망하는 민족으로 기술되어 있다. 신학자들은 대체로 『창세기』와 『역대상』의 곡과 마곡, 『에스겔』과 『요한계시록』의 곡과 마곡 사이의 관련성에 대해서 부정적인 견해를 가진다. 마파문디에 표기된 곡과 마곡은 『에스겔』과 『요한계시록』에 언급된 곡과 마곡이다. 역사 속에서 곡과 마곡의 예언이 이루어지는 방식에 대해서는 매우 다양한 의문과 해석이 존재한다. 그러한 의문 중 곡과 마곡이 구체적으로 누구를, 어느 민족을, 그리고 어느 지역을 지칭하느냐는 것이 있다.[2]

1세기의 유대 인 역사학자 요세푸스가 마곡을 '그리스 인이 스키타이(Scythai)라고 부르는 민족'이라고 기술한 이래(Whiston, 1987, 36), 곡과 마곡의 명칭은 북동 방향의 스키타이, 훈 족, 고트 족, 몽골 족, 튀르크 족 등을 지칭하였는데, 이들은 사탄 또는 적그리스도의 동역자로 간주되었다. 그리고 이스라엘의 사라진 열 지파를 곡과 마곡으로 간주하는 견해도 존재한다. 원래 이스라엘은 열두 지파로 구성되었는데, 기원전 931년경 솔로몬의 아들 르호보암의 재위 시절 발생하였던 내란 후 유다와 베냐민 지파는 남쪽에 유다 왕국을 세웠고, 나머지 열 지파는 북이스라엘 왕국을 건국했다(『열왕기상』 13장). 그러나 기원전 722년경 아시리아가 북이스라엘 왕국을 정복하고 생존자들을 아시리아로 데려간 이후(『열왕기하』 17장), 북이스라엘 왕국의 백성들은 유다 왕국의 백성들과 달리 귀환하지 못했다. 열 지파는 점차 다른 민족에게 동화되어 역사에서 사라졌다. 그런데 사람들은 사라진 열 지파가 언젠가 다시 나타난다고 믿었으며, 이들이 다시 나타날 때 어떤 역할을 할 것인지에 대해 많은 이야기가 회자되었다. 곡과 마곡을 잃어버린 열 지파와 동일시하는 전승은 이미 4세기에 나타났지만, 12세기에 프랑스의 신학자 코메스토르(Petrus Comestor)가 열 지파를 알렉산드로스 대왕이 철문 뒤에 가둔 곡과 마곡으로 봄으로써 폭넓은 대중적 지지를 얻게 되었다(Gow, 1995).

한편 기독교 신학 체계를 정립한 아우구스티누스는 완전히 다른 견해를 피력한다. 아우구스티누스는 『신국론』에서 곡과 마곡을 세계의 어느 한 지역에 위치한 야만 국가나 특정 민족으로 해석해서는 안 된다고 주장하였다. 그는 히브리 어의 원 의미를 따라 곡을 집, 마곡을 집에서 나오는 사람들이라는 뜻으로 생각하였다. 그리고 집이란 의미는 마귀가 갇혀 있는 곳이며, 마곡은 마귀가 갇혀 있는 곳에서 나오는 것이라고 해석하였다. 그는 신의 도성이 세계 어느 곳에나 존재하듯이 곡과 마곡도 세계 어느 곳에나 존재한다고 보았다. 따라서 특정 민족이나 지역을 곡과 마곡으로 간주하는 것은 신학적인 오류라고 주장하였다.

그러나 중세와 르네상스 시기의 지도 제작자들은 아우구스티누스의 의견을 따르지 않았으며, 동아시아에 곡과 마곡을 표시하였다. 여기에는 중세 문학 작품과 여행기가 중요한 역할을 하였다. 곡과 마곡에 관한 가장 대표적인 문학 작품은 알렉산드로스 대왕의 전설과 관련된 설화이다. 곡과 마곡에 관련된 알렉산드로스 대왕의 전설은 7세기 유럽에 널리 퍼졌는데, 그 내용은 다음과 같다.

알렉산드로스가 동방을 정벌할 때 카스피 해 근처에서 인간의 시체와 썩은 고기를 먹는 야만적이고 사나운 민족을 만났다. 알렉산드로스는 이 야만인들을 북쪽으로 쫓아내 흑해와 카스피 해 사이에 있는 캅카스 산맥의 폐쇄된 지역3에 가두고, 성문을 세워 빠져나오지 못하게 했다. 이들을 가두는 것은 매우 힘든 일이었으나, 알렉산드로스가 신에게 기도하여 이루어지게 되었다.

그러나 적그리스도가 나타나는 세상의 종말에는 이 야만 민족이 성문을 부수고 남하하게 된다(Anderson, 1932).

　이 내용을 보면 알렉산드로스 대왕의 전설은 결국 알렉산드로스 대왕의 정복기와 성서의 종말론이 결합된 것임을 알 수 있다. 이 설화는 확대 재생산되어 새로운 설화를 만들어 내거나 문학 작품의 소재가 되고, 심지어 여행기에도 영향을 미쳤다. 그리고 여행기는 사람들로 하여금 곡과 마곡의 존재를 확신하게 만들었다. 곡과 마곡을 지도에 표현하는 데 가장 큰 영향을 미친 여행기는 『동방견문록』과 『맨더빌 여행기』이다.

　마르코 폴로는 『동방견문록』에서 텐둑(Tenduc, 天德) 지방을 곡과 마곡의 땅으로 기술하였다. 그리고 그루지야(Giorgianie) 지방에 대해서는 "한쪽은 바다로 막혀 있고, 다른 쪽은 말을 타고 갈 수 없을 정도로 커다란 산이 둘러싸고 있기 때문에 알렉산드로스가 서방으로 가려 했을 때 길이 좁고 위험하여 지나가지 못했다. 그래서 알렉산드로스는 산길에 망루와 요새를 지어 이 지역의 사람들이 자신을 공격하지 못하게 했으며, 그곳을 철문이라 불렀다."라고 기술했다(김호동, 2000).

　14세기에 초판이 간행된 『맨더빌 여행기』 역시 중세의 지리적 지식에 엄청난 영향을 미쳤다. 맨더빌(John Mandeville)은 그의 여행기 29장에서 곡과 마곡을 이스라엘의 잃어버린 열 지파로 간주하였다. 내용에 따르면 알렉산드로스 대왕은 이들을 산지에 가두려 했지만, 자신의 힘으로는 그 일을 끝내지 못하자 신에게 기도했다. 신은 알렉산드로스가 이교도임에도 불구하고 그의 간구를 받아들여 곡과 마곡을 산속에 가두었다(Mandeville, 2014).

　『동방견문록』이나 『맨더빌 여행기』에 기술된 지리적 사실 중 그들이 여행하기 어려웠던 지역의 지리 정보는 작가가 직접 경험한 사실이 아니라 여러

사람을 거쳐서 전달된 간접적인 정보, 소문, 그리고 여행자들의 과장된 허풍
등이 포함되어 있다. 오늘날의 관점에서는 신뢰하기 어렵지만, 정보가 절대
적으로 부족하고 또 이에 대한 확인 역시 불가능했던 당시는 이들 여행기의
내용을 근거로 미지의 세계를 지도화하였다. 대표적인 사례로 1570년에 출판
된 아브라함 오르텔리우스(Abraham Ortelius)의 아틀라스 『세계의 무대(The-
atrum Orbis Terrarum)』에서는 맨더빌을 지도 제작을 위해 참조한 저자로 기
록하고 있다.

곡과 마곡은 끊임없이 유럽을 위협하는 북방의 적으로 간주되어 왔지만 사
실상 그 대상이 구체적으로 지정되지는 않았다. 그러나 13세기 중반 이후 곡
과 마곡이 지도에 표기되기 시작한다. 13세기 중반은 몽골의 유럽 원정과 십
자군 전쟁이 겹친 시기였다. 유럽에서는 제6회 십자군 전쟁(1228~1229) 이후
휴전이 이루어졌다가 잠시 예루살렘, 나사렛, 베들레헴 등의 성지를 회복하
였으나, 1247년 다시 빼앗기고 말았다. 그리고 제7회 십자군(1248~1254)이 실
패하면서, 1291년 예루살렘은 완전히 이슬람화되고 말았다. 그래서 당시 서
양 중세 지도 연구에서 가장 중요한 두 개의 지도 「헤리퍼드 마파문디(Her-
eford Mappa Mundi)」(1285)와 「엡스토르프 마파문디(Ebstorf Mappa Mundi)」
(1234)는 곡과 마곡을 예루살렘을 점령하고 있던 튀르크 족으로 표현했다. 카
스피 해 동쪽 연안의 완전히 차단된 지역에 나체 상태인 두 사람이 인육을 먹
고 인간의 피를 마시는 장면을 묘사하고 있는데, 따라서 곡과 마곡을 동아시
아에 위치시킨 것은 아니었다.

그리고 비슷한 시기에 곡과 마곡을 몽골로 생각하는 분위기 역시 형성되기
시작하였다. 그 계기는 1236년에 시작한 몽골의 유럽 원정이었다. 몽골을 곡
과 마곡으로 생각한 최초의 사상가는 헝가리 도미니크 수도원의 수도사 줄리
안(Julian Barat)으로 알려져 있다. 그는 1237년 바투(拔都, Batu Kahn)의 유럽

진격을 곡과 마곡에 연결지었다(Westrem, 1998). 이러한 관점에서 매슈 패리스(Matthew Paris)도 1250년경 몽골이 유럽을 침입할 때 그들을 곡과 마곡이라고 생각하였다. 그는 『대연대기(Chronica majora)』에 수록된 팔레스타인 지역의 지도에 곡과 마곡의 영역을 성으로 표현하고 그 안에 다음과 같은 글을 프랑스 어로 기재하였다.

이 땅은 북쪽 방향으로 멀리 떨어져 있다. 여기에 알렉산드로스가 가둔 아홉 부족이 있다. 곡과 마곡. 여기서 타타르4라 불리는 민족이 나오는데 그들은 바위산을 부수고 … (중략) … 인도를 정복하였다(Chekin, 2006).

곡과 마곡은 이제 완전히 타타르 인을 지칭하게 되었다. 이 지도 이후에도 지속적으로 몽골을 곡과 마곡으로 표기한 지도들이 제작되었다. 1325년에 제작된 「베스콘테(Vesconte) 지도」는 아시아 동쪽 지역에 곡과 마곡을 표기하고, 중국 근처에 몽골에 의해 멸망했다고 전해지는 프레스터 존(Prester John)의 왕국과 칭기즈 칸을 그리고 있다. 이렇게 곡과 마곡을 몽골로 간주하여 지도에 표기하는 현상은 18세기 중엽 곡과 마곡이 지도상에서 완전히 사라질 때까지 지속되었다.

그리고 곡과 마곡은 반유대주의와 관련된 모습으로 지도상에 나타나기도 한다. 중세와 르네상스기의 서유럽은 기독교로 통합된 하나의 정신적 공동체를 형성하였다. 이 통합된 세계 안에서 유대 인은 유일하게 기독교 정신을 거부하는 존재였다. 그래서 4세기와 5세기에 에스파냐 일부 지역에서 기독교인들에 의해 유대 교회당이 불에 타는 등의 유대 인 박해가 있었으며, 중세에는 이미 반유대주의가 광범위하게 퍼져있었다. 이렇듯 중세에 유대 인은 신을 거역하는 이단 세력으로 간주되었고, 중세 예술에서는 유대 인을 완고하고 거만한 존재로 표현하였다. 또한 유대 인이 은밀하고 사악한 의식을 통해 악마와 교통한다는 소문이 있었으며, 적그리스도나 그를 지지하는 무리와 동일시 되었다. 이런 믿음은 중세 후반의 반유대 열기를 더욱 고조시켰다(최창모, 2004).

반유대주의는 지역에 따라 다르게 나타나지만, 현재의 네덜란드, 벨기에, 독일 지역에서는 종말에 등장하여 기독교 제국을 위협하는 곡과 마곡을 사라진 열 지파로 간주하고 이들을 '붉은 유대 인(Red Jews)'이라 불렀다(Anderson, 1932). 붉은색의 머리와 피부는 원래 유럽에서 야만인을 조롱하는 의미로 사용되었다. 이렇게 유대 인을 적그리스도의 추종자로 간주하는 믿음이 열 지파 유대 인을 지도상에 곡과 마곡으로 표기하게끔 하였다. 사라진 열 지파를 곡과 마곡으로 표기한 최초의 지도는 1430년에 제작된 「보르지아(Borgia) 지도」이다. 그리고 1448년에 제작된 「발스페르거(Walsperger) 지도」는 노골적으로 유대 인에 대한 경멸을 드러내는데, 식인종이 인육을 먹는 그림을 그려 곡과 마곡을 표시하면서 '붉은 유대 인의 땅(terra russorum iudeorum)'이란 명칭을 사용했다. 1480년에 제작된 「한스뤼스트(Hanns Rüst) 지도」에는 지명 대신 유대 인의 모습을 지도에 직접 그려 표시했다. 중세 때 유대 인은 짧은 바지나 긴 상의, 매부리코, 굽은 지팡이를 들고 있는 모습 등 보통 사람과는 다른 외모나 옷차림으로 묘사되었다. 이 지도에는 곡과 마곡을 뾰족한 형태의 모자를 쓴 유대 인과 그들이 거주하는 마을로 표현했다.

그 외 지도들은 그림으로 유대 인의 땅을 표현하는 대신 라틴 어로 갇힌 유대 인이라는 의미의 'Judei Inclusi' 또는 'Judei Clusi'로 표기하였다. 15세기 중반 이후와 16세기 전반기의 지도들이 이 방식을 따르는데, 예를 들어 지도에 아메리카 대륙의 명칭을 최초로 표기한 것으로 유명한 「발트제뮐러(Waldseemüller) 지도」(1507)에서는 북풍의 신 아퀼로(Aqvilo)가[5] 바람을 부는 모습 바로 아래, 즉 바람맞이에 갇힌 곳에 유대 인(iudei clausi)의 지역을 표기하였다. 이는 『예레미야』 1장 14절의 "북쪽에서 재앙이 넘쳐 흘러 이 땅에 사는 모든 사람에게 내릴 것이다."라는 구절을 연상시켜 곡과 마곡이 재앙의 백성임을 강조한 것이다(그림 1-2).

당시 지도에서 곡과 마곡은 대부분 타타르 족이 거주하는 동북아시아에 표시되었고 그 곳은 만주 북쪽에 해당한다. 그런데 한반도로 간주될 수 있는 곳에 곡과 마곡을 그린 지도도 존재한다. 1457년에 제작된 「제노아(Genoese) 지도」가 그것이다. 실제로 20세기 초반의 저명한 지리학자인 스티븐슨(Edward Stevenson)은 이를 한반도로 간주하였다. 이 지도에서 중국으로 간주되는 'Sine'와 성이 있는 북쪽에 위치한 반도가 한반도이다. 다만 한반도에 대한 상세한 내용은 이 지도에서 찾을 수 없다. 한반도 맞은편에 있는 글상자는 한반도에 대한 설명이 아니라 글상자 아래에 위치한 자바 섬에 대한 기술이다. 그리고 한반도 북서쪽에는 큰 산이 그려져 있는데, 이 산과 주변의 산 모든 것에 접근이 불가능한 느낌을 준다. 자세히 보면 이 산들에 둘러싸인 아래에 성채가 그려져 있으며, 이곳이 곡과 마곡이다. 이 성은 실제로는 만리장성인데, 왜 만리장성을 곡과 마곡으로 생각했을까? 중세의 이슬람 지리학자 아불 피다(Abūl-Fida', 1273~1331)와 라시드 웃딘(Rashīd u'd-Dīn, 1247~1318)은 만리장성이 알렉산드로스 대왕이 곡과 마곡을 가두기 위해 세운 성과 일치하며 이 성으로 차단된 아시아의 북동 지역에 곡과 마곡이 거주한다고 생각했다. 「제노아 지도」의 저자는 이슬람 지리학자들의 의견을 채택하여 자연스럽게 한반도를 포함한 북동아시아 지역을 곡과 마곡의 거주지로 표현했을 것이다 (Stevenson, 1912).

곡과 마곡은 16세기 중반 이후 지도상에서 사라지기 시작했다. 그러나 곡과 마곡이 지도상에 계속 표시되도록 하는 하나의 사건이 발생한다. 메르

➤ 그림 1-2. 「발트제뮐러 지도」의 곡과 마곡
미국 의회도서관 소장

➤ 그림 1-3. 「제노아 지도」
　　미국 의회도서관 소장

카토르(Gerhardus Mercator)가 『동방견문록』의 한 문장을 지도상에 삽입하여 곡과 마곡을 다른 방식으로 표현한 것이다. 메르카토르는 『동방견문록』의 텐둑 편에 언급된 '웅이라 부르는 곡과 마곡이라 부르는 몽골(VNG QUAE A NOSTRIS GOG DICTITUR, MONGUL AL MAGOG)'을 1569년 뒤스부르크(Duisburg)에서 간행한 지도에 삽입했다. 이후 17세기 지도 제작자들이 지속적으로 이 문장들을 사용하였다. 예를 들어 플란시위스(Peter Planciuse)가 완전히 동일한 문장을 1604년 「세계지도(Planisphère)」에 사용해서 곡과 마곡을 표현했으며, 이 외에도 블라외(Joan Blaeu), 비셔(Nicholaus Visscher), 스피드(John Speed), 빗(Frederik de Wit) 등 17세기의 많은 지도 제작자들이 이 문장을 인용해 곡과 마곡을 표현했다. 단 지도의 축척 때문에 많은 지도들이 간단하게 웅, 몽골, 텐둑의 지명만 동북아시아에 표기하였다. 이와 같이 곡과 마곡은 몽골로 지도상에 계속 표현되다가, 1740년경을 전후하여 지도상에서 완전히 사라졌다.

정리해 보면 중세의 세계지도는 인간의 역사 전체를 표현했다. 동시에 역사는 지도의 시간적 구조를 만들고 그 내용을 채웠다. 그런데 시간적 차원과는 대조적으로 공간적 차원은 매듭이 잘 지어지지 않았다. 공간에 무엇인가를 채우기 위해서는 지리 정보가 필요한데, 먼 곳의 지리 정보가 너무나 부족했다. 그래서 마파문디는 그리스·로마 시대의 저자들이 언급한 세계와 일부 여행가들의 여행기에서 얻은 정보를 기록했다. 그리고 『박물지』나 『어원론』 및 전설에 언급된 지명 등을 기록했다. 동아시아는 당시 미지의 세계였기 때문에 그 위치에 에덴동산과 곡과 마곡을 그렸다. 또한 갇힌 유대 인이 사는 곳을 동아시아로 간주하고, 만리장성 이북을 종말의 민족인 곡과 마곡이 사는 땅으로 표현하기도 했다. 이 과정에서 한반도 주변 지역은 한편으로는 에덴동산에 근접한 곳이면서도, 다른 한편에서는 종말의 민족이 사는 땅으로 표현되었다. 결국 유럽 인의 타자화에 의해 곡과 마곡의 땅으로 표현된 것은 우리로서는 기분이 언짢을 수 있지만, 에덴동산 근처라는 지리적 위치는 위안이 될 수 있지 않을까. 중세 유럽 인들은 실낙원을 안타까워했기 때문에 지도상의 에덴동산을 보며 미래의 천국을 소망했는데, 그러한 희망을 주는 장소가 한반도 주변의 동아시아라는 의미도 되기 때문이다.

『카탈루냐 아틀라스』의 고려

1375년의 일이다. 원나라가 망하여 '몽골의 평화(Pax Mongolica)'는 사라지고, 영국과 프랑스 사이에 '백년전쟁'(1337~1453)이 벌어지던 때였다. 이베리아 반도에 위치한 아라곤의 왕세자 돈 후안(Don Juan)은 당시 최고의 해도 제작자인 유대 인 아브라함 크레스크(Abraham Cresques)에게 동서양을 포괄하는 해도 제작을 주문했다. 당시 카탈루냐 지역에서 해도가 발달한 것은 선박이 항해를 하기 위해서 최소한 2장의 해도를 배에 비치하도록 법으로 정해 놓았기 때문이다. 돈 후안은 후일 프랑스의 샤를 6세가 되는, 사촌인 프랑스의 왕세자에게 이를 선물로 증정하려 하였다. 그해 크레스크는 팔마(Palma)의 유대 인 구역에 위치한 그의 작업실에서 이 지도를 완성하였다. 지도를 받은 돈 후안은 그 아름다움에 반해 크레스크에게 '지도와 콤파스의 장인'이란 호칭을 부여하고 옷에 유대 인 배지를 달아야 하는 의무를 면제해 주었다. 돈 후안은 1381년에 이 지도를 프랑스의 샤를 6세에게 전달하였다(Yoeli, 1970).

이렇게 해서 탄생한 『카탈루냐 아틀라스(Cataluña atlas)』는 남아 있는 중세 지도 가운데 가장 광범위한 지리적 지식을 담고 있다. 에스파냐, 아프리카, 중동에서 인도, 동남아시아, 중국에 이르는 지역을 당시로서는 가장 정확하게 표현했다. 특히 카타이(Cathay), 즉 중국의 남동 해안에 많은 섬을 그리고 향료가 생산되는 섬의 수가 7,548개라고 기술하였다.[6] 그리고 동쪽 끝에는 타프로바나(Taprobana) 섬을 그리고 그 위에 문자로 "타타르 인들은 이 섬을 큰 카우리(Magno Caulij)로 부른다."는 글귀를 삽입하였다. 타프로바나는 전통적으로 실론 섬을 지칭하는데 크레스크는 이 섬을 타타르인들이 대 카우리로 부른다고 한 것이다. 19세기 최고의 마르코 폴로 전문가인 헨리 율(Henry Yule)은 이 카우리가 고려를 지칭하며, 이 섬은 한반도와 일본을 혼합하여 표현한 것이라고 주장하였다(Yule, 1866). 크레스크는 『동방견문록』에 의존하여 동아시아를 그렸다. 그렇지만 『동방견문록』의 카우리 역시 지리적 위치가 명확하게 언급되지 않았다. 따라서 크레스크는 부정확한 정보를 과감하게 이 타프로바나에 첨가한 것이다.

그러면 다른 학자들 역시 카우리가 고려인 사실에는 동의하는 것일까? 19세기 프랑스의 동방학자 기욤 포티에(Guillaume Pauthier)는 『동방견문록』에 언급된 카우리(Cauly)가 '카오키우리(Kao-kiu-li)'에 해당한다는 의견을 제시했다(Pauthier, 1865). '카오키우리'는 하야시 시헤이(林子平)의 『삼국통람도설』 프랑스 번역판에도 등장하는데, 번역자 율리우스 하인리히 클라프로트(Julius Heinrich Klaproth)는 '카오키우리'가 고구려와 고려의 두 가지 의미로 사용된다고 주장하였다(Klaproth, 1832). 따라서 마르코 폴로의 카우리는 고구려 또는 고려를 지칭한다. 그런데 시기적으로 보아 마르코 폴로가 고구려를 카우리로 지칭했을 가능성은 희박하므로 고려로 보는 것이 합리적이다. 그러면 과연 이 지도의 타프로바나가 고려라고 확신할 수 있을까?

'카우리'란 단어는 원래 뤼브룩(Guillaume de Rubrouck)의 『동방여행기(Itinerarium ad partes orientales)』[7]에 처음 등장했다. 이 책에 중국 화폐와 문자를 소개하는 대목이 있는데, 이 부분에서 뤼브룩은 고려 왕조를 카우리(Caule)라고 칭하였다. 그는 몽골에 거주하고 있던 기욤 부쉬에(Guillaume Buchier)에게서 카우리에 대한 이야기를 들었다고 한다. 부쉬에는 파리 출신으로 금세공업에 종사하다가 부다페스트에서 몽골 족에게 포로로 잡혀 온 인물이다. 그는 카우리에서 온 사절들에 대해 언급하면서 "이들은 섬에 사는데 겨울이면 주변의 바다가 꽁꽁 얼어 붙어 타타르 인들이 침략할 수 있다."라고 이야기했다고 한다(불레스텍스, 2001).

그런데 이 지도를 살펴보면 카타이를 표현한 '카타요(Catayo)' 위에 두 개의 분리된 구획이 존재한다. 카타이 바로 위에 위치한 구역에는 왕이 나무를 가지고 있는 모습이 있다(그림 1-4). 이곳을 중세 지도의 동아시아에 표시된 지상 낙원이라고 착각할 수 있지만, 지도상에 사탄이 그려져 있고, 또 사탄이 나오는 것을 막는 알렉산드로스 대왕이 있는 것으로 미루어 지상 낙원은 아니다. 왕의 모습은 메시아를 가장한 적그리스도이거나(Edson, 2007), 12세기경 서유럽에서 아시아 또는 아프리카에 존재한다고 생각했던 전설적인 기독교 왕국의 왕, 즉 프레스터 존(Prester John)일 것이다. 그리고 그 좌상에 위치한 다른 구획에는 'GOGIMAGOG'이라고 표기되어 있는데, 이곳은 곡과 마곡이다. 그리고 이 지도의 아래쪽에 카타요라고 표시된 중국은 『동방견문록』의 기록과 여행 기록에 언급된 내용에 부합하게 표현되어 있다.

『동방견문록』을 언급하자면, 제목의 의미에 대해 이야기하지 않을 수 없다. 『동방견문록』의 원제목은 '세계의 서술(Divisament dou Monde)'이다. 마르코 폴로는 유럽 외의 모든 '세계'에 대한 이야기를 하려는 의도로 제목을 붙였다. 그가 살던 시대에는 오늘날과 같은 의미의 서양과 동양의 구분이 없었는데, 이 책이 동양과 서양을 구분하는 데 결정적 역할을 했다. 그가 이 책을 씀으로써 유럽 인들은 다른 세계에 대한 환상을 가졌고, 그 세계를 추구하려는 노력 속에서 서양이라는 자기 정체성이 만들어졌다. 그것의 피드백으로 일본인들이 그의 책을 『동방견문록』으로 번역했다는 사실은 '오리엔탈리즘적인' 역설이 아닐 수 없다(김기봉, 2012).

그림 1-4에서 보면 중앙에 앉아 있는 왕이 보인다. 바로 쿠빌라이이다.

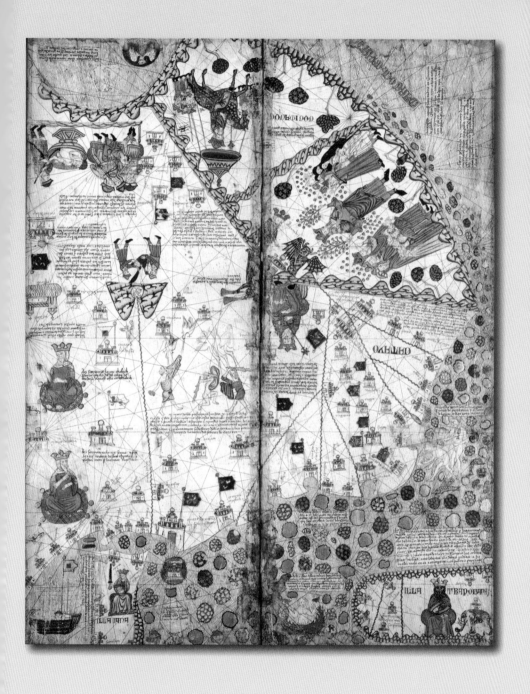

➤ 그림 1- 4. 『카탈루냐 아틀라스』의 아시아
프랑스 국립도서관 소장

그 아래에 중국으로 추정되는 지명과 성이 표시되어 있다. 이 지도의 지명은 학자들 간에 많은 논쟁이 있기 때문에 정확한 확인은 불가능하다. 그렇지만 지도상에서 확인할 수 있는 지명 중 'Ciutat de Cansay'는 항저우(抗州)이며 'Zayton'은 취안저우(泉州)이다. '카타요' 위에 위치한 큰 성에는 'Chan Balech'라고 표기되어 있는데 바로 북경이다. 그러나 일본을 지칭하는 지팡구 지명은 표시되어 있지 않다.

이제 이 지도를 전체적으로 보자. 우선 눈에 띄는 것은 요즈음 지도와 다른 회화 같은 느낌이다. 무엇보다도 채색이 호화롭다. 바다는 푸른 줄무늬, 강은 청색의 톱니와 같은 자국, 산맥은 황색의 바위산, 나무는 녹색의 잎과 적색의 열매로 색상을 대비시켰다. 도시는 성으로 그렸으며, 섬은 온갖 색상으로 채색했다. 각 지역에는 지배자들의 형상이나 문장을 그려넣었고, 빈 공간에는 글귀로 그 지역에 대하여 기술하였다(최갑수, 2001).

한편 이 지도는 동아시아 부분만 표시하기 때문에 확인할 수 없지만, 아틀라스 전체적으로 보면 유럽에 대한 정보가 훨씬 많이 수록되어 있다. 자신이 거주하고 있는 곳을 세계의 중심으로 생각하고 크게 강조하여 그리는 것은 여러 문화권에서 볼 수 있는 자연스러운 현상이다. 크레스크는 아시아나 아프리카의 다른 지역에 대한 정보도 없을 뿐더러, 다른 지역의 크기를 확인할 수가 없었다. 물론 아메리카 대륙은 발견되지도 않았다. 그래서 정보를 보유한 유럽 지역에 대해서는 많은 내용을 기재하였고, 그 크기 역시 커진 것이다. 이것은 유럽 중심주의에 의한 타자화와도 연계가 가능하다. 이 지도에서 보듯 동남아시아에 인어를 그리는 행위도 일종의 타자화라고 말할 수 있다.

그러나 지도의 모든 내용을 타자화와 연계시키는 것은 오히려 피지배자적인 시각에서 벗어나지 못하는 탈식민주의의 강박증일 수 있다. 예를 들어 우리나라의 권근이 제작한 「혼일강리역대국도지도」(1402)에서 조선은 아프리카보다 크게 그려져 있다. 그렇다고 이 지도가 아프리카를 타자화했다고 말하기는 어렵다.

『카탈루냐 아틀라스』는 해도의 형식을 채택해 '항정선'이 그어져 있다. 그러나 실제로 해도로 사용할 수는 없었다. 당시 지중해 지역의 해도는 어느 정도 정확했지만, 이를 벗어나면 정확성은 거의 없었다. 당시 해도는 일종의 첨단 기술로 인식되었고, 텅 빈 바다를 괴물 대신에 선으로 채울 수 있는 이점이 있어서 크레스크가 이 형식을 채택했을 것이다. 그리고 이 항정선은 육지에도 이어져 있다.

이 지도에는 『동방견문록』에 언급된 장소들이 대부분 표기되어 있다. 그런데 『동방견문록』에 언급되지 않은 장소가 타프로바나 섬이다. 지도의 남쪽에 'Ma Trapobana'로 표기되었는데, 이는 라틴 어 'Taprobane'의 변형이다. 섬 위쪽에 표시된 글상자에는 다음과 같은 내용이 적혀 있다.

타프로바나 섬은 타타르 인에 의해 '큰 카우리(Magno Caulij)'로 불리며, 동양의 맨 끝이다. 매우 특징적인 종족이 거주한다. 이 섬의 각 산지에는 거인이 살고 있는데, 키는 약 12콜드(Colde, 1콜드는 약 45cm)로 피부가 매우 검고 비이성적이다. 외부에서 온 백인을 사냥하여 먹는다. 여름과 겨울이 일 년에 두 번이며, 나무와 풀은 일 년에 두 번 결실한다. 인도의 마지막 섬으로 금과 은, 보석이 풍부하다.

타프로바나를 언급한 것은 그리스의 지리학자 스트라본(Strabon)이 최초이다. 스트라본의 『지리학』에서는 타프로바나를 인도 해역에 위치한 섬으로 언급했다. 그는 이 섬의 너비가 5,000스타드이며, 이 섬에 가기 위해서는 대륙에서 20일 정도 항해해야 한다고 기술하였다(Strabon, 1880). 그리고 프톨레마이오스의 『지리학』에서는 타프로바나가 인도의 코리(Kory, Cory) 곶 맞은편에 있는데, 당시는 팔래시문두(Palaisimoundou)로 불리었고 현재는 살리케(Salikê)로 불린다고 기술하였다. 코리 곶은 현재의 다누스코디(Dhanuskodi)[8]에 해당한다. 따라서 두 책의 관련 내용들을 살펴보면 타프로바나는 오늘날의 스리랑카(당시 명칭은 실론)에 해당한다.

15세기가 되자 타프로바나는 수마트라 섬을 지칭하는 명칭으로 바뀌었다. 베네치아의 상인 니콜로 콘티(Nicolo di Conti)는 1419년 수마트라 섬과 말레이 반도를 여행했으며, 1425년에는 실론을 실제로 방문했다. 그는 타프로바나를 수마트라 섬이라 주장하였는데, 콘티는 실론과 타프로바나를 구분한 최초의 유럽 인 여행자로 평가받고 있다(Suarez, 1999). 그는 아시아의 고급 문화를 경험하였고, 유럽 인들이 아시아 인들에게 지니고 있는 우월감은 근거 없는 허구라고 지적하였다. 또한 경험적 사실주의에 입각해 낯선 사람들이 사는 장소를 체계적으로 기술했다(임병철, 2012).

콘티의 주장을 다른 시각에서 볼 수도 있다. 당시 프톨레마이오스의 『지리학』은 르네상스 지리학의 발단이 된 서적이었고, 인문주의자였던 콘티도 영향을 받았다는 것이다. 따라서 『지리학』의 핵심 내용 중에서 타프로바나가 적도를 지난다는 기술이 실제 실론의 위도와 일치하지 않기 때문에 수마트라 섬으로 수정했다는 것이다(Conti, 2004, 72). 실제 『지리학』에 수록된 타프로바나 지도를 보면 남위 3°에서 북위 12°에 걸쳐 있다. 그렇지만 실론은 적도를 지나지 않으며 북위 6°에서 10° 사이에 위치한다. 반면 수마트라 섬은 적도에 걸쳐 있다.

실론과 타프로바나를 구분하여 그린 최초의 지도는 콘티의 정보를 바탕으로 1457년에 제작된 「제노아 지도」이다(그림 1-3). 이 지도에서는 두 개의 섬이 접하는데 인도와 가까운 섬을 실론(Xilana)으로, 오른쪽에 있는 붉은색의 섬을 큰 타프로바나(Taprobana Maior)라고 표기했다. 그리고 글상자에 "타프로바나의 주민은 그들의 언어로 수마트라(Cimiteria)라 불리고 잔인하다."라고 기술하였다. 「제노아 지도」는 이 두 섬을 가깝게 표시했는데, 아마도 수마트라 섬의 위치를 확인할 수 없었기 때문일 것이다. 그래서 포르투갈이 수마트라 섬을 탐사하기 이전까지 타프로바나의 지리적 위치에 대한 논쟁이 계속되었다(Abeydeera, 1994).[9]

『카탈루냐 아틀라스』가 제작된 1375년에는 아직 타프로바나를 수마트라 섬이라고 생각하지 않았기 때문에 크레스크는 실론으로 간주하고 타프로바나를 그렸을 것이다. 그러나 타프로바나를 수마트라 섬으로 간주하고 그렸을 가능성도 부인하지 못한다. 이 지도에서 타프로바나 섬에 'Melano', 'Dinloy', 'Hormar', 'Leroa', 'Malao'가 표기되어 있고, 코끼리를 탄 왕의 모습을 확인할 수 있다. 『동방견문록』에서는 이 도시들의 이름을 언급하고 있지 않지만, 수마트라 섬에 야생 코끼리가 산다는 내용은 찾을 수 있다. 따라서 어느 정도 마르코 폴로의 증언과 일치한다. 또한 'Melano'는 7세기 수마트라 섬에 존재하던 말라유 왕국(末羅瑜國, Malayu)과 발음이 비슷하다. 수마트라 섬에 존재한 말라유 왕국은 당시 아시아에서는 널리 알려진 왕국으로 문헌에 소개되어 있다. 예를 들어 최한기가 1857년에 저술한 『지구전요(地球典要)』에도 말라유 족이 수마트라 섬에 거주한다고 기술되어 있다.

타프로바나를 수마트라 섬이라고 생각할 수 있는 또 다른 근거는 타프로바나 섬 위의 글상자에서 찾을 수 있다. 이 글상자의 내용에 식인종에 대한 이야기가 언급되어 있는데, 『동방견문록』에는 수마트라 섬의 다그로얀(Dagroian) 왕국에 대해 이야기하며 이들이 식인 풍습을 갖고 있다는 기술이 있다. 그러나 모순적으로 루비를 들고 있는 왕의 모습을 지도에서 확인할 수 있는데, 루비는 마르코 폴로가 실론에 대해 언급하면서 그곳의 왕인 센데르남(Sender-nam)이 가지고 있다고 한, 세계에서 가장 아름다운 보석을 표현한 것이다.

16세기 후반의 지도 제작자인 오르텔리우스와 메르카토르 역시 수마트라 섬을 타프로바나로 표기했다. 메르카토르의 「1569년 세계지도」와 오르텔리우스의 1570년 「인도양 지도(Indiae Orientalis)」가 그것이다. 그런데 재미있는 사실은 메르카토르와 오르텔리우스의 지도에는 'Dinlai', 'Menlai', 'Malao', 'Hormar'가 일본에 표시되어 있다는 것이다. 결국 『카탈루냐 아틀라스』의 타프로바나는 실제는 실론으로 간주하고 그렸으나, 그 안의 정보는 수마트라 섬, 일본, 고려에 대한 내용이 모두 혼합된 것이다. 이것은 타프로바나의 위치와도 관련이 있다. 이 섬이 지도의 동쪽 끝에 위치하고 있기 때문에 극동에 위치한 고려와 일본에 대한 정보를 실론과 수마트라 섬 정보에 추가해서 입력하였다. 즉 이 지도에서는 고려가 실론, 수마트라, 일본과 함께 하나의 섬으로 표현된 것이다.

1. 초대 교부 시리아의 에프렘(Ephrem the Syrian)은 다른 교부들과 달리 낙원에서 발원하는 네 강이 나일 강, 다뉴브 강, 티그리스 강, 유프라테스 강이라 생각했으며, 낙원 주위의 강이 지하로 스며들어 수로를 통해 바다로 흘러들어 가고 이 물들이 다시 솟아나 지표에서 흐른다고 주장하였다. 그리고 낙원은 고도가 높은 곳에 위치하며, 세계를 둘러싸고 있어서 땅과 바다는 그 안에 포함되어 있다고 주장하였다. 고도가 높은 곳에 위치하는 이유는 낙원이 노아의 홍수로부터 피해를 당하지 않았다고 생각했기 때문이다.

2. 곡과 마곡은 '기게스의 반지(Ring of Gyges)'로 유명한 기원전 7세기 리디아(Lydia)의 왕 기게스(Gyges)를 의미한다고 보는 견해도 존재하며, 현재의 러시아를 지칭한다는 의견도 있을 정도로 다양한 개연성을 가지고 역사 속에서 정의되었다.

3. 전설이므로 명확한 지리적 위치를 확정할 수는 없지만, 대개 현재의 조지아(Georgia) 공화국의 수도 트빌리시 북쪽의 산악 지역으로 추정한다.

4. 이 지도에서는 타타르 족이라 언급하여 몽골로 직접 지칭하지는 않았지만, 이 지도가 수록된 저서의 본문에서 몽골로 지칭하였다.

5. 그리스 신화의 보레아스(Boreas)에 해당한다.

6. 타프로바나 섬 위의 글상자 좌상에 위치한 또 다른 글상자에 수록어 있다.

7. 뤼브록은 귀환 다음 해인 1256년에 라틴 어로 이 책을 출간하였다. 필사본으로 남아 있던 이 여행기를 영국에서 1600년에 해클루트(Hakluyt) 지리학회가 일부를, 이어 1625년에 퍼처스(Samuel Purchas)가 전부를 영역하여 출간하였다(정수일, 2001).

8. 인도와 스리랑카를 모래톱으로 연결하는 최남서단에 위치한 해안

9. 프라 마우로(Fra Mauro), 뮌스터(Sebastian Munste)와 테베(Andre Thevet) 등이 논쟁한 것으로 알려져 있다.

16세기 지도의
동아시아와 한반도

16세기 지도의 동아시아

14세기의 『카탈루냐 아틀라스』에 고려가 언급된 이후 더 이상 중세 지도에는 한반도가 표시되지 않았다. 1450년의 「프라 마우로(Fra Mauro) 지도」에도 한반도에 대한 정보는 전무하다. 한반도가 다시 지도에 등장한 것은 16세기이다. 16세기는 지도 발달사의 측면에서 르네상스 시기에 해당한다. 지도학자들은 지도의 르네상스 시기가 15세기 초반의 프톨레마이오스(Claudios Ptolemaeos, 기원후 90~168년 추정)의 『지리학(Geographike Hyphegesis)』의 재발견에 의해 시작되었다고 본다.

2세기경에 이집트의 알렉산드리아는 로마 문명의 학문적 중심지였으며 지중해 무역의 거점이었다. 세계 최고의 도서관인 알렉산드리아 도서관이 있었으며, 기하학자 유클리드와 지구의 원주를 측정한 에라토스테네스가 이곳에서 배출되었고, 천문대 역시 이곳에 존재하였다. 또한 지중해 무역의 중심지였기 때문에 많은 사람들로부터 세계의 정보를 접할 수도 있었다.

이곳 알렉산드리아 출신의 그리스 인인 프톨레마이오스는 아리스토텔레스의 우주관과 그리스 지리학자들의 연구 성과를 바탕으로 천체 이론과 지도 투영법에 대한 이론을 제시하였다. 그는 그리스의 지리학자 스트라본(Strabon)과 마리우스(Marius of Tyre, 기원후 100년경 활약)의 저술을 참조하여 총 8권으로 구성된 『지리학』을 기원후 150년경에 출간하였다. 총 8권이지만 현재의 서적 분량으로 치면 1권에 지나지 않는데, 책의 앞부분은 지도 제작을 위한 투영법 설명이며, 나머지 부분은 세계 각 지역의 경위도 좌표를 표시하였다. 일부 중복되는 좌표도 있지만, 위도와 경도 좌표의 목록이 약 8,100개에 달할 정도로 많은 지리 정보를 담고 있다. 그러나 과연 모든 좌표를 프톨레마이오스가 직접 수집했는지에 대해서는 의문의 여지가 있다. 비잔틴 지리학자들이 수집한 좌표들이 이 책에 추가되어 출간되었고, 서유럽에 전해진 것은 이 개정판일 가능성이 있기 때문이다(Ackerman, 1995).

그리스 어로 집필된 이 책은 중세에 잊혀져 있다가 1406년에 라틴 어로 번역되었다. 1406년에 출간된 『지리학』의 최초 라틴 어 번역본에는 지도가 포함되어 있지 않지만, 이탈리아의 볼로냐(Bologna)에서 출간된 1477년 판본부터 세계지도가 포함되기 시작했다(Suarez, 1999). 구텐베르크가 개발한 활자인쇄술 덕분에 『지리학』이 널리 보급되었고, 유럽 인의 지적인 호기심을 자극하였다. 그리고 1478년에는 로마 판본, 1482년에는 독일의 울름(Ulm) 판본이 출간되었다.

지도 제작자들은 『지리학』이 활발하게 출판되던 1480년대를 르네상스의 시작으로, 1640년경을 르네상스가 끝나고 근대가 시작된 시기로 본다(Woodward, 2007). 물론 유럽 각국이 처한 상황에 따라 르네상스가 지속된 시기는 다르다. 예를 들어 러시아의 경우는 1700년까지 지도학적 측면의 르네상스 시기가 지속되었던 것으로 간주한다. 르네상스와 근대의 차이를 한 마디로 명확하게 설명하는 것은 불가능하지만, 대체로는 지도의 정확성 측면에서 차이를 구분할 수 있다. 1615년경에 개발된 삼각 측량법이 측량 방법으로 자리잡았고 또 30년 전쟁(1618~1648) 등으로 정밀한 지도가 많이 제작된 것이 지도의 정확성을 개선하는데 획기적으로 기여하였다. 이제 프톨레마이오스의 『지리학』에 수록된 좌표를 활용하여 지도를 제작하는 방식은 이 시기를 기준으로 급격히 쇠퇴하였고, 새롭게 측량한 자료를 활용하여 지도를 제작하는 문화가 유럽에 자리 잡게 되었다. 따라서 르네상스 시기의 지도 발달에 가장 큰 영향을 미친 것은 『지리학』이었다.

그런데 "기원후 150년경에 집필된 『지리학』이 르네상스 시기인 16세기 지도에 어떤 영향을 미쳤을까?"라는 의문을 품을 수 있다. 1300년 전에 만들어진 지도가 16세기의 지도보다 정확할 수 없다. 가령 지명 같은 경우는 끊임없이 변한다. 때문에 이 책에 수록된 지리 정보가 당시에 크게 유용했다고 생각되지는 않는다. 그렇지만 이 저서는 16세기의 지리적 사고에 결정적인 영향을 미쳤다. 가장 큰 영향은 세계지도를 제작하는 방식을 근본적으로 바꾼 것이다. 이에 대해 보다 구체적으로 살펴보자.

첫째, 앞 장에서 살펴본 바와 같이, 중세 마파문디에서 공간은 신에 의해 종속되었으며 인간의 자유 의지는 없었다. 그리고 지도상에 과거, 현재, 미래가 모두 표현되었다. 그러나 그리스 전통의 지도를 다시 사용함으로써 인간의 주체적인 조사와 기록을 지도에 수록하는 자유 의지가 회복되었다. 이것은 관측 기술의 발달로 이어졌고, 지도가 신학의 결과가 아니라 과학의 결과물이 되는 데 중요한 역할을 하였다. 그렇지만 중세의 지도는 기독교 세계관의 지도, 르네상스 지도가 세속의 지도라고 이분법적으로 구분하는 것은 적합하지 않다. 르네상스기와 근대 초기에도 여전히 곡과 마곡이 지도상에 존재했기 때문이다. 그러나 이전과 달리 기독교 세계관에 의해 지배되는 장소의 수는 급격히 감소하였다.

둘째, 중세 세계지도에는 경위선이 그려져 있지 않다. 예를 들어 현존하는 13~14세기의 중세 지도에는 경위도가 표시된 지도가 한 장도 없다. 그렇지만 프톨레마이오스의 전통이 회복됨에 따라, 경위선과 이를 기준으로 한 좌표에 근거하여 장소를 표시하게 되었다. 중세 마파문디가 추상적인 방식으로 세계를 표현했다면, 이제는 구체적인 방식으로 정확하게 표시하게 된 것이다. 다시금 장소에 대한 좌표 정보가 요구되었으며, 이를 위한 조사의 필요성이 대두되었다.

셋째, 경위선을 지도에 표시한 프톨레마이오스의 지도는 기본적으로 지구가 '구(球)'라는 전제에서 출발한다. 프톨레마이오스의 지도는 지구의를 평면으로 표시한 것이라 할 수 있다. 그런데 지구의는 기본 방향, 즉 위쪽이 북쪽이다. 따라서 동쪽이 기본 방향이던 중세 지도와 달리, 이제 북쪽을 기본 방향으로 설정하게 되었다(Woodward, 2007). 물론 나침반의 사용에 의해 북쪽을 지도의 기본 방향으로 설정했다는 설도 존재한다. 르네상스기에 항해가 본격화되어 해도가 발전한 것을 고려할 때 이것 역시 사실이다.

『지리학』에 수록된 지리 정보 자체는 16세기 지리적 지식을 확충하는 데 직접적으로 기여하지 못했다. 그러나 경위도 좌표를 기본으로 하는 지리적 기술 방법은 향후 지도학의 과학적 발달에 기여하였다. 이처럼 그리스 전통의 과학적 방식을 담은 『지리학』은 상세하고 정확한 여행기인 『동방견문록』과 함께 이후의 세계지도 발달에 엄청난 영향을 미치게 된다. 아메리카 대륙을 발견한 콜럼버스도 1477년판 『지리학』에 인쇄되어 있는 세계지도를 통해 서쪽으로 항해하면 아시아에 도착할 수 있다는 생각을 하게 되었다.

프톨레마이오스는 경도의 기준선인 동경 0°의 지점으로 카나리아 제도[1]에 속한 '행운의 섬(Fortunatae Insulae)'을 설정했다. 행운의 섬 본초 자오선은 18세기까지 대부분의 유럽 지도에서 기준으로 삼았는데, 이 섬이 당시 유럽인들이 알고 있었던 가장 서쪽의 땅이었기 때문이다.[2] 그리고 프톨레마이오스는 유라시아 대륙의 범위를 동경 0°에서 말레이 반도와 남중국해 사이의 큰 만인 '마그누스 시누스(Magnus Sinus)'를 거쳐 동경 180°에 이르는 지역이라고 기술했다. 행운의 섬에서 출발하여 서쪽으로 지구의 반을 항해하면 아시아의 동쪽 끝에 도달하게 되는 것이다. 그런데 콜럼버스는 이 내용은 잘못 되었다고 생각했다. 그는 『지리학』에서 인도 반도의 최남단으로 언급된 카티 가라(Catigara), 즉 현재의 베트남이나 캄보디아가 동경 225° 주변에 위치한다 고 보았다(Dalché, 2007, 329). 그러면 훨씬 짧은 거리를 항해해도 중국이나 인 도에 도착할 수 있게 된다. 이전에는 행운의 섬에서 180°를 항해해야 한다면 이제 서쪽으로 155°만 항해해도 카티가라에 도달할 수 있는 것이다.

점차 새로운 정보가 추가됨에 따라 세계지도는 프톨레마이오스의 지도에 서 변화하게 된다. 가장 큰 변화는 인도양의 모습이다. 이전에는 인도양이 내 해로 표현되었다. 그래서 유럽에서 아시아로 가기 위해서는 대서양을 거쳐 아프리카의 남쪽으로 간 다음, 다시 육로를 통해 인도양과 접한 해변에 가서 다시 배를 타거나, 현재의 사우디아리비아 쪽에서 배로 이동해야 한다고 생 각했다. 그런데 1488년 포르투갈의 바르톨로메우 디아스가 희망봉을 지나 항 해함에 따라 인도양은 더 이상 갇힌 바다가 아니라는 결론이 내려졌다. 이 탐 사 내용은 마르텔루스(Henricus Martellus)의 1489년 지도에 수록되었다. 이 지도를 통해 이제 유럽 인들은 대서양과 인도양을 거쳐 아시아로 갈 수 있다 는 것을 알게 되었고 대항해 시대가 본격화되기 시작한다.

여기서 한 가지 생각해 볼 점은 1450년경에 제작된 「프라 마우로(Fra Mauro) 지도」에서 이미 인도양을 닫힌 내해가 아니라 열린 바다로 표현하여 아프리 카를 통해 유럽에서 인도로 갈 수 있도록 표현했다는 것이다. 이것은 프라 마 우로가 아랍의 지리 정보를 참조하여 인도양을 그렸기 때문인데, 이 지도가 제작된 베네치아에서는 육로를 통해 동방과 향료를 교역하고 있었다. 따라서 당시 유럽 인들도 이미 인도양이 내해가 아니라는 것을 알고 있었을 것이다. 다만 유럽 인 스스로 이를 확인하지 않았을 뿐이다. 그래서 이슬람 세력이 막 고 있는 육로 대신 아프리카를 돌아 인도로 가는 바닷길을 찾았던 것이다.

16세기에 출간된 『지리학』에 첨부된 지도들에 의하면 남중국은 아프리카 남부의 동쪽에 있는 미지의 땅에 연결되어 있었다. 즉 인도양이 일종의 지중해 역할을 한 것이다. 당시의 지도들은 프톨레마이오스의 전통을 따랐고, 여기에 신세계에 대한 정보만 추가하는 정도였다. 로포 호멤(Lopo Homem)의 1519년 「세계지도(planisphère)」를 보면 여전히 프톨레마이오스의 영향을 많이 받아 인도양이 내해인 것 같은 느낌을 준다(그림 2-1). 대서양과 인도양이 남쪽으로 막혀 있고, 브라질과 믈라카가 하나의 대륙으로 연결되어 있다. 또 인도네시아의 동쪽 역시 내륙으로 막혀 있으며 중국의 크기에 대해서는 판단할 수 없다. 이 지도는 마젤란 항해 이전에 유럽 인이 가지고 있던 세계 지리 지식의 축약이라 할 수 있다. 그리고 마젤란의 항해는 이 세계관을 바꾸었다. 마젤란 해협을 통해 대서양과 태평양이 이어져 있다는 것을 발견한 것이다.

1520년대의 세계지도에서 동아시아는 세 가지 유형으로 표현되었다. 첫째로 아메리카와 아시아의 연결 여부를 지도에서 확인할 수 없도록 지도의 표현 범위를 줄인 지도들이다. 둘째는 아메리카와 아시아를 분리한 지도들로 페터 아피안(Peter Apian)의 「세계지도(Declaratio et usus typi Cosmo mographic)」(1522)가 대표적인 사례이다. 셋째는 아메리카 대륙이 아시아의 일부라고 생각하여 하나의 대륙으로 그린 지도들 역시 상당수 존재하는데, 오롱스 피네(Oronce Fine)의 「심장형 세계지도(Recens et integra orbis descriptio)」(1534)도 이에 속한다. 피네가 심장형으로 세계지도를 그린 것은 당시 유행하던 기독교 휴머니즘의 영향이다.[3] 이는 기독교 교리와 인간, 속세에 대한 시각을 융합한 것으로, 인간이 사는 지구를 심장으로 표현하여 인류애를 나타낸 것이다(Mangani, 1998). 이 지도에서는 현재의 미국 텍사스 주의 위치에 카타이가 표기되어 있다(그림 2-2).

당시 동아시아에 대한 가장 정확한 정보를 가진 나라는 포르투갈이었다. 다

➤ 그림 2-1. 호멤의 1519년 「세계지도」
프랑스 국립도서관 소장

➤ 그림 2-2. 오롱스 피네의 1534년 「심장형 세계지도」
프랑스 국립도서관 소장

른 국가들은 포르투갈에서 흘러나온 정보를 이용하여 지도를 제작했지만 포르투갈의 자료를 이용하지 못한 지도들이 대부분이다. 당시 유럽 인들이 그린 16세기의 아시아 지도를 좀 더 살펴보자.

16세기 당시 프랑스는 포르투갈과 에스파냐에 비해서 해도 제작 기술이 뒤졌다. 그러나 국가 체제가 안정되기 시작한 이후 프랑수아 1세(François I)는 대항해에 동참하기 위해 노력했고, 그 결과 해도 기술 역시 자연스럽게 발달하게 되었다. 또한 노르망디 지방에는 당시 프랑스 제3의 도시인 루앙(Rouen)이 있었으나 1517년에 항구 도시 르아브르(Le Havre)를 새롭게 건설하였다. 그로 인해 지중해, 아프리카 해안 지역, 인도, 아메리카와 교역할 수 있었으며, 프랑스의 배들은 말루쿠 제도나 브라질, 뉴펀들랜드까지 항해하였다.

이때 사용하던 지도들의 제작자 다수가 노르망디 연안의 도시인 디에프 출신이었다(Toulouse, 2007). 따라서 이들은 디에프 학파(Dieppe school)로 불린다. 지도학에서의 학파란 지도 제작자들의 모임으로 동일한 자료와 기술을 사용하고 지도들의 형상이 비슷한 경우를 의미한다. 디에프 학파는 포르투갈에서 프랑스로 이주한 지도 제작자들의 기술을 전수받았다. 프랑수아 1세는 1538년에 포르투갈의 주앙 파체코(João Pacheco)를 프랑스 왕실 우주지학자로 임명하였다. 동시대에 프랑스에서 활동한 지도 제작자 주앙 아폰수(João Afonso) 역시 포르투갈 출신이다. 디에프의 지도 제작자 중 가장 대표적인 인물은 피에르 데설리에(Pierre Desceliers)로, 그는 프랑스 최초의 왕실 수로학자이기도 하다. 그림 2-3은 데설리에가 1550년에 그린 세계지도이다.

이 지도에는 당시 프랑스 국왕 앙리 2세의 문장이 새겨져 있다. 데설리에는 1530년대부터 프랑스와 포르투갈이 항해를 통해 발견한 새로운 지리 정보를 지도상에 표기하였는데, 포르투갈 지도의 표현 형식을 따랐다(Hofmann et al.,

➤ 그림 2-3. 「데설리에 세계지도」(1550)의 동아시아
영국 런던 대영도서관 소장

2013). 바람 장미, 바람의 신, 항정선 등을 살펴볼 때 실제 바다에서 항해용으로 사용하기 위한 것은 아니며, 남반구와 북반구의 문자와 그림을 반대 방향으로 표현한 이중 방향 기법을 채택했다. 마젤란의 항해(1519~1522년)에도 불구하고 당시의 태평양은 미지의 바다였다. 이 지도는 중세 마파문디의 르네상스 버전이라고도 말할 수 있다. 특징적인 면을 더 찾아보면, 이미지와 문자가 시각화된 백과사전의 형식으로 지도에 표시되어 있다. 카타이에 대한 정보는 『동방견문록』을 참조했으며, 프레스터 존(Prester John)의 왕국은 에티오피아에 위치시켰다. 러시아에는 전설의 여성 부족 아마존(Amazons)을 배치했다.

유럽 대륙 이외의 지역에는 원주민을 아주 경멸하는 분위기로 그려 놓았다. 개의 머리를 가진 식인종과 태양 숭배자를 오스트레일리아에 그렸지만 고대 그리스 문헌에 의하면 이들은 인도에 거주하는 것으로 간주되었다. 1500년경 인도에 유럽 인들이 도착하게 됨에 따라 이 종족들은 인도 대신 남반구에 표시되었다. 지도에서 일본은 지팡구(Zipangu)로 표기되어 있고 지팡구 맞은 편에 엄청나게 큰 규모의 도시를 확인할 수 있다. 이 도시를 한반도로 오인할 수 있는데, 아래 쪽의 만을 보하이 만으로 생각할 수 있기 때문이다. 사실 이 도시는 마르코 폴로가 세계 최대의 도시로 언급한 항저우이다. 그리고 만의 남쪽으로 이 보다 작은 도시는 취안저우(泉州)이다. 또 중국 내륙에 카타이를 표기했는데, 여기에는 『맨더빌 이야기』와 『박물지』에 언급된 머리는 독수리이고 몸은 사자인 그리핀(griffin)을 그렸다. 그리핀은 백수의 왕으로 인정되었고 보물을 지키는 존재로 인식되었다. 따라서 이 지도는 아시아를 타자화했지만, 유럽 인이 몽골과 중국에 대해 가졌던 이미지는 괴물 인간을 그린 다른 지역에 비해서는 훨씬 높았던 것을 알 수 있다.

1543년 포르투갈 인이 일본의 규슈 남단에 있는 다네가 섬에 표착한 뒤, 중국의 닝보(寧波)에 돌아와서 일본에 대한 무역 정보를 전달했고, 그 이후로 일본에 대한 관심이 증대되었다. 포르투갈 상인들은 일본과의 접촉이 중국의 해안에서보다 훨씬 이익이 많이 나는 새로운 사업이라는 것을 알게 되었다. 즉 일본에는 중국의 비단을 팔고 그들에게 은을 구입해서 중국에 되파는 사업이었다. 그리고 시간이 흐름에 따라 막연해진 마르코 폴로의 지팡구 정보에서 벗어나 새로운 지리적 지식을 갈망하게 되었다. 마침내 선교사 사비에르(Francisco Xavier)가 1549년 8월 일본의 가고시마에 상륙했다.

1550년대부터는 일본에 파견된 예수회 선교사들의 보고서가 유럽에 전달되었고, 일본에 대한 정보가 유럽에 본격적으로 유입되었다. 따라서 지도 제작자들도 일본의 지도를 수정하려고 노력했다. 포르투갈 인으로 말루쿠 제도를 방문한 경험이 있는 안토니오 갈바노(Antonio Galvano)는 1563년 집필한 『발견에 대한 논고(Tratado dos Descobrimentos)』에서 다네가 섬이 지팡구에 해당한다고 기술했다(최영수, 2005). 이 책의 출간으로 인해 지팡구 명칭이 사라졌다고 단정할 수는 없지만, 이 시기를 전후해서 지도에서 지팡구가 사라지고 'Japan'으로 대체된 것은 고지도에서 확인할 수 있다.

일본은 무역뿐만 아니라 문화와 종교 측면에서도 유럽의 관심을 끌었다. 그리고 동양의 문화, 역사, 종교, 철학, 언어 등을 연구하는 학문인 동방학의 관심 대상으로 등장하였다. 당시의 동방학은 주로 이슬람 세계를 연구했는데, 근대 동방학의 개념을 정립한 사람의 한명으로 인정받는 프랑스의 동방학자 포스텔(Guillaume Postel)은 연구 지역을 일본으로 확대하였다(Bernard-Maitre, 1953). 그는 뛰어난 언어 습득 능력 덕분에 그리스, 라틴, 히브리, 아라비아 등의 여러 언어를 구사했고 성경과 코란의 비교에 대해 뛰어난 연구 업적을 수행해, 1538년 프랑스 왕실 대학의 교수로 임용되었다. 이후 그리스도의 재림을 준비하기 위해 세계 통합 정부를 만들어 공통어를 사용해야 하고, 또 프랑스 왕이 주도하여 오스만 제국에 십자병을 파병해야 한다는 등의 다소 황당한 주장으로 교수직을 박탈당했다. 이러한 신비주의적 기행에도 불구하고 그는 20년 정도 유럽, 근동 각지를 여행하며 동양에 대해 의미있는 조사를 하였다(Wheeler, 2013). 포스텔은 사비에르의 보고서를 참조하고 자신의 견해를 추가해 1553년 출간한『세계의 신비(Des merveilles du monde)』의 한 장을 일본에 할애하였다. 이 책은 동시대에 일본에 대해 가장 정확하고 풍부하게 기술한 저서라 평가받고 있다(Subrahmanyam, 2005). 그리고 그는 수학과 천문학에 뛰어났기 때문에 지도 제작자로도 큰 업적을 남겼다.

그림 2-4는 포스텔이 1578년에 제작한 세계지도이다. 포스텔은 프랑스 대서양 연안에 위치한 디에프에서 해도 정보를 수집했는데, 이곳에서 포르투갈의 동방 자료를 접할 수 있었다. 따라서 이 지도는 아랍과 포르투갈의 자료를 직접 활용한 가장 정확한 지도라고 할 수 있다. 그러나 당시는 물론 18세기까지 관측한 것만 지도에 수록하는 시대가 아니었고 지구의 형상에 대한 이론이 중요했다. 이론적으로 어디에 무엇이 있어야 한다는 것을 염두에 두고 상상으로 미지의 세계를 그렸다. 그리고 그 상상이 탐험의 결과로 확인되기도 하였다. 예를 들어 지구가 안정적으로 자전하기 위해서는 남반구에 큰 대륙이 있어야 한다는 가설을 설정하고 지도에 엄청나게 큰 남극 대륙을 그렸다. 이를 확인하기 위해 남극 대륙을 탐사하였다. 그 결과 남극 대륙이 존재하지만, 실제보다는 훨씬 작다는 사실을 알게 되었다.

포스텔은 약간 특이한 투영법을 사용하여 북반구에서는 남쪽이 위, 남반구에서는 북쪽이 아래로 오도록 하는 방식으로 제작했다. 이 지도에서는 남쪽이 위에 위치하는데, 일본과 류큐(琉球)는 확인할 수 있지만 한반도는 나타나 있지 않다. 앞의 그림 2-3 지도와 마찬 가지로 일본 북동 방향에 큰 만이 있고, 그 만의 북쪽에 면한 도시가 항저우이다. 항저우 밑에 작은 만이 있는데, 이것은 항저우 남쪽에 둘레가 30마일인 호수가 있다는『동방견문록』의 내용

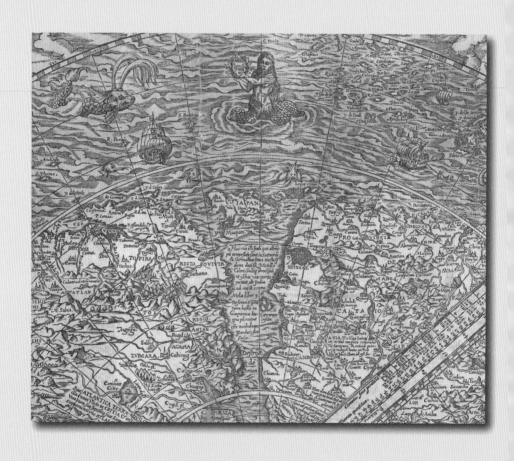

➤ 그림 2-4. 포스텔의 「1578년 세계지도」
프랑스 국방부 역사관 소장

을 인용하여 표현한 것이다.

　포스텔은 일본 남쪽에 인어를 비롯한 여러 개의 괴물을 그렸다. 인어 형태의 괴물은 사이렌으로 머리카락이 길고, 꼬리가 두 개에, 한 손에는 월계관을 들고 있다. 물에서 나온 기품있는 여신의 모습을 하고 있으며, 주변에 작은 섬들과 괴물, 배들이 있다. 사이렌이 들고 있는 월계수 잎은 그리스 신화에서 아폴로의 상징인데, 겨울에도 푸르기 때문에 영원불멸을 상징하기도 한다. 그래서 고대 그리스에서는 신에게 제사를 지낼 경우 월계수 잎을 태웠다. 영원불멸의 상징인 이 식물은, 또 신이 인간에게 부여한 권력을 의미한다. 결과적으로 월계수를 든 사이렌은 영원불멸과 권력에 대한 유혹을 의미한다(Baverel et al., 2011).

　사이렌 주변에는 배를 공격하는 모양을 취하고 있는 여러 마리의 괴물이 서성이고 있다. 괴물의 크기를 배와 비교할 때 어떤 배도 이에 대항할 수는 없다. 그리고 일본 옆에서 작은 괴물이 웃고 있다. 머리와 수염이 텁수룩하고 머리카락이 말의 꼬리와 유사하다. 가장 위협적인 괴물은 고래 괴물이다. 이 괴물은 마그누스(Olaus Magnus)의 「해도(Carta Marina)」와 오르텔리우스의 지도에도 등장하는, 이 세상에서 가장 큰 포유류인 고래를 상징하는 괴물로 이름은 발레나(Balena)이다(Nigg, 2013). 괴물의 크기는 사이렌과 유사하다. 그리고 사이렌처럼 일부는 물속에 들어가 있다. 물 위에 드러난 괴물의 얼굴은 매우 무서운 표정을 짓고, 코를 내밀고 있으며, 두 개의 지느러미는 갈고리 모양을 하고 있다. 그리고 머리 쪽의 공기구멍을 통해 물줄기가 만들어지고 있다. 작은 괴물과 발레나, 그리고 사이렌은 배의 주변을 맴돌며, 바다는 무서운 곳이라는 이미지를 만들고 있다. 이렇게 아직 동아시아는 미지의 세계요, 무서운 곳이었다. 그렇지만 동시에 선교지이기도 하고 엄청난 부가 기다리고 있는 곳이기도 했다.

호드리게스와 피레스 해도의 한반도

16세기의 세계지도가 여전히 기독교 세계관에 의해 제한되었다면, 당시의 해도는 종교와는 관계없이 실용적 목적에서 제작되었다. 동아시아에 주재하면서 해도를 제작한 포르투갈의 지도 제작자들은 일반적인 예상과는 달리 프톨레마이오스의 『지리학』이나 마르코 폴로의 『동방견문록』에 대해 무지하였다. 포르투갈의 항해를 담당하는 상부에서는 『지리학』이나 다른 여행기를 이용하여 항해에 관한 정보를 수집했지만, 동아시아 현지에서 해도를 제작한 지도 제작자들은 『지리학』이나 『동방견문록』의 존재 자체를 몰랐다. 실제 『동방견문록』은 1502년에야 포르투갈 어로 번역되었다(Gruzinski, 2014). 따라서 동아시아에 거주하는 지도 제작자들은 항해에서 가장 기본적이고 꼭 필요한 내용만 지도에 표시하였다. 16세기 전반 포르투갈의 동아시아 해도의 특징은 다음과 같다.

첫째, 포르투갈의 지도 제작자들은 지식인 계층에 속하지 않은 항해사, 즉 기능인이었다. 이들은 이론서나 여행기를 읽고 해독할 능력이 없었다. 그래서 당시 흔히 표현되던 카타이와 지팡구 명칭도 지도상에 등장하지 않는다.

둘째, 포르투갈이 제작한 동아시아 지도는 대부분 해도이다. 해도 제작을 위해서는 항해의 경험이 중요하지 학술 서적이나 여행기에 수록된 지리 정보는 중요하지 않다. 즉 해도와 육지의 지도는 전혀 다른 목적에서 제작된 것이다. 그래서 지도상에 해변, 항구, 산호초, 하구 등 선박의 운항과 관련된 정보는 정확하게 표현하였지만, 내륙에 대한 정보는 삭제되어 있다. 간혹 내륙에 그린 주민이나 식물의 경우는 장식적인 요소에 지나지 않았다.

셋째, 포르투갈의 지도 제작자들은 현지의 자료를 주로 활용하였다. 실론에서는 아랍 인, 그리고 다른 지역에서는 말레이시아 선원들의 지식을 활용하였다. 또한 지도상에 지명을 표기할 때도 현지어를 사용하였다.

넷째, 무역로의 경우는 축척과 관계없이 상세하게 그렸다. 하구, 곶, 암초를 과장되게 표현한 것은 항해의 안전과 관련이 있어서였다. 광저우 주장(珠江) 강의 삼각주는 대부분의 지도에서 과장되게 그렸는데, 포르투갈 인들이 이곳에서 무역을 했기 때문이다(Thomaz, 1995).

다섯째, 조사하지 않은 해안은 다른 색상으로 표시하거나 직사각형과 같은 단순한 기하 도형을 사용하여 그렸다. 당시 지도에서 보이는 직사각형의 지형은 조사를 하지 않아 자료가 없다는 의미이지, 실제로 섬의 모양이 직사각형이라는 의미는 아니다. 이 다섯 번째 특징은 뒷장에서 소개할 16세기 후반의 지도를 연구하는데 매우 중요한 역할을 한다.

이상의 특징을 가진 해도 중 한반도가 등장하는 최초의 지도는 1513년의 프란시스쿠 호드리게스(Francisco Rodrigues)가 번역한 자바 인의 지도이다. 1511년 포르투갈의 인도 총독 아폰수 드 알부케르크(Afonso de Albuquerque)[4] 가 말루쿠 제도 탐사를 위해 세 척의 배를 파견했고 호드리게스는 그중 한 배의 항해사였다. 당시 이 원정에는 마젤란도 참여하였다(Cortesao, 1967).

알부케르크는 1511년 8월 믈라카를 점령했는데, 당시 믈라카에서는 중국인, 페르시아 인, 무어 인 등 아시아 전역에서 상인들이 왕래하여, 항구에서 84개의 언어가 사용되고 있었다(하네다 마사시, 2012). 알부케르크는 이곳에서 자바의 해도를 발견했다. 그리고 이 지도와 함께 '희망봉', '브라질', '홍해', '페르시아 만', '향료 제도', '중국인의 항해 지도', '타이완과 류큐로 항해하기 위한 해로 정보'를 종합하여 국왕에게 보고하고자 하였다. 이처럼 이 지역에서는 유럽 인이 도착하기 이전에 지도 기술이 상당히 발달하였다. 불행히도 파선으로 인해 일부 지도를 분실했지만, 습득한 지도를 모사하여 1512년 4월 1일 포르투갈 국왕에게 제출하였다. 당시 자바 어로 표기되었던 지도를 호드리게스가 번역하였다.

지도 제작자 호드리게스에 대해서는 그가 포르투갈 출신이며, 1519년에 중국에 간 적이 있다는 것 말고는 더 이상 알려지지 않았다. 그는 당시 유럽에서 사용하지 않던 수평 프로파일 방법을 이용해 섬을 그렸는데, 이는 아시아 지도의 영향을 받았음을 입증한다(Winter, 1949). 그는 국왕에게 보낸 친서에서 지도의 가치를 강조하였고, 포르투갈과 브라질, 향료 제도 등이 기재된 자바 인의 지도를 보았다고 언급했다. 물론 이 내용에 대해서는 많은 논란이 있다(Olshin, 1995). 특히 브라질이 기재된 내용은 믿기가 어렵다. 그러나 적어도 자바 인이 일본이나 류큐, 중국을 항해하던 항해도가 존재한 것은 확실하다. 그렇지 않았으면 호드리게스가 다음 해인 1513년에 작성한 『호드리게스 지도책(Olivro de Francisco Rodrigues)』이 존재하지 못했을 것이다(Schwartzberg, 1994).

호드리게스의 지도책에는 조선이 그려져 있다. 그림 2-5의 우측에 위치한 곡선의 섬이 조선인데, 이 섬과 마주한 육지에는 "ate aqui tem desscugerto os chim"이라는 문장이 있다. 이는 "여기까지 중국인이 발견하였다."는 의미이다. 그리고 좌하의 "Ylha parpoquo nesta achares muyta coussa da chyna" 라는 문장 중에서 'Ylha parpoquo'는 일본으로 해석될 수 있는 가능성이 존재한다. 호드리게스 지도에도 불구하고 이후 60년간은 더 이상 조선이 지도에 그려지지 않았다.

► 그림 2-5. 호드리게스 아틀라스의 한반도
Cortesao(1990), Fig.(p.120) 재작성

포르투갈 인이 처음 중국 땅을 밟은 것은 믈라카를 점령한 직후인 1513년으로 상인 조르즈 알바레스(Jorge Alvares)가 광저우를 방문하였다. 그는 주장 강 하구의 툰먼도(屯門島)와 그 주변에서 밀무역을 하였다(Ptak, 1985). 당시 화인 상인들이 동남아시아에 판매하던 비단과 도자기는 포르투갈도 꼭 손에 넣고 싶어 하던 물건이었다. 그리고 동남아시아의 향신료를 중국으로 가져가면 큰 이익이 남는다는 것을 알았다. 그러나 해금 정책을 펴고 있는 명의 방침에 따라, 화인 상인들과 공적으로 무역하기 위해서는 사절을 파견하여 조공을 할 필요가 있었다.

그래서 1517년 토메 피레스(Tomé Pires)가 국왕의 사절 자격으로 광저우에 가서 명나라와의 정식 국교를 요구했다.[5] 그는 3년을 기다린 후 북경 입성을 허락받고 명나라 관리들과 우호적인 관계를 맺었다. 그러나 1521년 중국을 방문한 포르투갈 사절들이 중국의 관례를 무시하고 황제 상중에 교역을 강행하자 명나라 조정은 피레스에게 책임을 물어 광저우의 감옥에 가두었다. 피레스는 투옥 중인 1524년에 사망하였으며 교역은 중지되었다. 이후 포르투갈 상인들이 수차례 교역 재개를 위해 노력했으나, 조정은 공식적인 허락을 하지 않았다(이화승, 2014). 피레스는 『동방제국기(Suma Oriental)』를 남겼는데, 이 책은 홍해에서 중국에 이르는 지역의 지리 정보를 담고 있다. 동아시아에 대한 내용은 중국 남부 지역 및 일본에 국한되었고 그나마도 부정확하여 중국의 황제가 세습되는 것이 아니라 선출된다고 하는 등 가장 기본적인 정보조차 틀릴 정도였다.

포르투갈은 피레스의 사망 등 중국에서의 나쁜 경험 때문에 일본으로 관심을 돌리게 되었다(이은국, 1995). 그러나 포르투갈 입장에서 중국과의 교역은 대단히 매력적이었기 때문에 이후 30년간 때로는 중국 관리들의 묵인 아래 또는 밀무역을 통해 교역을 계속하였다(이화승, 2014). 당시 포르투갈 상인들은 저렴한 가격으로 목재나 향료, 상아를 팔았고, 대신 겨울을 보낼 동안 필요한 많은 양의 생활용품을 두 배나 비싼 가격에 연해 주민들에게서 구매하여 백성들의 생활에 큰 도움이 되었다. 이 교역이 많은 이윤을 남길 수 있다는 것을 알게 된 지역 관리들과 부호들도 다양한 방법을 통해 직간접적으로 참여하였다. 관리들은 포르투갈 선박이 들어와서 백성들과 거래를 해도 제지하지 않았다. 그들 생각에 조정은 너무 멀리 있고 이 외국 상인들이 챙겨주는 사례 또한 적지 않았으므로 선박의 정박과 왕래를 묵인하였던 것이다.

포르투갈은 일찍이 동아시아로 진출하였지만, 그 본거지는 고아나 마카오를 두고 더 이상 북쪽으로 진출하지 않았다(Pearson, 2003). 이후 적어도 25년 간은 새로운 탐사 작업이 이루어지지 못하였으며 타이완 이북의 지도에 대한 정보도 가질 수 없었다. 그 때문에 1550년경까지의 지도들에는 알부케르크 당시 이루어진 홍해와 벵골 만, 중국해에서의 탐사 자료를 지도에 표시하는 수준에 머물렀다. 그렇지만 마카오 등에서 수집한 지리 정보를 바탕으로 동아시아에 대한 지도를 점차적으로 채워 나가기 시작했다.

조선을 반도로 그린 벨류 지도

포르투갈의 로포 호멤(Lopo Homem)은 왕실 시종무관 출신의 귀족 가문에 속했기에 젊은 나이임에도 왕실 지도 제작자가 되었고, 말루쿠 제도를 둘러싼 포르투갈과 에스파냐 간의 지도 전쟁 시 중요한 역할을 하였다. 그는 당대 최고의 포르투갈 지도 제작자였다. 1554년 로포 호멤이 그린 지도에는 한반도로 인지할 수 있는 땅의 모습이 반도로 그려져 있다(그림 2–6).

이 지도에서는 한반도의 형태가 변형되어 있고, 또 국호 표시도 없어서 과연 이 지도가 한반도를 그렸는지 확실하지 않다. 그렇지만 Hayes(2001)는 그의 저서에서 한반도로 간주하여 설명하였다. 지도에서 굵게 표시된 수직선은 뉴기니를 통과하는 것으로 보아 에스파냐와 포르투갈 사이의 식민지 경계를 정하는 토르데시야스 경계선의 반대편을 표시한 것이다. 이 선이 지나는 반도를 한반도로 착각할 여지가 충분하다. 그렇지만 자세히 살펴보면 한반도가 아니라 일본임을 알 수 있다. 먼저 지도에 표기된 'Os Lequios'는 류큐 섬이다. 그리고 그림 2–6에서는 해상도 문제로 확인할 수 없지만, 류큐 북쪽의 섬에 'Japam'이라고 표시되어 있다. 섬들 위에 위치한 반도에는 'mimonoxeque'와 'ximonoxeque'의 두 글자가 표시되어 있고 둘 다 시모노세키를 지칭한다. 동쪽에 이 반도를 마주보고 있는 길쭉한 반도가 있다. 여기에는 'terara xicoco'로 표기되어 있지만 'terra xicoco'의 오기이며, 서남 일본의 시코쿠(四國) 지방을 지칭한다. 이 지도는 일본에 진출한 예수회 선교사들의 정보를 활용한 것인데, 당시 일본에 대한 정보도 규슈와 인근 지역에 제한되

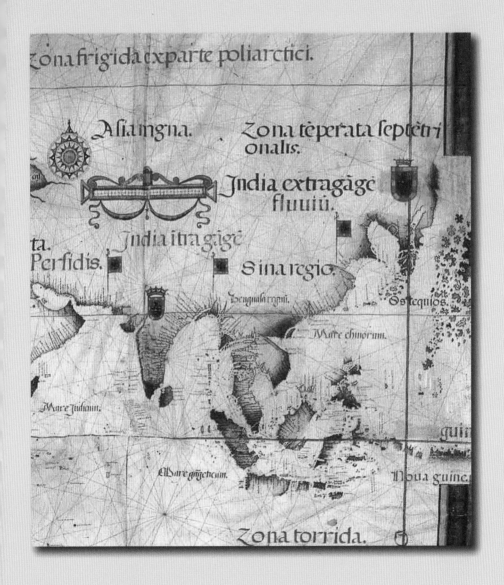

➤ 그림 2-6. 로포 호멤의 1554년 지도
이탈리아 피렌체 갈릴레오박물관 소장

→ 그림 2-7. 바르톨로메우 벨류의 1561년 지도
이탈리아 피렌체 갈릴레오박물관 소장

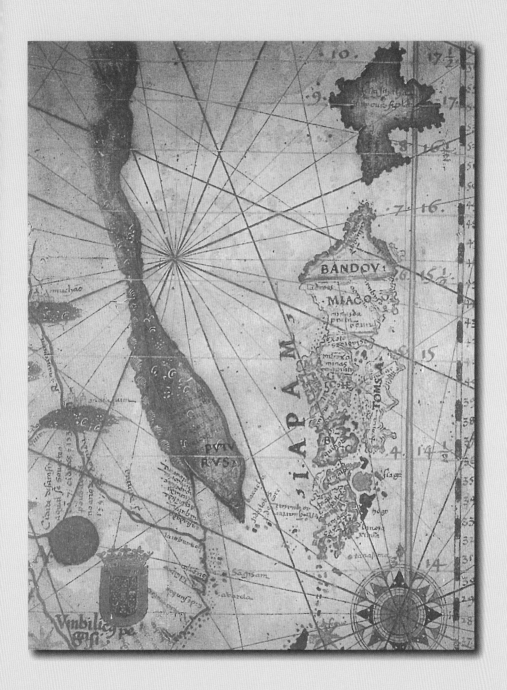

었다. 그러다보니 제대로 된 정보를 확보하지 못한 상태에서 한반도와 유사한 형태의 지형에 규슈의 지명을 기입한 것이다(Takeuchi, 2004).

우리나라가 반도로 세계지도에 등장한 것은 1561년이 최초이다. 포르투갈의 바르톨로메우 벨류(Bartolomeu Velho)는 해도에 한반도로 간주될 수 있는 반도를 그렸다(그림 2-7). 반도의 남단에는 'PVTVRVS'가 표기되어 있다. 이 단어의 뜻은 현재 알 수 없지만, 끝이라는 의미의 'PUNTUS'와 유사할 것이라고 생각된다. 그리고 한반도 옆에 일본(IAPAM)이 위치하고 한반도 아래에 16~17세기에 제주도의 명칭으로 사용되었던 도적의 섬과 꼬레섬(I. de core)이 위치한다. 따라서 이 지도는 우리나라를 반도로 그린 최초의 서양 고지도로 볼 수 있다.

도라두의 콤라이

  페르낭 바스 도라두(Fernão Vaz Dourado)가 제작한 『도라두 아틀라스』[6]에
는 조선이 섬나라로 표시되어 있다. 도라두는 인도의 고아에서 출생한 포르
투갈의 지도 제작자로 프톨레마이오스의 『지리학』을 탈피하여 지도를 제작
하였다. 도라두 지도에서 한반도 모습은 섬인지 대륙인지 명확하게 구분되지
않으며 좁은 해협을 두고 대륙과 한반도가 위치한다는 점에서 벨류의 지도와
유사하다. 이 아틀라스에 수록된 극동의 섬과 반도를 묘사한 지도들은 판본
에 따라 장식만 다르지 내용은 거의 비슷하다. 그림 2-8의 지도에서는 아시
아 동안과 일본, 인도차이나 반도와 수마트라 섬, 보르네오 섬, 필리핀의 세부
북부, 말루쿠 제도, 티모르가 완벽하게 확인 가능하다. 그리고 뉴기니의 북쪽
해안도 인지가 가능하다. 이전에 비해 많은 지명이 새롭게 도입되었음을 확
인할 수 있다. 조선은 콤라이 해안(Costa de comrai)으로 표시되어 있다. 그리
고 해안에 표시된 'doladrois'는 '도둑의'란 뜻이다. [7]

  일본의 형태는 지도에서 매우 정확한 편이다. 규슈와 혼슈의 모습이 시코
쿠를 주변으로 하여 초승달처럼 그려져 있다. 단 혼슈의 많은 부분과 홋카이
도는 생략되어 있다. 이 지도상에 나타난 일본의 형태는 17세기 후반까지 일
본 지도의 기본 모형으로 사용되었다. 불교 국가인 미얀마, 타이, 인도차이나,
중국에는 금 지붕의 파고다가 그려져 있다(그림 2-8).
  중국은 두 개의 큰 지방으로 분리되어 있는데, 대문자로 크게 광저우(Cam-

tam)와 닝보(Liampo)라 표시했다. 연안에는 많은 해안 도시들이 표시되어 있다. 중국 내에는 탑이 세 개 그려져 있는데, 『도라두 아틀라스』의 이후 판본에는 지역이 기존 광저우와 닝보 외에 자이툰(Zaitun)으로 알려진 취안저우(泉州)를 추가했고 탑의 수도 다섯 개로 증가했다. 중국 동해안의 도시들도 이 지도에서는 계층 표시가 없지만, 이후의 판본에서는 포르투갈 상인들의 무역항인 마카오와 닝보를 적색으로 크게 표시했다. 이것은 포르투갈이 이 지역에서 무역량을 빠르게 늘려가고 있다는 뜻으로 해석할 수 있다(Lach, 2008). 한편 1563년경 마카오에만 900명의 포르투갈 인이 거주한 것으로 알려져 있다.

한반도에도 파고다를 그린 도라두 지도의 1568년 판본은 현재 마드리드 알바공작고문서보존고(Archivo de la fundación Casa de Alba)에 소장되어 있다. 한반도에는 콤라이 해안(COSTA DE CONRAI)이라고 표기했다. 그림 2-8나 그림 2-9와 같이 콤라이나 콘라이(Conrai)로 쓴 것은 모두 코라이(Coray)의 변형인 쿠라이(Couray)를 잘못 표기한 것이다. 그리고 국호를 사용하지 않고 콤라이 해안이라 한 것은 조선을 중국의 한 지방으로 인식했기 때문이다(오인동, 2006). 1580년 발행된 판본에는 일본에 포르투갈 건물을 그렸다. 이것은 나가사키가 1570년 개항한 것을 상징한다. 당시 포르투갈은 일본에 비단을 판매하고 은을 수입하였다. 이 무역은 1639년까지 계속되었다.

한반도, 서양 고지도로 만나다

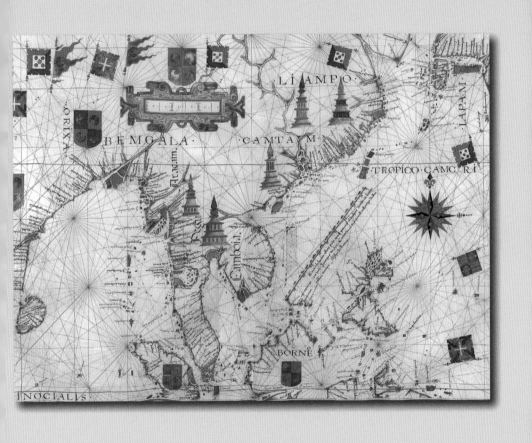

➤ 그림 2-8. 1576년판 『도라두 아틀라스』의 동아시아
포르투갈 국립도서관 소장

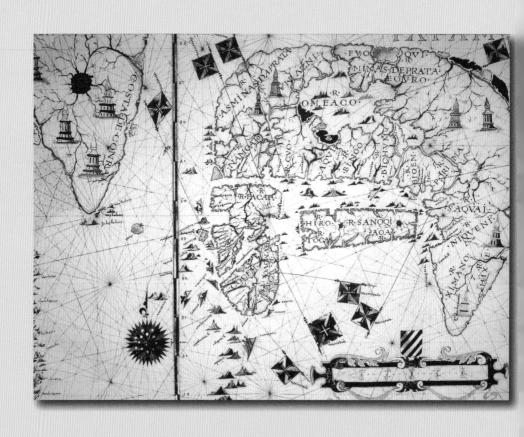

➤ 그림 2-9. 1568년판 『도라두 아틀라스』의 한반도와 일본 지도
에스파냐 마드리드 알바공작고문서보존고 소장

한반도를 길쭉한 섬으로 그린 테이셰이라

오르텔리우스가 1570년 출간한 『세계의 무대』 초판본에는 마테오 리치가 「곤여만국전도」를 제작하기 위해 바탕 지도로 사용했던 「세계지도(Typus Orbis Terrarum)」와 「아시아 지도(Asiae Orbis partivm maximae nova descriptio)」가 수록되어 있지만, 조선은 그려지지 않았다. 이 아시아 지도는 예수회의 선교사가 중국에 도착하기 이전에 만들어졌는데, 당시 유럽이 가진 아시아 정보의 결정체라 말할 수 있다. 오르텔리우스의 「아시아 지도」는 기본적으로 가스탈디(Giacomo Gastaldi)의 지도를 참조한 것이다.

오르텔리우스는 1573년 신성 로마 제국의 왕실 지리학자로 임명되었으나 이 직위에 대해 특별한 흥미를 가지지 않았다. 당시 그는 로마의 지도학자 단티(Ignazio Danti), 리스본의 테이셰이라(Luis Teixeira)와 교신하였다. 한편 1576년에 에스파냐가 벨기에 안트베르펜을 침략했을 때 영국으로 도피했고 1년 후에는 리에주(Liege)로 귀환하였다. 당시 동방에 대한 네덜란드의 관심은 에스파냐의 영향에서 벗어나 직접 동방과의 교역로 개척하는 것이었다(Lach, 2010).

1580년 포르투갈과 에스파냐의 통합으로 에스파냐의 펠리페 2세가 두 나라의 국왕이 되자, 오르텔리우스는 포르투갈의 지리 정보를 확보할 수 있었다. 그래서 『세계의 무대』 1584년 판본에서는 포르투갈의 지도 제작자인 바르부다(Luis Jorge de Barbuda)의 「중국 지도」[8]가 추가되었다. 또 1595년 판 『세계의 무대』에는 유럽의 아틀라스 최초로 테이셰이라[9]가 그린 독립적인 일본 지도인 「일본 열도 지도」10가 수록되었다.

이 「일본 열도 지도」에서 일본의 경위도 정보는 상당히 정확해졌다. 위도의 오류는 남으로 5′, 북으로 3°5′의 차이가 있으며, 경도의 차이는 1° 미만이었다. 일본 외곽선의 윤곽 역시 정확해졌으며, 새로운 지명이 추가되었다. 그러나 혼슈의 방향이 남서−북동이 아닌 동서로 되어 있으며, 한반도는 길쭉한 형태의 섬으로 묘사되어 있다. 둥근 형태의 섬은 린스호턴(Jan Huyghen van Linschoten)의 『수로지』에 수록된 랑그렌의 지도에서도 확인할 수 있지만, 이렇게 길쭉한 섬나라의 형태는 이 지도가 처음이다. 북위 40°, 동경 145°에는 국호인 조선(Tauxem)을 표시했으며, 한반도에 코리아 섬이라는 의미의 'COREA INSVLA'를, 남쪽의 도시에는 도시명으로 'Corij'라 표기했다. 그리고 남쪽 끝과 제주도는 각각 '도둑이 사는 땅 끝'이라는 의미의 'Punta dos ladrones'와 '도적의 섬'이라는 의미의 'Ilhas dos Ladrones'로 표시했다.

이 지도에서 보면 한반도와 일본의 거리가 상당히 떨어져 있다. 이제 그 이유에 대해 알아보기로 하자. 먼저 동시대의 예수회 선교사들의 서신을 살펴보자. 교토에 설립한 초대 예수회의 수도원장이었던 빌렐라(Gaspar Vilela) 신부는 유럽 선교사로서는 처음으로 조선에 복음을 전하려고 시도했었다. 일본에서 동인도의 코친(Cochin) 시로 돌아온 후 쓴 1571년 2월 4일자 편지에서 빌렐라는 "일본에서 조선까지 가기 위해서는 10일이 걸리는 데, 조선은 큰 타타르가 시작되는 곳으로서 계속 가면 독일까지 당도하게 된다."라고 기술했다. 일본에서 16년(1554~1570)이나 거주했지만, 빌렐라는 조선에 대한 정보를 얻을 수 없었다. 그런데 재미있는 것은 독일과 타타르가 인접해 있다고 생각했다는 것이다. 1539년부터 1558년까지 동남아와 중국, 일본을 여행한 핀투(Fernão Mendes Pinto)의 여행기에도 독일과 중국이 접한 것으로 묘사되어 있다. 당시 아시아에서 거주했던 포르투갈 인들은 아시아 내륙에 대한 지리 정보의 부족으로 중국이나 타타르가 독일과 접한다는 생각을 가지고 있었다. 따라서 독일과 중국이 접한다는 빌렐라의 생각은 충분히 이해 가능하다(핀투, 2005).

빌렐라 신부의 편지에 따르면 자신이 조선인들에게 복음을 전하기 위하여 조선을 방문하고 싶었지만, 중도에서 벌어지고 있는 전쟁 때문에 그 의도를 이루지 못하였음을 알 수 있다. 더욱이 일본인들은 포르투갈 상선들이나 서구의 선교사들이 조선에 갈 수 없도록 조선의 이미지를 왜곡시켰으며 그 이유로는 일본인들이 유럽 인들과의 독점적인 무역과 접촉을 원했기 때문이라고 추정할 수 있다(박철, 2011).

그리고 에스파냐 출신의 예수회 신부 구스만(Luis de Guzman)은 1601년 『선교사들의 이야기(Historia de las missiones)』라는 책을 저술했는데, 여기에서도 조선을 섬나라로 묘사했으며, 중국과 조선이 너비가 3레구아인 수량이 풍부한 강을 경계로 하여 나누어져 있다고 기술했다. 이렇게 당시 일본의 예수회 선교사들은 조선이 멀리 떨어진 섬나라인 것으로 인지하고 있었다.

그러면 왜 이렇게 일본에 진출한 예수회 신부들은 조선에 대한 지식이 부족했을까? 일본에 진출한 예수회 선교사들은 고위직의 관리들과 접촉이 불가능하였다. 이것은 중국의 마테오 리치와 비교하면 차이가 확연하다. 잘해야 번주 정도만 접촉할 수 있었던 일본의 예수회 신부들이 조선에 대한 지리 정보를 확보하는 것은 아예 불가능하였다. 반면 마테오 리치는 왕반(王泮)과 같이 직접 지도를 제작한 경험이 있는 고위관리를 면대할 수 있었고, 또 자신이 직접 지도를 그렸다. 결과적으로 일본의 예수회 선교사들은 정확한 지도를 전혀 접할 수 없었으며 지도에 대한 지식도 가지고 있지 않았다.

그러면 이렇게 길쭉한 조선의 모습은 어디서 유래한 것인지 생각해 볼 필요

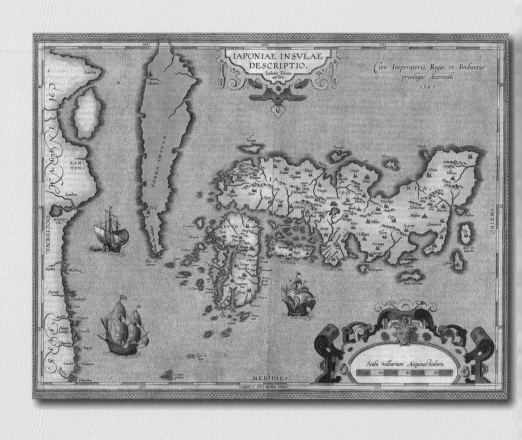

➤ 그림 2-10.
오르텔리우스의 『세계에 무대』에 수록된 루이스 테이셰이라의 「일본 열도 지도」의 조선

가 있다. 「일본 열도 지도」에서 일본의 모습은 「행기도(行基圖)」의 그것과 유사하고 시코쿠 섬의 모양은 도라두의 1558년 지도(그림 2-10)와 유사하다. 테이셰이라는 아마도 일본이나 중국의 예수회 신부들이 교황청에 전달한 중국 지도를 참조하여 지도를 그렸기 때문에 이들 지도에 영향을 받은 것으로 보인다. 이렇게 길쭉하게 한반도를 그린 중국 지도로 1555년의 「고금형승지도(古今形勝之圖)」가 있다. 또 엽성(葉盛, 1420~1474)의 『수동일기(水東日記)』 17권에 수록된 「광륜강리도(廣輪疆理圖)」 역시 한반도가 세로로 긴 섬의 모습을 하고 있다. 엽성이 조선을 섬으로 그린 것은 목판 판각의 어려움으로 인해, 압록강을 판각하면서 강의 너비가 넓어져 섬으로 표현되었을 가능성이 있다. 이와 동일한 형태의 한반도를 그린 지도로는 「황명여지지도(皇明輿地之圖)」가 있다. 이 지도는 「광륜강리도」를 본보기로 삼아 중국의 오제(吳悌)가 교정하고 일본의 린텐도(臨泉堂)가 1536년경 판각한 것이다(미야 노리코, 2010).

이뿐만 아니라 중국에서 당시 조선을 섬으로 그린 지도인 「천하도」가 존재한다. 그리고 같은 시기 조선의 천하도들은 명나라의 지도를 바탕으로 그려졌을 가능성이 높다(Ledyard, 1995). 서울역사박물관이 소장하는 있는 「감여도(堪輿圖)」는 18세기 조선에서 제작된 천하도 유형의 지도인데, 앞서 말한 지도들과 마찬가지로 조선이 섬으로 표시되어 있다. 이 지도는 상상적 세계지도인 원형 천하도로 사실적 세계지도가 아니며, 가상의 국가들이 수록되어 있다. 또한 지명은 중국 고대의 지리서인 『산해경』에 수록된 것들이다. 이처럼 당시 중국에서 수집한 천하도 유형의 지도 역시 테이셰이라가 조선을 섬으로 생각하는 데 영향을 미쳤을 가능성이 있다.

테이셰이라의 지도는 오르텔리우스의 아틀라스에 수록되었기에 유럽 전역에 확산되었다. 이후 다양한 『세계의 무대』 판본들이 제작되었는데, 조선은

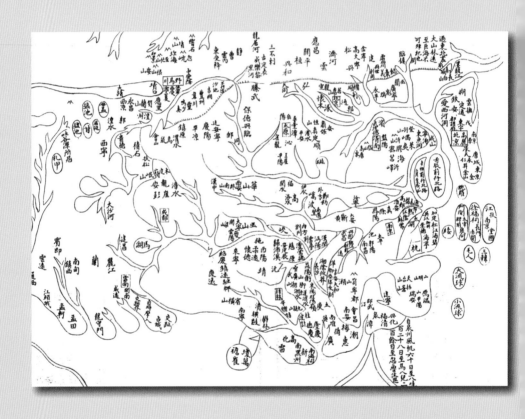

➤ 그림 2-11.
엽성의 「광륜강리도」

여전히 섬으로 그렸다. 『세계의 무대』 판본을 비교해보면 조선의 형태적 특징은 거의 변하지 않지만, 일본의 형태는 계속 정확해지고 있음을 발견할 수 있다.

솔랑기와 카우리

몽골의 정복자 바투 칸은 중세가 한참인 1236년부터 1242년까지 동유럽을 공포로 몰아넣었다. 당시 유럽 인들은 그 모습을 보고 악마의 군대인 몽골 족이 사라센 인들과 동맹을 맺으러 왔다고 생각했다. 그런데 한편으로 몇몇 성직자들은 몽골의 군주들을 기독교로 개종시킬 계획을 하고 있었다. 당시 교황인 이노센트 4세(Innocent IV)는 성직자들의 제안을 수용하여 사절단을 보냈는데, 카르피니(Giovanni da Pian Carpine)도 그 일행에 포함되었다. 그는 1246년 카라코룸(和林)에 이르러 귀위크 칸(재위 1246~1248)의 제관식에 참여했으며, 이 행사에서 고려인들을 만났다. 이후 귀환하여 제출한 『몽골인의 역사』라는 보고서에서 고려를 언급했다. 여기에서 고려는 만주어로 무지개라는 뜻의 '솔랑기(Solangi)'로 소개된다. 카르피니의 여행기에 의하면 당시 황제의 제관식에는 4000명의 사절이 참석했고, 솔랑기 공작의 이름과 함께 카르피니 사절의 이름을 불렀다고 한다(Boyle, 1971).

이후 1253년 프란체스코 수도회의 수도사인 뤼브록은 프랑스 국왕 루이 9세의 서한을 지니고 몽케 칸(재위 1251~1259)을 알현하였다. 그는 카우리(고려)와 솔랑가(Solanga)를 구분하여 사용했는데, 카우리는 고려이며, 솔랑가는 고려 왕조, 혹은 고려의 북쪽 지역인 만주를 지칭한다(Beazley, 1903). 여기에서 생각할 것은 카르피니의 솔랑기와 뤼브록의 솔랑가가 다른 지명일 가능성이다. 그러나 1246년 당시 몽골에 수장을 사절로 보낼 '솔랑기'라는 나라는 고려 이외에는 없다(김장구, 2010). 따라서 솔랑기와 솔랑가는 동일한 나라이고 결국 카우리와 솔랑기, 솔랑가는 모두 고려를 지칭하는 명칭이다.

앞에서 살펴보았듯이 카우리는 이미 『카탈루냐 아틀라스』에서 고려를 지칭하는 명칭으로 표기된 바 있다. 이후 카우리 지명은 사용되지 않다가 조수아 엔데(Josua Van den Ende)가 1604년에 제작한 「세계지도(Planisphère)」에 다시 등장한다. 이 지도에서 'Carli'라 표시된 것이 카우리인데 한반도에 위치하지 않는다. 여기에 표시된 카우리는 『동방견문록』에서 쿠빌라이 칸이 그의 숙부인 나얀을 죽이고 복속시켰다고 하는 네 지방의 지명, 즉 초르차(Ciorza), 카우리(Carli), 바르스콜(Barscol), 시킨팅주(Stingui)의 하나인 카우리를 명시한 것이다(그림 2-12).

이는 동아시아에 대한 지리적 지식이 부족했던 서구의 지도 제작자들이 고려를 대카안이 복속시킨 네 지역 중 하나라고 판단했기 때문이다. 이외에도 블라외(Willem Janszoon Blaeu)의 1611년 「세계지도(Nova totius terrarum orbis geographica)」와 카에리오(Petro Kaerio)의 1619년 「세계지도(Nova Orbis Terrarum Geographica)」, 상송(Nicolas Sanson)의 1679년 「타타르 지도(Description de la Tartarie)」 등이 'Carli' 또는 'Caria'로 이 위치에 카우리를 표기했다.

카우리는 『동방견문록』의 내용과 연계되어 지도상에 등장하는 횟수가 많지만, 솔랑가 또는 솔랑기가 표기된 지도는 매우 드물다. 그런데 유명한 메르카토르의 「1569년 세계지도」에는 '솔랑기(Solangi)'가 표시되어 있음을 확인할 수 있다. 아마도 서양 고지도 중에서는 최초로 솔랑기를 표현한 지도일 것이다. 이후 100여 년 동안 솔랑기는 지도에서 사라졌다가 네덜란드의 판데르아(Pieter Van Der Aa)의 1707년 「뤼브록의 이야기를 기술한 달단 지도(Naaukeurige kaart van Tartaryen)」에서 중앙아시아의 위치에 다시 'Solanga'로 표시된다. 그리고 이 지도에서는 한반도가 섬의 모양을 하고 있으며

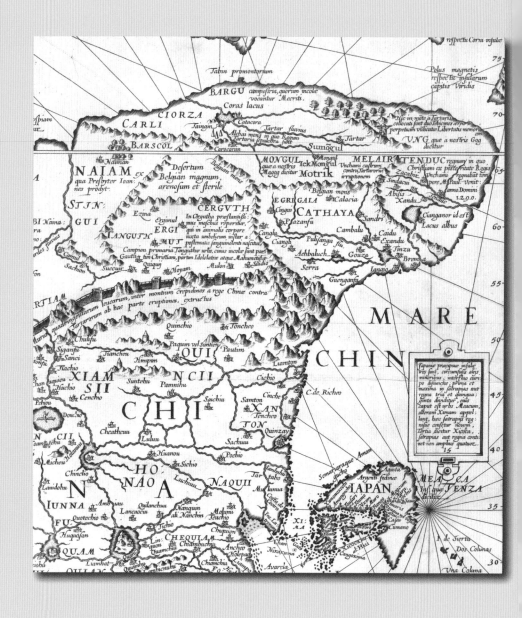

➤ 그림 2-12. 조수아 엔데 「세계지도」의 카우리
프랑스 국립도서관 소장

➤ 그림 2-13. 메르카토르 「1569년 세계지도」의 일부
프랑스 국립도서관 소장

'Corea'라 표기되었다. 따라서 이 지도에서는 조선과 솔랑기가 별도의 국가로 인식되었다.

18세기에는 카우리와 솔랑기를 하나의 지도에 모두 사용하는 지도가 등장하였다. 당빌의 1732년 「중국령 타타르 지도(Carte générale de la tartarie chinoise)」에는 동해 쪽 조선 연안에 '카오리 국 또는 조선왕국(Kaoli koue ou Royaume de Corée)'이라는 국호와 그 밑으로 조선(Tchao-sien)을 표기하였다. 그 이하로 다시 작은 글씨로 "만주인들에 의해 '솔호 쿠룬 또는 솔고 왕국(Solho Kouroun ou Royaume de Solgo)'으로 불린다."라고 적었다. 이후에 당빌의 지도를 모사한 다른 지도들 역시 이와 유사한 명칭으로 조선을 표기하였다.

한반도, 서양 고지도로 만나다

린스호턴의 『수로지』

네덜란드는 일찍이 동방 진출을 꿈꾸었다. 그래서 메르카토르는 그의 유명한 「1569년 세계지도」에서도 북극 지방을 통해 아시아로 가는 북동 항로의 가능성을 표시했다. 그러나 이 계획은 포기할 수밖에 없었다. 동방에 진출하고자 하는 네덜란드의 욕구는 계속되었지만, 포르투갈이 동방 항로를 장악하여 네덜란드가 동방으로 가는 것이 불가능했기 때문이다. 이처럼 당시 마다가스카르에서 일본에 이르는 동아시아 항로는 포르투갈 인들의 지식에 의존하였다. 그런데 네덜란드가 이 정보를 확보하는 데 결정적인 기여를 한 사람이 린스호턴(Jan Huyghen van Linschoten)이다.

린스호턴은 1563년 네덜란드의 하를럼(Haarlem)에서 태어났다. 그는 16세가 되던 해에 고향을 떠나 에스파냐에서 형제들과 함께 상업에 종사하게 되었고, 대양 항해에 호기심을 갖기 시작했다. 에스파냐가 포르투갈을 합병한 1580년 이후 에스파냐의 지배를 받던 네덜란드 인들도 인도 교역에 종사할 수 있게 되었으며, 린스호턴은 고아의 대주교로 임명된 폰세카(Vincente de Fonseca)의 수행원으로 1583년 인도에 도착했다. 린스호턴은 약 5년간 고아에 체류하면서 아시아에 관한 자료를 수집하고 1592년 유럽에 귀환했다. 그는 수집한 아시아에 대한 자료를 근거로 1595년 『포르투갈 인 동양 항해기』[11] 그리고 1596년 『수로지(Itinerario)』를 출판했다.[12] 이 책에는 아시아의 전반적인 지리와 수로에 대한 내용이 수록되어 있었다. 특히 1596년에 발간한 『수로지』는 가장 획기적인 저서였다. 이 책에 수록된 조선에 대한 내용은 다음과 같이 요약된다.

일본에서 조금 위쪽 북위 34°와 35° 사이의 중국 해안과도 멀지 않은 곳에 코리아(Corea)라 불리는 큰 섬이 있다. 이 섬의 크기나 섬에서 생산되는 과일과 상품에 대해서는 여태껏 정확하게 알려진 것이 없다.

그리고 또 다른 저서 『동방 항해록』에는 보다 구체적으로 조선이 설명되어 있다.

난징만에서 남동쪽으로 20마일 떨어진 곳에 섬이 여러 개 모여 있고 그 군도의 동쪽 끝에 포르투갈 어로 꼬레 섬(Ilhas de Core)이라 불리는 섬이 존재하는데 줄여서 꼬레라 부른다. 그리고 실제 국호는 조선(Chausien)이다. 이 섬의 북서쪽에는 작은 만이 있고 그 입구에 조그만 섬이 하나 있다. 만이라고는 하지만 수심은 그리 깊지 않고 그 나라의 왕과 왕실이 자리 잡고 있다. 이 섬에서 남동쪽으로 25마일 가면 일본에 속한 고토(五島) 섬[13]이 나온다(왈라벤, 2003).

『수로지』가 출판됨에 따라 포르투갈이 오랫동안 비밀로 유지해 왔던 인도와 극동으로 향하는 해로가 유럽 인들에게 공개되었다. 이후 다양한 언어로 번역된 항해기는 영국과 네덜란드가 대항해 시대에 동참하는데 커다란 기여를 하였다. 이 책에는 중국과 일본 연안을 항해하는 지침도 수록되어 있는데, 1613년 영국의 항해사로는 최초로 일본을 방문한 사리스(John Saris)는 이 지침이 매우 정확하다고 평가했다(Koeman, 1985).[14]

이 책에 수록된 내용과 지도는 당시 포르투갈과 에스파냐 이외의 곳에 알려지지 않았다. 이 책의 초판에는 랑그렌(Hendrik Floris van Langren)이 판각한 「아시아 지도」[15]가 수록되었고(그림 2-14), 이후의 개정판에는 플란시위스(Peter Plancius)의 「양 반구도(Orbis Terrarum Typus De Integro Multis)」가 수록되어 있다(그림 2-15). 이 두 지도는 모두 포르투갈의 라소(Bartolomew Lasso)의 지리 정보를 기반으로 한 것이다. 랑그렌의 지도에서는 한반도가 둥근 원으로 그려져 있으며, 꼬레아 섬(Ilha de Corea)으로 표기되어 있다. 그리고 사각형 형상의 테로서 지도의 주위를 둘러싸는 장식인 카르투슈에는 최고의 포르투갈 지도를 참조했다는 내용이 기록되어 있다. 한편 다른 나라와 달리 꼬레아 섬 해안은 음영으로 표시했는데, 당시의 지도 제작자들은 잘 모르는 지역은 실선이 아니라 점선이나 음영으로 표현하는 관행을 가지고 있었다. 따라서 한반도에 대해 잘 알지 못한다는 내용을 음영으로 표시한 것이다.

랑그렌 지도에서 일본의 모습은 도라두(Fernão Vaz Dourado)가 그린 일본 형태와 유사하다. 도라두의 지도는 필리핀 등 동남아 섬의 윤곽이 명확하지 않았는데, 랑그렌의 지도에서는 이 점이 많이 개선되었다. 조선 해안에는 도라두처럼 코라이 해안이라는 의미의 'COSTA DE CONRAY'로 표기했고, 도적의 섬이라는 의미의 'I. dos Landrones'라고 적었다. 그리고 작은 섬에 별도로 'Corea'라고 표시했는데, 아마도 코라이에 속한 섬이라는 의미일 것이다.

이 지도를 살펴보면 동남아와 일본은 도라두, 중국은 바르부다, 필리핀은 라소의 지도를 참조한 것이다. 단 필리핀의 팔라완(Palawan)은 잘못된 방향으로 그렸다. 사실 이 지도의 관심 지역은 한국이나 일본, 중국도 아니다. 이 지도는 원래 포르투갈의 지도 제작자 라소의 해도를 바탕으로 제작한 것으로, 핵심 지역은 믈라카 해협이다. 특히 수마트라 섬 남부에서 대순다 열도와 소순다 열도를 지나 동인도로 접근할 수 있는 해로가 표시되어 있는 것으로 보아 린스호턴은 어떻게 하면 포르투갈의 항로를 벗어나 동인도로 접근할 수

있는지를 보여 줄 목적에서 이 지도를 제시했을 것이다.[16]

그러면 이 지도에서 왜 한국이 둥근 원으로 그려졌는지 생각해 보자. 여기에 대해서는 다음과 같은 설명이 가능하다. 『수로지』의 내용에서 살펴보았듯이 당시 유럽 인들은 조선을 섬이라 생각하고 있었다. 그런데 조선의 해안을 지나가 본 적이 없으므로 조선의 형태에 대해 전혀 알지 못했고, 그렇기 때문에 둥근 원으로 그린 것이다. 이미 앞서 동아시아에 거주한 포르투갈 해도 제작자들은 잘 모르는 지역을 기하학적 도형으로 표시하는 관행이 있다고 지적하였다. 랑그렌 지도도 그 연장선에서 보면 이해가 가능하다. 이 지도를 보면 중국이나 캄보디아, 보르네오 섬 등도 마찬가지로 모두 둥근 원의 형태로 표현한 것을 알 수 있다.

또 다른 이유로 모르는 지역의 지형은 근처에 위치한 지형과 유사하게 표현하는 지도 제작자들의 관행을 들 수 있다. 이것은 지역의 일부 지형으로 인근 지역의 지형을 추정하는 것이다. 예를 들어 우리나라 동해안의 해안선을 그릴 때 호미곶을 제외하고는 계속 직선으로 그리면 대체로 실제와 유사하게 된다. 반대로 남해안이나 서해안의 경우는 굴곡이 심한 곡선으로 계속 그리면 리아스식 해안의 특성에 대체적으로 부합하게 된다. 지도 연구자인 존 앤드루스(John Andrews)는 이러한 특성을 서구 지도 제작자들이 모르는 곳을 그릴 때 채택하는 전형적인 관행으로 인식하였다. 그리고 이 특성이 동아시아의 지도에 전형적으로 나타난 것이 랑그렌이 판각한 조선이라고 지적하였다(Andrews, 2009).

『수로지』에 수록된 또 다른 지도인 플란시위스의 「양 반구도」가 조선을 반도로 묘사한 최초의 지도라고 주장하는 연구자도 있다. 『수로지』의 판본에 따라 다를 수도 있지만, 필자의 확인에 의하면 『수로지』의 맨 뒤쪽에 이 지도

➤ 그림 2-14.
『수로지』에 수록된 랑그렌 지도

가 첨부되어 있다. 이 지도의 네 모퉁이에는 네 대륙을 상징하는 여인의 모습이 그려져 있다. 좌측 상단에는 유럽의 여신이 땅 위에 앉아 지구본을 밟고 있고, 많은 과일을 여신의 주변에 그려 놓았다. 그리고 좌상 다음의 위계에 해당하는 우측 상단에 아시아의 여인이 위치하는데, 이 여인은 코뿔소를 타고 있다. 그런데 좌하와 우하에는 옷을 입지 않은 모습의 여인을 그려 놓았다. 각각 아메리카와 아프리카를 상징한다. 벗은 채로 동물을 타고 있는 여인의 모습으로 다른 대륙을 상징하는 것은 전형적인 유럽 중심의 사고이다. 이 지도에서는 좌하의 위치에 아메리카, 우하의 위치에 아프리카가 표시되어 있지만, 다른 지도들에서는 유럽과 아시아의 위치만 고정하고 아프리카와 아메리카를 바꾸어 그리는 경우도 많은데, 이는 아메리카와 아프리카 사이에 위계가 없다는 것을 의미한다. 아시아와 유럽의 위계는 위치 말고도 여인의 모습에서 드러난다. 유럽의 여인은 땅에 앉아 있지만, 아시아 여인은 동물을 타고 있는데 이는 아시아의 위계가 유럽보다 낮음을 의미한다(Mignolo, 2010).

「양 반구도」는 일본 열도를 비교적 정확한 위치인 북위 30°와 40° 사이에 배치했다. 이러한 측면에서 당시로서는 획기적으로 동아시아의 정확도를 개선한 지도로 평가받는다. 아마도 이 지도 제작을 위한 정보는 포르투갈의 루이스 테이셰이라에게서 얻었을 것이다. 다만 테이셰이라의 지도가 1595년 인쇄된 것을 간주할 때 플란시위스는 그의 필사본 지도를 확보해서 정보를 획득했을 것이다(Wroth, 1944).

이 지도는 조선을 반도로 그리고 '코리아(Corea)'라 표시하였다. 이렇게 길쭉한 반도로 표현하게 된 데는 포르투갈 인들이 1555년에 제작된 「고금형승지도」를 접하고 이를 이용했을 가능성이 있다. 조선의 국호는 'Corea'와 'Tiauxem'을 모두 사용하였다. 그러나 한반도 북쪽에 항저우(Quinzai)를 표기하는 오류를 범하였다(그림 2-15).

➤ 그림 2-15. 플란시위스의 1594년 「양 반구도」
프랑스 국립도서관 소장

이 지도의 한반도 모습과 유사한 지도로는 혼디우스(Jocodius Hondius)의 1596년 「기독교 기사 지도」[17]와 영국의 지리학자 해클루트(Richard Hakluyt)가 각국의 무역, 해사, 식민지에 관해 수집한 자료를 토대로 편찬한 『영국 국민의 주요 항해·무역 및 발견』[18] 1599년 판에 수록된 라이트(Edward Wright)와 몰리뇌(Emery Molyneux)의 「메르카토르 투영법에 의한 해도」[19]가 있다.

네덜란드는 오랫동안 북동 항로를 통해 향료 제도와 중국에 가고 싶어 했다. 메르카토르의 「1569년 세계지도」는 이 과정에서 탄생하였다(손일, 2014). 그러나 이미 시간이 경과되었고 이 계획은 실현 가능성이 없다는 것을 인지하였다. 그래서 암스테르담의 상인들은 희망없는 계획을 포기하고 바로 이베리아 반도의 동방 무역 독점에 대해 도전하였다. 여기에서 선봉에 선 사람이 종교지도자이자 지도 제작자인 플란시위스이다.

플란시위스는 1592년 리스본에서 라소에게 동인도 제도의 지도를 구입하였다(Shorto, 2013). 같은 해에 네덜란드의 항해가인 하우트만 형제(Cornelis 와 Frederick de Houtman) 역시 암스테르담의 상인 대표 9인의 일원으로 리스본을 방문하여 보다 상세한 동인도 제도의 정보를 탐색하였다. 그러나 하우트만 형제는 동인도 제도의 항해 지도를 훔친 혐의로 체포되었고, 1595년에야 암스테르담으로 귀환할 수 있었다.

플란시위스는 영국의 지리학자 해클루트와 마찬가지로 동인도에서 포르투갈을 몰아내는 것을 목표로 하고 세계지도를 그렸다. 그리고 네덜란드 의회는 보다 효율적으로 동방 항로를 탐색하기 위해 1594년 9월 12일 플란시위스에게 12년간 네덜란드 연합주에서 해도를 인쇄하고 판매할 독점적 권리를 부여하였다. 이것은 현재로서는 이해가 되지 않기도 하지만, 오늘날 세계의 대부분의 국가가 해도의 제작은 민간인에게 개방하지 않고 있다는 사실을 생각할 때 충분히 이해 가능하다. 당시 포르투갈, 에스파냐, 이탈리아의 해도에서는 위치 오차가 3°에서 5° 정도가 발생하는 경우가 많았으나, 플란시위스는 정확성을 개선하였다.

당시 네덜란드는 암스테르담 외에도 북부 지역의 에담(Edam)에서 해도가 발달하였다. 이를 북홀랜드 학파(North Holland school)라 부르는데, 이 학파에 속한 대표적인 제작자가 에베르트 하이스베르츠(Evert Gijsbertsz)이다. 그림 2-16의 지도는 하이스베르츠가 1599년 제작한 인도양 해도로 송아지 가죽에 그린 것이다. 실제 항해에 사용되지는 않았으며, 전시의 목적으로 제작되었다. 이 지도는 린스호턴의 『수로지』와 도라두의 지도에 수록된 정보를 활용하여 제작되었고 필리핀의 모습은 이전에 비해 개선되었다. 단 조선의 모습은 완전히 린스호턴의 지도와 동일하다.

『수로지』는 우리나라의 입장에서는 한반도의 인식에 대한 정보를 제공하는 정도지만, 네덜란드에게는 지난 400년간 국가 정체성 형성에 중요한 역할을 하였다. 또한 동인도로 항해하는 수로를 제시하고 인도 서부 해안의 고아에 대한 정보를 제공했다. 『수로지』 속의 고아는 유럽 밖에서 가장 활기찬 동적인 도시였다. 열정적인 여행가인 린스호턴은 갓 독립한 네덜란드 공화국의 해외 확장을 가능하게 한 선구자이다. 이 책은 발간 즉시 베스트셀러가 되었고 식민지 개척의 시기에는 동양의 정복을 위한 교과서로 읽혔다. 린스호턴은 특히 19세기 후반과 20세기 초반의 식민지 시대에 네덜란드의 애국적 영웅으로 칭송받았다. 그렇지만 그의 『수로지』는 현재는 외국인 이민자 문제와 연계되어 네덜란드에서 부정적으로 인식되기도 한다.

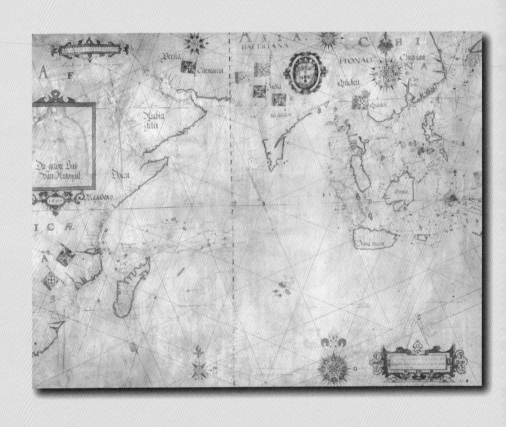

➤ 그림 2-16. 하이스베르츠의 1599년 지도
프랑스 국립도서관 소장

■ 2장 주석

1. 카나리아 제도는 현재의 경도를 기준으로 할 때 서경 15°와 18° 사이에 위치한다.

2. 행운의 섬의 구체적인 위치는 알려져 있지 않았다. 그래서 경도를 보다 명확하게 하려는 시도들이 있었는데, 가장 대표적인 것이 프랑스 루이 13세의 경도 기준 설정이다. 그는 카나리아 제도의 가장 서쪽에 위치한 섬인 철의 섬(isle of Ferro)을 행운의 섬으로 간주하고 이 기준으로 지도를 제작하도록 명령했다. 당시 천문학자 및 지도 제작자인 기욤 드릴(Guillaume Delisle)이 이 섬의 경도를 측정했는데, 측정 결과 이 섬과 파리의 경도 차이가 20°5′20″인 것을 확인했다(Malte-Brun et Huot, 1834, 30). 현재는 이 섬의 경도를 서경 18°로 계산한다.

3. 16세기 전반부에 활약한 데시데리위스 에라스뮈스(Desiderius Erasmus)는 기독교 휴머니즘의 왕자로 불린다. 유명한 저서로는 『우신예찬』이 있다.

4. 알메이다(Francisco de Almeida)는 부왕으로 인도에 왔지만, 알부케르크는 그 보다 한 단계 아래의 지위인 총독이 되었다.

5. 직전 해인 1516년 인도의 고아와 믈라카에서 활동하던 포르투갈 탐험가 바르보자(Duarte Barbosa)가 『여행기(Livro de Duarte Barbosa)』를 저술하였다. 그는 마젤란의 항해에 참여하여 세계를 일주하였다. 그러나 이 책의 내용은 인도 남서 해안 정도의 범위에 제한되며, 중국과 주변국 간의 조공 관계로 연결되는 외교 관계를 설명하면서 간접적으로 조선을 언급했을 따름이다(정성화,1999).

6. Atlas Universal de Fernão Vaz Dourado

7. 다른 판본에는 dosladrois로 표기했다.

8. Chinae olim Sinarum regionis, nova descriptio

9. 루이스 테이셰이라와 그의 아들 주앙 테이셰이라(João Teixeira Albernaz I)는 포르투갈의 삼대 지도 제작 가문의 하나인 테이셰이라 가문에 속한다. 나머지 두 가문은 레이넬(Reinel)과 호멤(Homem) 가문이다. 루이스 테이셰이라는 1569년부터 왕실 함대에 필요한 해도를 제작할 수 있는 허가를 받았다. 그리고 브라질과 아조레스 제도를 직접 탐사하였다. 이 지도는 마르티니의 지도가 제작된 1655년까지 약 50년 동안 일본의 표준 지도로 자리잡았다. 이 일본 지도를 위한 자료를 어디서 얻었는지는 알려지지 않았지만, 이전의 지도와는 완전히 다른 형태를 가진다(Alegria, 2007).

10. Iaponiae Insulae Descriptio

11. Reys—gheschrift vande navigatien der Portugaloysers in Orienten

12. 원래는 『동방 항해록』을 1596년 출간하려 했으나, 출판 사정으로 인해 두 책의 발간 연도가 바뀌었다. 그 때문에 간혹 두 책의 출판 연도가 바뀌어 표시된 문헌도 있다.

13. 규슈·나가사키 현 서쪽 약 100km, 동중국해 동단에 떠 있는 5개의 큰 섬으로 이루어진 '고토 제도'. 고토는 역사적으로는 일본과 중국 대륙를 잇는 해상 교통의 요충지이다. 또한 1566년에 가톨릭 사제가 섬으로 와서 포교 활동을 시작했으며, 기독교도 다이묘(大名)가 탄생한 지역으로 알려져 있다.

14. 일본 연안은 규슈와 시코쿠에 한정되어 있다.

15. Exacta & accurata delineatio: cùm orarum maritimarum tùm etjam locorum terrestrium quae in regionibus China, Cauchinchina, Camboja sive Champa, Syao, Malacca, Arracan & Pegu, unà cum omnium vicinarum insularum descriptione ut sunt Sumatra, Java utraque, Timora, Moluccae, Philippinae, Luconja & Lequeos dictae …

16. 이후 네덜란드는 1602년 동인도 회사를 설립하였다. 그리고 포르투갈과의 식민지 전쟁을 계속하였고 1603년과 1610년에는 포르투갈의 거점인 인도 서부의 고아 공격을 시도하였다. 이것은 고아와 바타비아 사이의 긴 전쟁, 즉 포르투갈과 네덜란드 간의 전쟁으로 이어졌는데. 결국 이 지도는 네덜란드와 포르투갈과의 식민지 전쟁의 도구로 사용된 것이다.

17. Typus Totius Orbis Terrarum

18. The Principal Navigations, Voiages, Traffiques and Discoueries of the English Nation

19. A Chart of the World on Mercator's Projection

제3장

17세기 지도의 한반도

에레디아의 한반도

17세기 초 지도에 한반도를 그린 대표적인 포르투갈 지도 제작자는 마누엘 고디뉴 디 에레디아(Manuel Godinho de Erédia)이다. 그는 1563년 믈라카에서 출생했는데, 아버지는 아라곤의 귀족 출신이며, 어머니는 말레이 귀족으로 알려져 있다. 믈라카와 고아의 신학교에서 공부한 뒤 1579년 예수회에 입문하였으나, 곧 예수회를 떠났다. 이후 지리학 연구에 몰두했으며, 지도 제작자로 활약하였다. 주로 말레이와 인도 중부 지역, 그리고 포르투갈의 해안 요새 지도를 그렸다(Wheatley, 1954).

에레디아의 지도와 관련해 주목할 내용은 네 가지이다. 첫째, 그가 1615년에 제작한 지도가 최초로 동해를 '한국해(Mar Coria)'로 표기한 지도라는 것이다(그림 3-1). 그러나 그가 한국해로 표기한 이유에 대해서는 알려져 있지 않으며 그의 저서에서도 한국해란 명칭을 발견할 수 없다. 다만 바다의 왼편에 위치한 국가의 명칭을 따서 바다 명칭으로 사용한 기존의 관례에 의해 한국해로 표기했을 가능성이 가장 높다.

둘째, 한반도와 주변 지역의 윤곽이 동시대의 다른 지도에 비해 상당히 정확하다. 이는 아마도 일본이나 중국에서 한반도 지도를 수집하여 지도 제작에 활용했기 때문일 것이다. 실제 홋카이도를 명확하게 섬으로 그리고 '에조(Jeso)'라고 표기하였는데, 당시의 유럽 지도에서는 홋카이도가 섬인지 명확하지 않아 제대로 그리지 못한 것을 고려할 때, 중국 지도를 참조했을 가능성이 높다. 가장 쉽게 생각할 수 있는 것이 「곤여만국전도」이지만 마테오 리치는 홋카이도를 '사도(佐渡)'라 명명했다. 「곤여만국전도」에서는 오히려 홋카이도 북쪽 건너의 육지에 위치한 '야작(野作)'의 발음이 에조와 유사하다. 따라서 「곤여만국전도」 보다는 당시 중국이나 일본과의 교역에서 획득한 다른 지도를 참조했을 가능성이 높다.

셋째, 중국 내륙에 대한 정보는 마르코 폴로와 플리니우스에 의존하였다. 흥미로운 점은 에레디아가 카타이 지명에 대하여 알타이(Attay) 산맥 주변에 사는 카타이오(Cathaio) 종족의 명칭에서 유래했다고 언급한 것이다. 그리고 텐둑 지방에 기독교가 전파되었고 이 지역에 성 토마스의 신발이 모셔져 있다고 기록하였다.

넷째, 카티가라(Cattigara)에 대한 언급이다. 에레디아 지도의 카티가라에 대하여 살펴보기에 앞서 설명하자면, 프톨레마이오스의 『지리학』에서 동남아시아의 지도에 가장 영향을 미친 것이 카티가라이다(Smith, 1854). 카티가라란 이름은 산스크리트 어의 '키르키나가라' 즉 '알려진 도시' 또는 '강한 도시'라는 의미에서 유래한 것으로 알려져 있으며, 현재의 타이 만에 해당하는 말레이 반도와 남중국해 사이의 큰 만에 위치한 항구의 이름이다. 이 도시는 북위 8°30′에 위치하며, 현재의 위치에 대하여 다양한 의견이 있는데 광저우, 캄보디아 해안, 베트남의 호찌민, 베트남의 메콩 강 델타 서부에 있는 오크에오(Oc-eo) 등등 많은 설들이 존재하지만 확인은 불가능하다(리스너, 2008). 이 도시는 고대의 로마와 그리스 인이 배로 도달할 수 있는 가장 동쪽의 무역 도시였다. 프톨레마이오스의 『지리학』에서는 이 도시의 좌표를 남위 8°30′, 동경 177°로 잘못 표시했다. 그래서 르네상스 시기에 발행된 많은 지도들을 보면 인도양의 동쪽 끝에 카티가라를 위치시켰다.[1] 이로 인해 말레이 반도의 형태가 거대한 용의 꼬리처럼 그려진 것이다.

그림 3-2는 18세기 프랑스의 왕실 과학원 회원인 당빌(Jean Baptiste Bour-

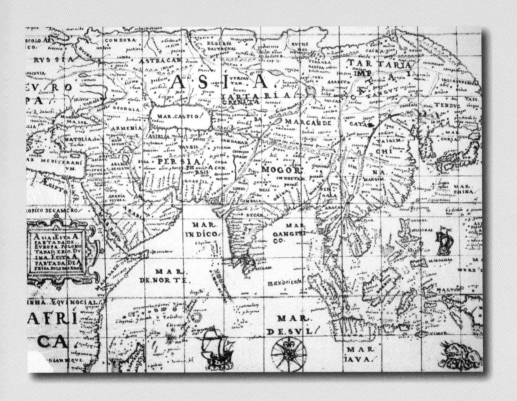

➤ 그림 3-1. 에레디아의 1615년 지도

출처. Cortesao and Teixeira, 1962

guignon d'Anville)의 1763년 「고대인에게 알려진 세계(Orbis Veteribus No-
tus)」이다. 18세기에 만들어진 이 지도는 일종의 역사 지도인데, 프톨레마이
오스의 『지리학』에 수록된 지명을 지도에 표시하였다. 카티가라는 당시의 지
리적 지식을 반영하여 북위 10°, 동경 125°에 'Cattigara'로 표기되어 있다. 이
위치는 메콩 강 삼각주 하구에 해당한다. 타이(Thai) 만은 마그너스 시누스
(MAGNUS SINUS)로 표기되어 있다.

그런데 사실 16세기 전반기 포르투갈의 지도 저자들은 프톨레마이오스와
마르코 폴로를 몰랐다. 그렇기 때문에 자신들의 지식과 이들 자료 간에 연결
고리가 없었다. 그러나 16세기 후반기에는 마르코 폴로의 『동방견문록』을 통
해 카타이가 중국이며, 지팡구가 일본인 것을 알았다. 그래서 텐둑이 만주 지
역에 표시되었다. 또한 에레디아는 카티가라에 대해 남위 23°에 위치한 남인
도 지역으로 소매가 짧고, 무릎까지 내려오는 붉은 색의 로마 옷을 입은 백인
이 거주하는 장소라는 것 말고는 알려지지 않다고 언급하였다.

그리고 카티가라에 대한 새로운 가설을 제안했다. 카티가라는 카타코리아
(Cattacoria) 또는 카티카라(Catticara)로도 불리는데, 이것은 '코리아의 카타르
(Cattars)'를 의미한다는 것이다. 즉 코리아의 항구(porto da Coria)라는 의미
로 사용되었다는 주장이다. 그는 코리아 인들(Corios)과 인도의 교역이 활발
하다고 생각했다. 더욱이 믈라카가 알부케르크에 의해 정복된 1511년 이후 코
리아 인들이 금 무역을 위해 믈라카에 자주 방문했다는 것이다. 그는 그 논거
로 1518~1522년간에 인도 총독을 역임한 세케이라(Diogo Lopes de Sequeira)
의 발언을 들었다. 세케이라에 따르면 금 무역이 믈라카와 코리아, 중국, 자바
섬, 술라웨시의 마카사르(Makassar), 말루쿠 제도에서 가장 큰 섬인 할마헤라
(Halmahera) 섬, 반다 해, 티모르(Timor) 섬 등지에서 이루어졌다. 그리고 당
시에 남부 인도를 카티카라라 생각하는 경향도 있었지만, 인도 남부 지역에

는 금과 은의 생산이 많아서 금을 수출하는 것이 적절하지 않다고 주장하였다. 또 다른 근거로 북쪽 지방에서 많은 선원들이 믈라카를 방문했는데, 이들이 출발한 곳이 카티카라라고 주장했다. 즉 믈라카 북쪽에 위치하여 많은 선원들이 출발한 항구가 카티카라이고 이 항구가 코리아라는 것이다.

그림 3-3의 지도는 에레디아의 1618년 저서인 『믈라카, 남부 인디아, 카타이(Declaracam de Malaca e da India Meridional com Cathay)』에 수록된 지도이다. 지도에서 조선이 'coria'로 명확하게 표기되어 있는 것으로 보아 에레디아는 조선을 카티가라로 확신한 것 같다(그림 3-3). 그렇지만 이 내용에 대한 사실 여부는 전혀 검증이 불가능하다. 다만 류큐 사람들이 당시 고레스(Gores)로 불리었는데 에레디아가 이들을 코리아 인들(Corios)로 착각했을 가능성이 있다.

➤ 그림 3-2. 당빌의 「고대인에게 알려진 세계」 일부
프랑스 국립도서관 소장

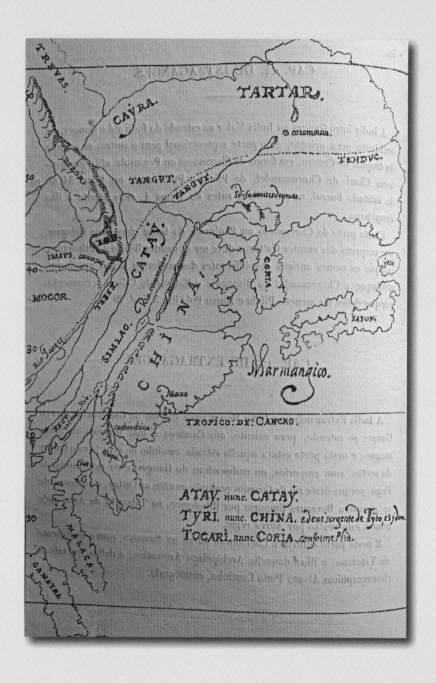

➤ 그림 3-3. 에레디아의 1618년 지도
프랑스 국립도서관 소장

포르톨라노와 주인선, 그리고 한반도

1543년 중국 정크(junk)를 탄 3명의 포르투갈 인이 일본의 가고시마 현 다네가 섬에 표착하여 조총을 전했다. 다네가 섬은 쿠로시오 해류의 바닷길 요충지에 위치하고 있어 예로부터 많은 문물이 유입된 곳이다(주강현, 2005). 1549년에는 에스파냐 출신의 예수회 선교사 프란치스코 사비에르가 아시아 선교를 위하여 포르투갈에서 출발해서 인도를 거쳐 일본으로 건너왔다. 그리고 1557년에는 포르투갈 상인들의 마카오 거주가 허가되었다. 마카오를 제외한 다른 지역에서의 통상은 금지되었지만, 밀무역이 성행하였다. 중국의 밀무역 상인들이 가장 관심을 보였던 대상은 단연 일본의 은이었다. 은 무역을 통해 명에서 약 10배에 달하는 이익을 얻을 수 있었기 때문에 명과 일본 양국의 무역 품목 중 가장 중요한 것이었다.

1567년 해금 정책이 완화된 이후에도 명나라는 화인 상인의 일본 도항과 일본 상인의 중국 내항을 공적으로 인정하지 않았다. 그래서 양국 간의 무역은 밀무역 상인이나 마카오에 거점을 둔 포르투갈 인을 매개로 할 수밖에 없었다. 이전까지는 포르투갈 상인들이 유일하게 합법적으로 중국과 일본을 연결하는 상인 집단이었다(강장희, 2001). 한편 화인 상인이 동남아시아 각지로 출항하는 것이 허락되자 일본 상인은 동남아시아에서 화인 상인과 직접 거래할 수 있게 되었다. 소위 만남무역(出會貿易)이다. 이 때문에 16세기 말부터 동남아시아 방면으로 출항하는 일본 배의 수가 급격히 증가했다.

1587년 도요토미 히데요시는 교토, 사카이[2], 나가사키의 상인을 소집하여 무역 허가권에 대해 의논을 하였다. 남중국 통킹, 인도차이나, 타이, 캄보디아, 믈라카, 타이완, 보르네오 섬, 말루쿠 제도, 필리핀이 이들의 무역 대상 지역이었다(La Roncières and Jourdin, 1984). 그리고 뒤를 이어 통일 정권의 주인이 된 도쿠가와 이에야스는 해외로 도항하는 배에 새롭게 주인장(朱印狀)을 교부하여 그 활동을 장려하고 원조하였는데, 주인장을 부여받은 상선을 주인선(朱印船)이라고 한다. 주인장은 1604년부터 1635년까지 350여 통이 발행되었다. 주인선을 보내 무역 이익을 획득한 자들에 대해서는 105명의 이름이 밝혀지고 있다. 수출 품목에는 은·동·철·장뇌 등이 있었고 특히 은의 수출액은 세계 은 산출액의 1/3에 해당되는 양이었다(박석순 등, 2005; 지푸루, 2014; 하네다 마사시, 2003). 그리고 이른바 '쇄국' 이전까지는 막부에서 무역을 허가받은 주인선이 동남아시아로 진출하여 각지에 일본인 마을을 만들었다. 1615~1624년 사이에 마닐라에서 약 3천 명의 일본인이 살았던 것으로 알려져 있다(토비, 2013). 당시 동아시아의 바다에는 화인 상인과 일본인, 그리고 소수이지만 새로운 지도와 항해 기술을 가진 포르투갈 인들이 승선한 무역선이 왕래하였다. 이 배에는 교역 물자뿐만 아니라, 선교사들도 탑승하여 상업과 종교의 교류가 왕성하였다.[3]

　주인선 무역의 영향으로 17세기 초반 최고의 동아시아 지도가 등장한다. 이 지도들은 유럽에 알려지지 않았고 동아시아 지역에서만 통용되었으며 대부분의 지도학 교과서에서 언급조차 되지 않았다. 이 지도들의 제작 연대는 정확하게 알 수 없지만 대체로 1600년에서 1630년 사이로 추정된다. 이 시기에 일본의 해도가 발달했는데, 주인선에 포르투갈 인들이 선원으로 승선했기 때문이다. 포르투갈 인이 가져온 아스트롤라베(Astrolabe)와 나침반은 물론, 이들이 가져온 지도도 주인선 무역에서 이용하였다. 그 결과 자연스럽게 포르투갈 인들의 지도와 일본의 지도가 결합하게 되고, 정확한 동아시아 지도가 제작되었다. 에도 초기의 항해학자 이케다 코운(池田好運)은 나가사키에서 마누엘 곤살로(Manoel Gonzalo)라는 포르투갈 인에게 천문 항해법에 대한 지식을 습득하여 해양 항해 저서를 집필하였다.[4] 이케다는 마누엘과 함께 필리핀을 두 번 항해하였고 1618년 『겐나고우카이키(元和航海記)』를 출간하는데, 포르투갈의 사분의를 사용하는 방법 등이 그의 저서에 수록되어 있다(Yamada, 2012).

그림 3-4의 지도는 1613년에 제작된 지도로 현재 도쿄 국립박물관에 보관되어 있다. 지명을 보면 일본에서 제작된 것임을 알 수 있지만, 대륙의 모습은 포르투갈 지도를 전적으로 차용했다. 인도의 경우는 「칸티노 지도(Cantino Planisphere)」의 형상과 유사하며, 동남아시아의 경우 매우 정교하게 표현되었다.

그리고 이와 유사한 형태의 지도가 필리핀의 대통령박물관과 도서관(Presidential Museum and Library)에 소장되어 있는데, 주인선 무역을 활발하게 수행했던 오사카의 대상인 스에요시 마고자에몬(末吉 孫左衞門, 1570~1617)이 1615년경에 제작한 지도로 언급되어 있다(Quirino, 2010, 42). 물론 그가 직접 지도를 제작하지는 않았겠지만, 해상 무역을 위해 이 지도를 제작하도록 지시했을 것이다.

그림 3-5의 지도는 현재 헌팅턴도서관(Huntington Library)에서 소장하고 있는 아틀라스에 수록된 지도로, 종이의 재질을 고려할 때 마카오에서 제작된 것이다. 지도의 저자는 미상이지만 축척과 바람 장비, 카르투슈는 포르투갈의 형식을 채택하고 있어서 제작은 포르투갈 인이 한 것으로 볼 수 있다. 그리고 지도의 한반도 형태가 당시의 일반적인 유럽 지도와 완전히 다른 이유는 일본의 지도를 참조한 것이기 때문이다. 조선의 국명은 'ACORIA'로 기술

➤ 그림 3-4. 1613년 주인선 지도
일본 도쿄 국립박물관 소장

되어 있는데, CORIA가 여성 명사이기에 포르투갈 어의 여성 명사 앞에 첨부하는 정관사 A가 첨부된 것이다.[5]

동해상에는 나가사키, 히라도, 쓰시마 섬, 고토(五島) 열도, 이키(壱岐) 섬, 시모노세키, 사도가(佐渡) 섬, 오키 섬, 울릉도로 추정되는 섬들이 그려져 있다. 조선 동안의 가장 큰 섬이 울릉도일 것이다. 그리고 울릉도 북동쪽에 위치한 점은 독도일 가능성이 있다. 또한 울릉도 남쪽에 표시된 2개의 섬은 아마도 조선 시대의 고지도에 간혹 표현되던 장기곶 북쪽의 4개의 섬을 모사했을 가능성이 높다. 서울대학교 규장각에서 소장한 19세기의 「조선전도」나 숭실대학교 박물관 소장 18세기 제작 「조선전도」에도 장기곶 위에 4개의 섬이 위치해 있다. 그리고 강원도와 함경도 동안에는 섬 6개가 그려져 있는데, 앞서 언급한 서울대학교 규장각 소장의 「조선전도」를 보면 이 위치에 많은 섬들이 표시되어 있다(이상태, 2006, 56).

한편 동해안을 직선으로 그리지 않고, 굴곡으로 표현한 것에 대해서는 다음과 같이 생각해 볼 수 있다. 첫째는 고려대학교 박물관 소장 17세기 「팔도전도」와 같은 조선의 고지도에서 동해안을 남해안의 굴곡 정도와 유사하게 굴곡이 심한 형상으로 표현하였다. 그리고 이보다 굴곡의 정도는 약하지만, 고려대학교 대학원 도서관 소장 「해동팔도봉화산악지도」나 서울대학교 규장각 소장 18세기 「아국총도」 등도 동해안의 굴곡을 매우 과장하였다. 따라서 이 지도들의 바탕 지도가 되는 15세기 또는 16세기 조선 지도를 일본도 마찬가지로 활용하여 조선의 윤곽을 그리는데 사용했고, 다시 이 일본 지도를 참조하여 그림 3-5의 지도를 그렸을 가능성이 있다.

두 번째로 한반도 전체를 동서가 대칭되도록 굴곡을 주어 표현했다는 가설이다. 즉 판각자가 아는 지역은 제대로 표현하고 나머지 모르는 지역에 대해서는 알고 있는 지형의 윤곽과 유사하게 표현했다는 것이다. 이것은 일종의

한반도, 서양 고지도로 만나다

➤ 그림 3-5. 주인선 지도의 영향을 받은 포르투갈 해도
미국 헌팅턴도서관 소장

공간 외삽법으로 볼 수 있다. 그러나 서해안의 태안반도와 옹진반도의 크기가 상대적으로 정확하게 묘사되어 있고, 또 비록 남해안에 고흥반도가 삭제되어 있지만 보성만과 순천만으로 추정되는 만을 묘사한 정확도를 미루어 볼때 이 가설을 받아들이기는 어렵다. 물론 남해안과 서해안의 굴곡을 참조하여 이를 그대로 동해안의 해안선에 적용했을 가능성은 있다. 지형에 대해 모르기 때문에 서해안과 비슷하게 굴곡의 정도를 달리하지 않고 일률적으로 묘사했을 가능성이 존재한다.

이 지도가 마카오에서 제작된 한편, 리스본에서는 주앙 테이셰이라(João Teixeira Albernaz)가 이 지도를 보다 정교화하여 그의 아틀라스에 수록하였다(그림 3-6). 주앙 테이셰이라는 17세기의 가장 우수한 포르투갈 지도 제작자로, 『세계의 무대』에 수록된 「일본 열도 지도」의 제작자 루이스 테이셰이라의 아들이다. 이 지도에서는 조선의 국명이 'Corea'로 표기되어 있다. 그리고 한반도의 윤곽도 실제 지형과 유사한 듯한 느낌을 준다. 그러나 동해안의 윤곽을 보면 선을 그린 방식만 삼각형이 아니라 사각형으로 바뀌었지, 실제 지형이 더 정확해진 것은 아니라는 것을 알 수 있다. 일본의 경우도 홋카이도, 혼슈의 형상은 약간 변화했으나 규슈의 윤곽은 완전히 동일하다. 반면 중국의 윤곽은 산둥 반도의 형상이 보다 정확해졌다. 따라서 주앙 테이셰이라는 중국 예수회의 자료를 인용하여 중국을 수정하고 조선과 일본은 주인선 지도를 약간 정교하게 판각만 한 것임을 알 수 있다. 결과적으로 주인선을 통한 포르투갈과 일본의 관계 속에서 이렇게 뛰어난 지도가 탄생하게 된 것이다.

중국 대륙의 연안을 제외한 해역 어디서든 볼 수 있었던 일본의 주인선이 1630년대 이후에는 모습을 감추었다. 도쿠가와 정권의 쇄국 정책 때문이었다. 일본의 은도 이전처럼 대량으로 수출되는 일이 없어졌다. 일본에서 쫓겨난 포르투갈 인의 활동도 축소되어 마카오와 동남아시아 사이의 무역에 한정

➤ 그림 3-6. 주앙 테이셰이라의 동아시아 해도
포르투갈 국립도서관 소장

되었다(하네다 마사시, 2012). 이러한 측면에서 테이셰이라의 동아시아 해도의 제작 연대를 1630년 이전으로 추정하는 것이다. 그리고 이렇게 정확한 지도는 사라져 버렸고, 이후의 유럽 인들의 지도 제작에 영향을 미치지 못했다.

네덜란드 동인도 회사가 그린 한반도

월러스틴은 자본주의 세계 경제의 역사를 통틀어서 헤게모니 국가가 네덜란드, 영국, 미국뿐이라고 규정했다. 네덜란드의 경우는 군사적 거인이 아니었기에 헤게모니 국가라 불리는 것이 그럴싸해 보이지 않지만 경제적으로는 17세기 최고의 헤게모니 국가였다. 네덜란드의 생산품은 세계 최고의 경쟁력을 가졌고, 이러한 경쟁력으로 얻은 수익은 네덜란드가 해외로 팽창하는 데 기여하였다(월러스틴, 2013). 경쟁력을 형성하는 데 중요한 역할을 한 것이 1602년에 설립된 네덜란드 동인도 회사로, 희망봉 동쪽과 마젤란 해협 서쪽의 무역을 독점하였다(월러스틴, 2006). 그러나 설립 이후 20년 동안은 인도네시아 군도에서의 향료 시장 독점에 중점을 두고 기지 확장에 심혈을 기울였다. 1618년 쿤(Jan Pieterszoon Coen) 총독이 부임하고 나서야, 동아시아에서 네덜란드의 교역 활동이 보다 확충될 수 있었다.

네덜란드 인들은 약 100년 먼저 아시아 해양 사업에 등장했던 포르투갈과 에스파냐의 견제에 직면했다. 그리고 다른 지역과 달리 동아시아에서는 무력적인 방법이 통하지 않았다. 중국에서는 무력행사가 아무런 결실 없는 장기 전쟁으로 귀결되어 적잖은 희생을 치러야만 했는가 하면, 일본 막부는 네덜란드 인들의 행동이 눈에 거슬린다고 해서 1628년과 1632년 사이 교역 금지령을 선포할 정도였다.

조선과의 무역 시도는 소극적이었던 것으로 알려졌으나, 처음부터 조선과의 무역을 포기한 것은 아니었다. 1622년 레이에르선(Cornelis Reijersen) 선장이 조선 탐사를 시도했으나 실패하였다. 그리고 1628년에는 카럴 리벤스 (Carel Lievensz)에게 타이완과 중국 연안을 탐사하고, 또 조선에 진출해서 무역을 개시할 방안을 모색하라고 지시했다. 그러나 이 계획 역시 제대로 실행되지 못하였다(신동규, 1998). 조선 탐사는 실패하였지만, 네덜란드 동인도 회사는 1622년에 한반도의 형태가 비교적 정확한 세계지도를 제작하였다.

네덜란드 동인도 회사는 설립 초기부터 동아시아 지역에 본격적으로 진출하기 위해서는 지도가 필요하다는 것을 인식하고 회사 내에 지도 제작 부서를 두었다. 그리고 네덜란드 의회로부터 식민지에 대한 영토 행정권을 부여받았고 1619년에는 아시아 지도 제작에 관한 특권까지 획득하였다. 즉 동인도 회사의 사업 영역에 해당하는 지역을 지도로 제작하기 위해서는 동인도 회사의 허락을 얻어야 했다. 또한 지도에 수록되는 정보는 철저히 보안에 부쳐 외부로 유출되지 않도록 하였다. 이러한 이유로 암스테르담에 위치한 동인도 회사의 공식 지도 제작자만이 지도를 제작할 권리를 보유하고 있었다.

당시의 동인도 회사 지도 제작자는 회사의 급료를 받지는 않았으나, 자신의 지도를 회사에 납품했는데, 이는 고수익이 보장된 사업이었다. 초창기 동인도 회사의 지도 제작에 중요한 역할을 한 사람은 플란시위스(Petrus Plancius)이다. 그는 포르투갈의 지도를 활용하여 지도를 제작하였다.

플란시위스가 동인도 회사의 체계적인 지도 제작에 큰 역할을 하였지만 그의 지도에서 한반도 형상은 1594년 이후 발전하지 않았다. 1602년의 세계지도에서는 오히려 이전과 같이 한반도를 섬으로 묘사하였다. 한반도를 제대로 묘사한 최초의 동인도 회사의 지도는 헤셀 헤리츠(Hessel Gerritsz)의 「태평양 지도(Mar del Sur)」이다(그림 3-7). 헤리츠의 1622년 지도에서 한반도의 형상은 반도의 형태로 표시되어 있다.

헤리츠는 지리학자, 지도 제작자 및 지도 판각자 그리고 출판가로 알려졌다. 그는 작은 인쇄소를 경영하고 있었다. 1606~1608년경 지도 판각을 시작하였고, 1612년 「아일랜드 해도」로 지도 제작자 경력을 시작하였다. 이 해도는 네덜란드를 공격하고 아일랜드에 숨는 영국의 해적들을 격퇴하기 위한 목적에서 제작되었다. 그리고 북서 항로와 북동 항로에 관심이 많았기 때문에 북극 지방의 탐사 및 이 지역에서의 포경 활동에 도움이 되는 지도를 제작하였다. 그는 당시 암스테르담에서 가장 재능이 많은 지도 제작자 중 한명이었다. 그 능력을 인정받아 블라외 가문이 운영하는 지도 제작사의 판각자로 일했으며, 1617년에 네덜란드 동인도 회사의 공식 지도학자로 임명되었다. 이후 1633년에 사망할 때까지 이 지위를 유지하였다. 그가 저명한 빌럼 블라외(Willem Janszoon Blaeu)를 제치고 동인도 회사에 고용된 것은 종교적인 이유 때문이다. 당시의 네덜란드는 개신교가 정권을 잡은 시기여서, 가톨릭교도였던 블라외를 배제하고 개신교도였던 그의 조수 헤리츠를 임명한 것이다.

당시 지도는 실용적인 목적 이외에도 동인도 회사의 활동을 홍보하는 도구로 사용되었다. 마찬가지로 지금도 정부 정책이나 회사의 활동을 홍보하는 도구로 지도가 사용되고 있다. 그래서 회사의 입구나 관공서에 회사나 지역의 정책을 홍보하는 목적으로 벽지도를 게시하는 경우가 있다. 네덜란드 동인도 회사에서도 자신들의 활동을 홍보하고 투자를 유치하기 위한 목적으로 지도를 화려하게 제작하여 전시하였다. 헤리츠의 지도를 봐도 매우 화려하게 장식되어 있고 배나 파도를 그린 회화의 수준이 상당히 높다. 당시의 네덜란드 지도 제작자들은 화가를 겸업하는 경우가 많았으며, 수학과 예술에 모두 능하였다. 지도 발달사에서 이들은 경관 화가 또는 경관 지도 제작자로 불린다. 실제로 이들의 경관 회화는 현대 지도학의 발전에 크게 기여하였다(Keuning, 1949). 이제 지도를 살펴보자.

지도에는 세 명의 인물이 있다. 발보아, 마젤란, 야코프 레 마이레(Jacob Le

Maire)이다. 마이레는 네덜란드 출신의 항해가로 1615년에서 1616년에 남아메리카 남단부에 있는 로스에스타도스(losEstados) 섬 사이의 해협에서 말루쿠 제도로 항해하였다. 지도에 그려진 배는 포르투갈과 네덜란드의 배이고, 솔로몬 제도에 있는 것은 원주민의 배이다. 배를 따라가면 남아메리카 서안에서 아시아에 이르는 항로가 표시되어 있다. 적도에는 항정선의 중심이 있으며, 적도에서 남북위 60°까지 동일한 위도 간격을 유지하고 있다. 그림 3-7에서는 확인이 어렵지만 지도의 점선은 야코프 레 마이레의 항해 경로이다. 모든 섬에 네덜란드 어로 지명을 표시하고 동, 서, 남, 북, 적도, 남회귀선, 북회귀선 등의 용어를 모두 네덜란드 어로 표시하였다.

남회귀선 근처의 작은 범선은 동인도 회사에 근무한 네덜란드 항해가 얀스존(Willem Janszoon)이 1605년 반탐(Bantam)을 출발하여 뉴기니 서안에 도착한 뒤 유럽 인 최초로 오스트레일리아 해변을 관측한 내용을 언급한다. 그러나 실제 지도에 오스트레일리아는 없다. 조선은 'Coray'로 표시되었는데, 동시대의 지도 중 가장 정확하게 한반도를 그리고 있다. 필자는 헤리츠가 이렇게 정확하게 한반도를 표시할 수 있었던 이유로 마카오에서 획득한 포르투갈의 자료를 활용했기 때문이라고 생각한다. 앞에서 이미 살펴보았듯이 에레디아의 지도와 주인선 지도는 한반도를 매우 정확하게 표시했다. 그러나 당시 유럽에서 제작된 일반적인 아시아 지도는 한반도를 이러한 형태로 표시하지 않았으며, 오히려 한반도가 없는 경우도 많았다. 정확한 한반도 형태와는 달리 일본은 홋카이도가 아예 표시되지 않는 등 동시대의 다른 지도에 비해 낙후되었다.

1609년 두 척의 네덜란드 동인도 회사의 배가 일본 히라도(平戸)에 입항하여 막부로부터 상관 설치 허가를 받았다. 이 상관은 당초 무역관보다는 군사기지의 역할이 컸다. 그 무렵 네덜란드 동인도 회사는 고급 향신료의 산지인

➤ 그림 3-7. 헤리츠의 「태평양 지도」
프랑스 국립도서관 소장

말루쿠 제도를 차지하기 위해 포르투갈, 에스파냐, 영국 동인도 회사 등과 대립하고 있었다. 히라도는 마카오와 나가사키를 항해하는 포르투갈 선을 습격하기 좋은 위치였다. 그리고 히라도에서는 식량, 무기류, 목재, 일본인 용병 등을 동남아시아에 수출하고 있었다. 이러한 네덜란드 동인도 회사의 상황을 고려할 때, 이 지도의 일본 형태는 매우 이례적이다.

원인으로 생각할 수 있는 것은 히라도의 상관과 바타비아(자카르타의 네덜란드 식민지 때의 이름), 암스테르담의 정보 소통이 원활하지 못하여 일본에 대한 정보가 본국이나 바타비아 지사에 전달되지 않았을 가능성이다. 당시 바타비아의 지도 제작자들은 주로 암스테르담에서 훈련을 받았으나, 급료가 낮아 단기간에 퇴직하고 다른 일에 종사하였다. 그래서 회사에서는 그림에 재능이 있는 선원들을 선발하여 지도를 그리게 하였다. 그러나 이마저도 여의치 못하여 바타비아에서의 지도 제작은 어려움에 처했다. 결국 이로 인해 암스테르담에 정보가 전달되지 못하고 지도의 개선이 이루어지지 않은 것으로 생각할 수 있다.

이러한 정보 전달의 문제는 한반도의 예에서 다시 드러난다. 조선을 반도로 표시한 헤리츠의 지도에도 불구하고 동인도 회사에서는 여전히 조선을 섬나라로 생각하는 경향이 남아 있었다. 1637년 히라도 섬 무역 관장인 쿠거바커르(Nicolaes Couckebacker)가 바타비아에 보낸 '조선 정세에 관한 설명 및 기록서'의 내용은 다음과 같다(왈라벤, 2003).

조선의 크기는 일본만 하며 여러 섬들 사이에 끼인 크고 둥근 섬이다. 섬의 북부, 한 쪽 끝은 중국에 맞닿아 있으며 약 1마일 너비의 강이 양국 사이를 가로 지르고 있다. 또 다른 쪽 끝은 타타르 족과 접하고 있으며, 이 두 나라 사이에 수세는 그리 험하지 않은 2.5마일 너비의 바다가 경계선을 이루고 있다. 이

한반도, 서양 고지도로 만나다

섬의 동쪽에서 약 28내지 30마일 떨어진 위치에 일본이 위치한다. 은과 금의 생산량은 적으며, 비단 역시 국내 수요를 충족하지 못해 중국에서 수입한다. 쌀, 구리, 면류와 아마포류, 인삼을 생산한다.

플란시위스가 1594년 「양 반구도」(그림 2-15)에 반도로 그린 바 있고 헤리츠도 1622년에 반도로 그렸는데, 이렇게 조선을 섬으로 기술한 것은 아마도 린스호턴의 저서를 바탕으로 조선을 섬으로 결정했고, 나머지 정보는 다른 보고서의 내용을 일부 첨가한 것으로 보인다. 이미 임진왜란이 끝난지 40년이나 되었기에 일본 현지에서는 조선이 섬이 아니고 반도라는 사실을 명확하게 알고 있었으리라 생각된다. 다만 히라도에 있던 네덜란드 인들은 당시 조선에 대한 정보를 전혀 접하지 못했기에 이와 같이 틀린 보고서를 제출한 것이다.

네덜란드는 1641년에 믈라카를 공격하여 포르투갈 인들을 추방시켰다. 그리고 타이완 북부에 주둔하던 에스파냐 인 역시 같은 해에 몰아냈다. 이후 동아시아에서 동인도 회사의 위상은 눈에 띄게 강화되었다. 또 1643년 바타비아 총독 디만(Anthony van Dieman)은 '금과 은이 많은 섬'에 대한 탐사를 결정하고 프리스(Maarten Gerritsz Vries)와 스하프(Hendrick Cornelisz Schaep) 두 선장의 지휘 아래 두 척의 배를 보내어 홋카이도와 쿠릴 열도, 사할린 지역을 조사하게 했다. 금과 은이 많은 섬을 찾는 계획은 실패로 끝났지만, 홋카이도 북방 지역에 대한 지리적 지식은 확대되었다. 그런데 프리스는 탐사 중의 안개와 악천후로 인해 홋카이도와 사할린을 하나의 섬으로 보게 되었다(Zandvliet, 2007). 얀손(Jan Jansson)은 후리스의 탐사 자료를 활용하여 1650년 「일본과 에조 주변 지역의 지도」[6]를 제작하였다. 이 지도를 살펴보면 홋카이도와 사할린은 하나의 섬인 '에소 땅(LANDT VAN ESO)'으로 표현되어 있다. 또한 홋카이도 서쪽의 경계는 정보 부족으로 확정하지 않았다. 그리고 한반도는 섬으로 표현되었다.

이후 동인도 회사에서는 한반도와 관련된 특별한 지도를 제작하지 않다가 요한 니우호프(Johannes Nieuhoff)의 여행기에 우리나라와 관련된 한 장의 지도가 수록된다. 니우호프는 네덜란드의 외교관이자 여행 작가로 중국과 인도, 브라질, 아프리카 등을 여행하였다. 그는 1655년에서 1658년 사이에 네덜란드 동인도 회사의 사절단의 일원으로 북경을 방문했다. 사절단의 방문 목적은 중국과의 무역 관계를 형성하기 위한 것이었다. 그는 방대한 중국 영토 전반에 걸친 교통, 운송, 병참 등의 탁월한 조직력에 대해서 놀랐을 뿐만 아니라, 사절단이 불가피하게 지켜야 했던 기이한 여러 규정과 관습에 경악을 금치 못했다. 귀국 후 이러한 경험을 담은 여행기를 『위대한 타타르 왕국에 파견된 네덜란드 동인도 회사의 사절단』이라는 제목으로 출간하였다 (Nieuhoff, 1670). 책에 수록된 그림은 저자가 직접 그렸고, 5개국의 언어로 출간되었다. 이 책은 이후 수년간 중국에 대한 유럽의 견해를 대표했던 베스트셀러였다. 이 책에는 조선이 그려진 「중국의 도시 및 하천 지도」[7] 가 수록되어 있는데 이 지도의 프랑스 어 번역판에는 동해를 한국해라 표기하였다. 이는 포르투갈의 에레디아 지도 이후 최초의 한국해 표기 지도이다(그림 3-8). 즉 프랑스에서는 1680년에 이미 한국해 명칭을 사용했다는 증거가 된다. 그의 저서에는 중국의 각 성에 대한 지리적 내용이 풍부하게 수록되어 있지만, 조선에 대한 내용은 매우 간략하다. 그리고 왜 유럽 인들이 한반도를 섬으로 생각했는지에 대한 니우호프 자신의 의견이 수록되어 있다.

유럽의 작가들은 조선이 섬인지 육지인지 의문을 품었다. 그러나 대부분의

한반도, 서양 고지도로 만나다

작가들은 조선의 북부 지역을 제외한 거주 지역을 섬이라 생각했다. 때론 완전한 섬이라고 생각하는 오류를 범했는데 이는 '풍마'라는 섬 때문이다. 지도 제작자들은 이 섬을 조선이라 생각하였다. 그러나 중국의 모든 문헌은 조선을 대륙이라고 기술한다. 그리고 타타르와 인접하고 있다고 생각한다. 또 하나의 오류는 국명이다. 대부분의 유럽 인은 코리아라 부르지만, 중국인은 조선이라 부른다. 중국과 북쪽으로 접하고 경계는 압록강이다. 나머지 지역은 바다로 둘러싸여 있다. 8개의 행정 구역으로 구분되어 있는데, 중앙에 위치한 것이 경기도이다. 경기도의 주도는 평양이며 왕이 여기에 거주한다. 중국보다 여자들이 자유로운데,[8] 아들이나 딸이 부모의 뜻을 묻지 않고 결혼할 수 있다. 과일이 많이 생산되며, 일 년에 두 번 농산물을 수확하여 밀과 쌀도 풍부하다. 종이와 붓, 인삼이 많이 생산되고 여러 군데에 금광이 위치한다. 그러나 중국과 일본을 제외한 다른 나라와는 무역을 하지 않는다.

그리고 비슷한 시기인 1668년에 간행된 하멜의 여행기를 읽은 암스테르담의 동인도 회사 간부들은 조선에 대해 부정적인 반응을 보였다. 그래서 회사의 경영 책임자들이 바타비아에 있는 총독과 고문관에게 조선과의 교역 가능 여부를 조사하라는 지시를 보냈을 때 당시 데지마 무역관의 식스(Daniel Six) 관장이 보낸 응답은 다음과 같다.

은밀히 섬나라 코리아의 정세와 현황을 파악해 봤으나, 그 나라는 농업과 어업에 의지하여 연명하고 있는 빈곤한 주민들로 형성되어 있고, 다른 한편 서방인은 누구를 막론하고 환영하지 않기 때문에 이렇다 하게 내세울 만한 교역의 의의가 없다. 또한 상관 측 판단으로는 막강한 두 군주 타타르의 황제와 일본의 천황이 조선에 외국인들이 왕래하는 것을 순순히 응낙하지 않았을 것이다(Blussé, 2003).

　즉 17세기에 동인도 회사에는 조선이 반도라는 생각과 섬이라는 생각이 병존하고 있었다. 그리고 농산물이 풍부하고 금광이 많다는 생각과 농업에 의지해 빈곤하게 산다는 생각 역시 동시에 존재하고 있었다. 한 가지 공통된 것은 일본과 중국을 제외하고는 무역을 하지 않아서 동인도 회사의 관심을 자극하지 못했다는 것이다.

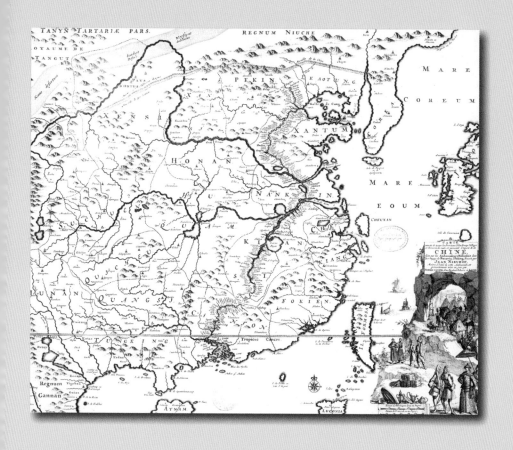

➤ 그림 3-8. 니우호프의 「중국의 도시 및 하천 지도」
프랑스 국립도서관 소장

마르티니의 한반도

마테오 리치의 「곤여만국전도」 이후 유럽 인이 그린 최고의 동아시아 지도는 이탈리아 출신의 예수회 선교사 마르티니(Martino Martini)의 지도들이다. 「곤여만국전도」가 중국어로 제작되어 유럽에 확산이 되지 않은 반면, 이 지도들은 당대 최고의 지도 제작자인 블라외(Joan Blaeu)의 『대지도첩(Atlas Major)』의 일부인 『신 중국 지도첩(Novus Atlas Sinensis)』으로 출간되어 전 유럽에 급속도로 전파되었다. 그리고 지도의 내용 또한 당시 중국의 지리적 현실을 가장 잘 반영하여, 유럽 내에서 가장 전형적인 중국의 지도로 자리매김하게 된다.

마르티니는 1643년부터 1650년까지 중국에 체재하면서 선교 활동을 하는 한편 중국 지리와 역사를 연구하였다. 1651년에 중국을 떠난 마르티니는 네덜란드 동인도 회사의 배를 타고 필리핀과 노르웨이를 거쳐 암스테르담으로 갔다. 그는 암스테르담에서 블라외를 만났고, 당시 동아시아 지리 정보에 대해 많은 관심을 갖고 있던 블라외의 요청에 부응하여 『신 중국 지도첩』을 『대지도첩』의 한 권으로 출간하기로 계약했다. 간혹 문헌에 따라 『신 중국 지도첩』이 『대지도첩』의 6권에 속한다거나 10권에 속한다는 등 달리 기술하는 경우가 있는데, 이는 『대지도첩』이 라틴 어(11권)를 비롯한 네덜란드 어(9권), 프랑스 어(12권), 에스파냐 어(10권), 독일어(10권) 등으로 다양한 판본으로 출간되었기 때문이다.

필자는 이 지도첩을 직접 외국의 도서관에서 열람하였는데, 무게가 너무 무거워 들 수가 없을 정도였다. 색채나 장식 역시 화려하여 그 아우라가 대단하였다. 그리고 이 정도의 지도첩을 제작하려면 엄청난 비용이 소요될 터인데, 그 위험을 어떻게 감수했을까 하는 의문을 품게 되었다. 조사 결과 블라외는 네덜란드 동인도 회사의 공식 지도 제작자로 회사에 해도를 독점적으로 공급할 수 있는 권리를 가지고 있었다. 당시 동인도 회사의 배 한 척이 암스테르담을 떠나 바타비아로 항해하기 위해서는 최소 32장의 지도가 필요하였다. 따라서 동인도 회사는 해도 1장당 5~9길더를 블라외에게 지불하였다. 그런데 네덜란드 동인도 회사의 공식 지도 제작자가 아닌 다른 지도 제작자가 공급하는 해도는 1장당 2길더 미만에 살 수 있었다. 그럼에도 불구하고 블라외의 로비에 의해 동인도 회사는 계속 그의 지도를 구입했다. 또 해도를 인쇄하면 비용을 줄일 수 있었지만, 블라외는 뛰어난 정치적 수완을 발휘해 해도의 인쇄 역시 원천적으로 봉쇄하였다. 네덜란드에서는 심지어 18세기 중반까지도 필사본 해도를 이용하여 항해하였다(Schilder and Kok, 2010).

마르티니의 『신 중국 지도첩』에는 19쪽에 걸쳐 중국의 좌표가 표시되어 있다. 그런데 이들 좌표는 모두 북경 원점으로 기록되어 있고 또 직접 측량한 것이 아닌 기존의 중국 지도에서 지역의 좌표를 추출한 것이다. 이 책에서는 서울을 경기(Kingki)라 지칭하고 북위 38°, 북경 기점 동경 7°40′이라고 기록했다.

마르티니의 지도첩에 수록된 한반도의 모습은 당빌의 「조선도」 이전까지 조선의 전형적인 모습 중 하나로 자리 잡았다. 『신 중국 지도첩』에서 조선을 포함하는 지도로는 「중국 총도」[9]와 「일본 왕국도」[10], 「산둥 지도(Xantung)」가 있다. 이 지도들에서는 조선이 반도로 뚜렷이 나타나고 있다. 먼저 「중국 총도」에서 우리나라의 명칭은 코레아(Corea)로 표기되어 있다. 또한 한반도에는 산을 여러 개 그려 놓고 2개의 강을 표시하고 있는데 압록강이 얄로(Yalo flu.)로 두만강은 퀜퉁(Quentung flu.)으로 되어 있고 현재의 한강으로 보이는 강에는 'Hanghai'가 표기되어 있는데 한강을 의미하는 것이 아니라 황해도에 해당한다. 지도를 보면 조선 팔도의 명칭인 함경(Hienking), 평안(Pinggan), 경기(Kingki), 강원(Kianguen), 황해(Hanghai), 경상(Kingxan), 충청(Chungcing), 전라(Ciuenlo)가 표기되어 있다. 그리고 제주도는 풍마도(I. Fungma)라고 비교적 정확하게 기록했다. 풍마는 바람과 말이 많다는 풍마(豊馬) 또는 풍마(風馬)에서 유래된 것으로 추측된다. 혹은 풍마라는 명칭이 아마도 탐라라는 명칭의 중국식 발음을 기초로 표기된 것일 가능성도 있다. 이 지도에서는 일본의 북해를 나타내는 'IESO'가 섬으로 표시되어 있는데, 이것은 마테오 리치의 「곤여만국전도」의 영향을 받았음을 시사하고 있다.

다음으로 「일본 왕국도」는 네덜란드 탐험가 프리스(Maarten Gerritsz Vries)가 동경 부근 지바(千葉)의 위치를 조사하고 보소(房総, Bōsō) 반도 북동쪽 지역을 새롭게 지도로 그리는 등 당시 가장 정확한 일본 지도였다. 이 지도는 조선에 'COREA PENINSVLA(꼬레아 반도)'라 써 놓았다. 그리고 한반도 팔도의 명칭을 기록했으나, 남해안에 매우 많은 섬을 어지럽게 그려놓았다(그림 3-9).

또 하나의 지도는 「산둥 지도」이다. 한반도가 북위 35.5°에서 41°에 이어져 연결되어 표시되는데, 위의 지도들과는 조금 다른 길쭉하면서도 넓은 형태이다. 이 지도는 이후 산둥 지도의 기본 형태로 사용된다. 그래서 코로넬니(Vincenzo Maria Coronelli)의 「산둥과 북경 지도(Xantung, e Peking)」와 얀손(Jan Jannson) 등의 「북경과 산둥 지방(Pecheli, Xansi, Xantung, Honan, Nanking)」 지도가 이 형태를 택한다. 지도에 사용되는 범례를 한반도 안의 넓은 여백에 그린 것이 「북경과 산둥 지방」 지도의 특징이다.

➤ 그림 3-9. 마르티니의 「일본 왕국도」

마르티니의 지도는 실측에 의해서가 아니라 기존에 있던 지도를 토대로 제작되었다고 알려졌다. 그가 참고한 지도는 당시까지 제작된 중국 지도 중 가장 정확한 나홍선(羅洪先)의 1555년 『광여도(廣輿圖)』와 마테오 리치가 제작한 1602년 「곤여만국전도」인 것으로 전해진다(Van Kley, 1971). 그러나 실상 마르티니 지도에서 보이는 조선의 형상은 『광여도』에 수록된 조선 지도의 형상과는 완전히 다르고 「곤여만국전도」나 「고금형승지도」 등의 지도를 참조하여 조선을 그렸을 가능성이 있다.

20세기 초의 지리학자 리히트호펜(Ferdinand von Richthofen)에 의하면 마르티니의 『신 중국 지도첩』은 역대 최고의 중국 지리지이다. 심지어 당빌의 『신 중국 지도첩』 역시 이에 미치지 못한다는 평가이다. 이 책에 수록된 170쪽에 이르는 설명문에는 중국과 한반도에 대한 지리적인 기술이 포함되어 있다. 이 책에서는 중국 문헌을 인용해서 조선이 반도이며, 국호가 코리아가 아니라 조선(Chaosien)이라고 언급했다. 조선은 팔도로 구성되어 있고 중부에는 경기도가 있는데 이곳에 수도인 평양이 위치한다고 설명하였다. 그리고 조선은 사람들이 필요로 하는 모든 것을 생산할 수 있는 비옥한 토지를 가지고 있으며, 특히 벼와 밀이 풍성하고 배와 진주가 유명하다고 기술하고 있다.

마르티니는 기자 조선설을 유럽에 광범위하게 전달한 최초의 서양인이다. 기자 조선설은 일본에서 활동했던 포르투갈 출신 예수회 신부인 호드리게스의 필사본에서 이미 언급되었지만, 그의 원고는 오랫동안 필사본의 상태로 남아 출판되지 못했기 때문에 17세기 유럽 인들에게 널리 알려지지 못했다(정성화, 1999). 그런데 마르티니의 지도첩에 기자 조선설이 언급되어 유럽 전역에 확산된 것이다. 그러나 지도첩의 텍스트에서만 기자 조선을 언급했지 지도상에 표기한 것은 아니었다. 반면 마테오 리치의 「곤여만국전도」에서는 한

한반도, 서양 고지도로 만나다

반도 앞 동해에 "조선은 천자봉국으로 한나라와 당나라 때는 모두 중국의 군 읍이었다. 지금은 조공 속국 중의 으뜸이다. 예전에 조선에 있던 나라들은 삼 한, 예맥, 발해, 실직[11], 가락, 부여, 신라, 백제, 탐라 등이다. 지금은 모두 조 선에 병입되었다."[12]라고 기록했다(정기준, 2013). 이렇게 기자 조선에 대한 내 용이「곤여만국전도」와『신 중국 지도첩』에서 언급되는 것은 이들 지도가 참 조한『광여도』의「조선도」뒤에 수록된 조선건치(朝鮮建置)에서 조선에 대하 여 소개하는 내용 중 조선의 역사를 기자와 연관시켜 설명했기 때문이다(그림 4-3 참조).

마르티니의『신 중국 지도첩』은 1735년에 뒤알드의『중국 백과전서』가 발 행될 때까지 유럽 내에서 동아시아에 대한 대표적인 지리서로 유럽 인의 지 리적 인식에 가장 중요한 영향을 미쳤다.『신 중국 지도첩』에서 조선은 섬나 라가 아니라 반도 국가로 그려졌다. 그렇지만 조선은 아직도 유럽 사람들에 게는 미지의 세계인 것이 사실이었다. 그래서 향후 20년 정도는 계속 조선이 반도인지 섬나라인지에 대한 논쟁이 계속되었다.

최근에는 지도를 지리학적 측면이 아닌 정치적 또는 문학적 측면에서 수행 하는 연구가 점차 많아지고 있는데, 지도를 객관적인 도구가 아닌 권력의 수 단으로 파악한다. 문학 연구자들은 1980년대 푸코(Michel Foucault)의 권력과 감시에 대한 논의가 인문 과학과 사회 과학의 중요한 담론으로 등장한 이후 지도를 텍스트로 해석하였다. 그리고 지도학에서도 존 할리(John Brian Har- ley)가 지도 연구에 해체주의를 도입하여 한 때 많은 논쟁을 야기한 바 있다. 지도의 지형 정보 자체는 주관적 연구의 대상의 되기는 어렵지만 지도의 장 식이나 그림은 정치적·문화적 메시지를 분석하는 수단으로 사용되고 있다. 특히 아틀라스의 표지는 지도 제작 당시의 시대정신과 지도첩이 추구하는 메시지를 전하는 수단으로 분석이 가능하다.

이지은(2006)은 『신 중국 지도첩』의 표지(그림 3-10)를 통해 그림이 전하는 메시지를 분석하였다. 그에 의하면 표지는 문명과 야만, 기독교와 이교도, 과학과 무지와 같은 이분법에 근거해 유럽의 우월주의적 세계관을 표현한 것이다. 더 자세히 보면 유럽 인들은 아틀라스와 같은 거인적 탐구 정신으로 세계를 관측하고 분석했다. 그렇게 해서 아직은 어둡고 은밀한 미지의 세계를 인식의 지평과 빛의 영역으로 끌어들여 조망한 것이다. 그리고 이 그림에서 미미하지만 한국의 존재가 드러나는데, 조선에 대한 유럽 인들의 이미지와 욕망은 상상에 바탕을 두고 있었고, 지식은 편견에 사로잡혔다고 주장하였다.

필자는 아틀라스의 표지를 이렇게 권력의 관점에서 해석하는 것이 가능하지만, 성급한 결론에 이르는 것을 조심해야 된다고 생각한다. 이런 연구는 항상 '타자화' 또는 '편견'으로 결론내려지는 경우가 많기 때문이다. 지도뿐만 아니라 여행기를 문학적으로 분석하는 경우도 비슷한 결론으로 귀착된다.

다만 여행기는 문학의 장르에 속하기 때문에 문학적으로 분석하는 것이 가능하지만, 지도의 경우는 문학적 방법을 그대로 원용하는 것은 문제가 있다. 지도는 문학 텍스트와는 본질적으로 다르기 때문이다. '실재'가 언어에 의해 구축된다고 생각하는 포스트모던주의자들에게는 지도 역시 하나의 언어일 뿐이다. 그러나 지도는 무한한 해석을 허용하지 않는다. 장소들의 위치는 옮길 수 없고, 지도 제도를 위해서는 지켜야 할 그래픽 문법이 존재한다. 투영법을 어떻게 적용하느냐에 따라 지도의 중심에 오느냐, 주변에 오느냐가 타자화와 연관될 수는 있지만, 투영법에 따라서는 기술적인 문제로 중심점을 전혀 바꾸지 못하는 경우도 존재한다. 지도를 포스트모던의 입장에서 논하기 이전에 지도에 대한 기술적인 공부가 선행되어야 한다. 다만 이지은의 연구처럼 아틀라스의 표지는 제작자의 시선을 충분히 보여줄 수 있기 때문에 주

➤ 그림 3-10. 마르티니 『신 중국 지도첩』의 표지
미국 의회도서관 소장

관적인 연구가 가능하다고 본다. 물론 필자의 입장 역시 포스트모던의 관용구 "그것은 당신의 주장일 따름이다."를 피해갈 수 없다.

조선을 섬과 반도로 동시에 그린 상송

16세기 중반 중국에 대한 관심은 유럽에 널리 퍼져있었다. 마테오 리치가 중국을 방문하기 이전에는 카타이와 차이나가 동일한 국가인지, 아니면 다른 나라인지에 관한 의문이 있었으나, 마테오 리치의 보고로 인해 하나의 국가인 것으로 결론이 난 상태였다. 이제 유럽 인들이 중국의 지리에 대해서는 궁금한 것은 두 가지였는데, 하나는 '중국의 크기'[13]이고 다른 하나는 '북경의 경위도 좌표'[14]였다. 그리고 한반도의 형태에 대해서도 서서히 관심을 가지기 시작하였다.

사실 17세기 전반부에는 한반도의 형태가 유럽 인들의 관심거리가 되지 못하였다. 일례로 마테오 리치의 동료 선교사 트리고(Nicolas Trigault)가 마테오 리치의 회고록을 편집하여 출간한 1615년 『예수회 선교사의 중국 선교 역사』[15]의 표지에는 조선이 섬으로 표시되어 있었다. 반면 2년 후 출간한 이 책의 1617년 판 표지에서 조선은 섬이 아니라 반도로 그려져 있다. 이렇게 17세기 전반에 조선의 모습은 특별한 관심을 받지 못한 채 반도 또는 섬으로 표시되었다. 그런데 17세기 중반이 되자 조선의 형상에 대한 고민이 시작되었다. 중국과 인접한 조선의 형상은 결국 중국 지도의 정확성에도 영향을 미칠 수밖에 없었기 때문이다.

한편 17세기 중반에 유럽 지도학의 중심은 네덜란드에서 프랑스로 넘어갔다. 루이 14세 시기의 프랑스는 지도 제작에 많은 투자를 하였고, 이로 인해 뛰어난 지도 제작자들이 배출되었기 때문이다. 당시 프랑스에서 가장 뛰어난 지도 제작자는 프랑스 왕실 지리학자인 니콜라 상송(Nicolas Sanson)이었다 (Petto, 2007). 그는 투영법을 개발할 정도로 뛰어난 지도학자였다. 현재도 그의 투영법이 지도학 교과서에 수록되어 있다. 상송은 아시아 지도를 제작할 때의 가장 큰 어려움이 보고자마다 중국의 크기가 다르고 또 그 정확성을 판단하기가 불가능한 것이라고 기술하였다. 아시아에서 면적을 가장 많이 차지하는 국가가 중국인데, 중국의 범위가 확정되지 않으면 다른 나라의 위치와 범위 역시 지도에 그리는 것이 불가능했다.

실제로 당시 중국에 파견되었던 예수회 선교사들의 보고에서 중국의 크기는 각인각색이었다. 포르투갈 인 선교사 세메두(Alvarus de Semedo)는 중국의 크기가 유럽과 동일하다고 주장하였으나, 이탈리아 인 선교사 마르티니 (Martino Martini)는 2배, 폴란드 인 선교사 보임(Michael Boym)은 3배 그리고 이탈리아 인 선교사 루지에리(Michele Ruggieri)는 4배라고 주장하기에 상송은 결론에 도달할 수 없었다(Sanson, 1653, 74).

앞서 말했듯 선교사들이 보낸 지도의 정확성은 당시로서는 판단이 불가능하였다. 그리고 유럽의 지도 제작자들은 중국 선교사들의 지도를 전적으로 신뢰하지도 않았다. 선교사들의 지도를 활용하는 것에 대해 고민을 가장 많이 한 지도 제작자가 상송인데, 그는 기존의 아시아 지도에 이들의 자료를 선별적으로 활용하는 방식을 채택하였다(Szczesniak, 1956). 1656년 「중국 지도」[16] 에 루지에리의 자료를 활용하였고 보임이나 마르티니의 자료를 이용한 지도도 제작하는 등 선교사들의 지도를 적절히 활용하였다.

그래서 중국의 크기가 지도마다 달라졌다. 당시 유럽의 지도 제작자들은 대체로 북경의 위도는 북위 40°~43° 정도로 표시하였지만, 북경의 경도는 동경 130°에서 160° 정도로 심한 편차를 보였다. 이러한 지도들의 특징은 정도의 차이는 있지만 중국의 동서 너비를 과대 추정한다는 것이다. 즉 실제 위치보

한반도, 서양 고지도로 만나다

다 북경의 경도를 훨씬 동쪽으로 치우치게 그렸다.

　그리고 상송은 조선의 형태를 섬으로 표시하기도 하고 반도로 표시하기도 하였다. 게다가 그의 아시아 지리지에서 터키, 인도, 중국, 베트남, 향료 제도 등 대부분의 아시아 지역을 기술했지만 조선에 대해서는 전혀 언급하지 않았다. 단지 그가 참조한 지도에 따라 적절히 반도나 섬으로 표기하였다. 그림 3-11은 상송이 1670년에 제작한 「마르티니 자료를 이용한 중국 왕국도」[17]이다. 그리고 그림 3-12는 상송이 1672년에 제작한 「옛날의 아시아(Asia Vetus)」이다. 그는 비슷한 시기에 두 지도를 제작했지만 전자는 반도로 후자는 섬으로 표시했다.

　한 가지 의문은 상송이 과연 조선이 반도인지 몰랐느냐는 것이다. 실제로 17세기 중반에는 마르티니가 『신 중국 지도첩』에서 조선이 반도라고 언급한 것을 근거로 조선을 반도로 그리는 경우가 많았다. 그렇지만 상송은 여전히 이를 의심했는데, 조선인에게 직접 얻은 정보가 아니라 중국인이 조선을 반도라고 언급한 것에 근거하고 있음을 이유로 들었다. 이러한 의심은 현재로서는 납득이 어렵지만, 상송은 중국인이 조선의 지리 정보를 정확하게 알 수 없기 때문에 이 정보를 신뢰할 수 없다고 판단하였다. 일본인들이 포르투갈 선교사들에게 조선을 섬이라고 말한 사실을 비추어볼 때, 이 판단 역시 어느 정도 이해가 가능하다. 그리고 또 다른 이유는 상송이 개인적으로 예수회 선교사들을 매우 싫어해서 그들의 정보를 완벽히 신뢰하지 않았다는 것이다 (Pastoureau, 1988).

➤ 그림 3-11. 상송의 1670년 「마르티니 자료를 이용한 중국 왕국도」
프랑스 국립도서관 소장

➤ 그림 3-12. 상송의 1672년 「옛날의 아시아」
프랑스 국립도서관 소장

제주도와 사티로룸

사티르(Satyr)는 플리니우스(Gaius Plinius Caecilius Secundus, 23~79)가 그의 저서인 『박물지(Naturalis Historia)』에서 언급한 괴물인데 문헌에 따라 형상의 차이는 있지만, 염소 얼굴의 인간을 지칭한다. 아마 원숭이를 보고 착각한 다음, 그 모습에 과장을 더하여 염소 모양의 얼굴을 한 부족으로 기술했다고 추정된다. 사티르가 사는 곳은 에티오피아의 인도양 연안에 위치한 '신들의 전차'라는 의미의 이름을 가진 화산에서 4일 거리인 '서쪽의 뿔'이라 불리는 곳의 구릉지대이다(Rackham, 1938, 197). 그리고 중세 문학에도 사티르가 많이 언급되는데 정숙한 이미지의 유니콘과 달리, 사티르는 문학작품에서 음탕하고 외설적인 이미지로 사용되었다(Goodman, 1981).

괴물 인간은 중세 지도에서는 매우 중요한 지도의 요소였다. 중세의 전설에 의하면 신이 천지 창조 6일째에 인간과 동물들을 만들고 그와 함께 피그미, 사티르 등의 괴물 인간도 창조했다고 한다. 그래서 비교적 정보량이 많이 표시된 중세 지도에는 어김없이 괴물 인간이 등장한다(De Coene, 2012). 사티르가 사는 곳은 서부 아프리카에 위치하지만, 중세 지도에서는 대체로 이집트에 사티르를 그렸다. 대표적인 지도가 중세의 「헤리퍼드 마파문디(Hereford Mappa Mundi)」이다. 그러나 모든 지도들이 사티르의 거주지를 이집트로 제한한 것은 아니다. 중세 저자들은 나름의 상상력을 발휘하여 미지의 세계에 괴물 인간이 거주한다는 큰 전제하에 미지의 땅에 사티르를 위치시켰는데, 그 중의 한 곳이 동아시아이다.

사티르를 동아시아에 위치시킨 이유는 두 가지 정도로 추론이 가능하다. 먼저 중세 시대 유럽 인 사이에 가장 유명한 풍문인 프레스터 존과 관련이 있다. 프레스터 존에 대한 전설은 그의 편지가 유럽 대륙에 전달되었다고 생각했던 1165년 경 가장 정점을 이루었다. 프레스터 존의 기독교 왕국은 동방에 위치한 것으로 알려졌다. 또한 이스라엘의 사라진 열 지파와 여성 전사들의 국가인 아마조네스를 비롯하여 피그미, 거인족, 그리고 사티르를 지배하였다. 그가 다스리는 땅에는 마시면 늙지 않는 청춘의 샘이 존재한다는 전설도 있었다(Wright, 1925).

사티르를 동아시아에 위치시키게 된 또 하나의 계기는 프톨레마이오스 『지리학』의 재발견과 관계가 있다. 프톨레마이오스는 사티르가 거주하는 땅인 사티로룸(Satyrorum)의 좌표를 표시했는데 이곳은 그리니치 자오선을 기준으로 할 때 북위 0°, 동경 157° 정도에 해당한다. 그 영향으로 인해 르네상스 이후에는 사티르를 동아시아에 위치시킨다. 예를 들어 프톨레마이오스의 『지리학』에 언급된 지역들을 당빌이 재구성해 18세기에 제작한 「고대인에게 알려진 세계」를 보면 카티가라 남쪽에 '사티로룸'이란 지명이 두 개가 보인다. 하나는 섬이고 다른 하나는 곳으로 표시되어 있다. 지리학에서도 이렇게 사티로룸 두 개를 표시했다(그림 3-2).

그러나 유럽 인이 동남아시아를 탐사한 뒤, 프톨레마이오스가 지정한 위치에 사티르가 살지 않았다는 것이 확실해 짐에 따라 1570년 오르텔리우스의 「인도양 지도(Indiae Orientalis)」에서는 행운의 섬 기준 좌표 북위 60°, 동경 175°의 일본 북쪽에 'Satyrorum ins.'로 표기하여 위치시켰다. 메르카토르의 「1569년 세계지도」에도 사티로룸을 세 개의 섬으로 일본 북쪽에 그렸다(그림 2-13). 이것은 북쪽으로 갈수록 바다가 차고, 추운 곳에 신비한 괴물들이 산다는 고대의 전승에 바탕을 둔 것이다. 그리고 당시에는 북극에 커다란 자석이 있어서 나침반의 방향이 북쪽을 향하게 된다고 생각했는데, 북쪽으로 갈수록 자석의 힘이 너무 강하기 때문에 나침반의 자침이 흔들려 항해가 불가능하다고 생각하였다(Suarez, 2004). 이 전통이 계속 이어져 클레르(Jean Le Clerc)의 「1602년 지도」[18]에서는 일본 북쪽에 위치한 북위 45° 정도에 사티로룸을 그렸다. 혼디우스와 클레르의 「1633년 지도」[19]에서도 'Satyrorum insule'은 연 모양을 한 일본의 북쪽에 표시되어 있다.

그런데 상송의 1672년 「옛날의 아시아」를 살펴보면 제주도에 사티로룸 섬 (Saturorum I.) 이라고 표시되어 있다. 그리고 바다 건너 중국의 상하이 연안에서는 사티로룸 곶(Satyrorum prom.) 이라는 명칭을 확인할 수 있다(그림 3-12). 구체적으로 왜 그가 제주도에 사티로룸을 그렸는지 정확하게 알 수 없지만, 다음과 같이 추론할 수 있다.

상송은 풍문보다는 문헌에 의존하는 성향이 높았다. 그래서 막연한 전설에 의해 사티로룸을 북쪽에 위치시키기보다는 프톨레마이오스가 언급한 사티로룸의 위치를 먼저 참조하였다. 그리고 당시의 일본 예수회 선교사들이 일본 북쪽에 사티로룸이 위치한다는 보고를 전혀 하지 않았으므로, 일본 북쪽에 사티로룸을 그린 메르카토르 등의 지도는 참조하지 않았다. 따라서 프톨레마이오스가 비정한 사티로룸의 위치를 조금 수정하여 북쪽으로 이동시킬 미지의 섬을 찾다보니, 제주도가 사티로룸이 된 것이다.

상송의 지도가 제작된 1672년은 지도학에서는 르네상스가 끝난 시기였다. 이미 근대적 삼각 측량이 시작된 시기이기 때문이다. 다른 분야에서도 르네상스를 시기적으로 정의하기 어렵지만, 지도학에서는 특별히 더 어려운데, 그 이유는 두 가지로 요약된다. 첫째, 지도의 발달이 국가마다 다르게 진행돼서 국가 간의 지도 제작 기술의 격차가 매우 크기 때문이다. 둘째, 지도는 기존의 지도 위에 새로운 정보를 추가하는 방식으로 제작되는데 새로운 정보가 확인되지 않을 경우에는 기존의 지리 정보를 그대로 답습하여 수록하게 된다.

따라서 지도상에 최신의 정보를 과학적인 방식에 따라 그려 넣은 지역과 이전의 전설에 의거해 지리 정보를 수록한 지역이 혼재하였다. 당시 동아시아는 유럽 인에게 여전히 미지의 세계였다. 그렇기 때문에 근대가 시작되었음에도 여전히 사티로룸과 같은 허구의 공간이 지도상에 표시된 것이다. 지도 제작자들은 지도의 한 부분에 사티로룸이라는 이름을 붙이고 마치 실제로 존재하는 것처럼 그곳에 좌표를 부여했다. 그러나 지도상의 이 장소는 실체가 없는 시뮬라크르(Simulacre)[20]일 따름이다. 미지의 무엇이 어딘가에 있을 것이라 생각하고 지도에 그린 뒤, 언젠가는 찾을 수 있을 것이라고 기대한 것이다.

17세기 해도 아틀라스의 한반도

육지의 지도와 달리 해도는 바다의 수심, 바람의 방향, 항구의 위치 등 선박의 항해를 위해 고려해야 할 항해 관련 정보를 수록한다. 특히 미지의 항구에 가고자하는 선장에게 바다의 수심과 바람, 항구에 안전하게 접안하기 위한 정보가 중요하였다. 그리고 그 정보는 콤파스와 아스트롤라베와 같은 도구의 사용을 전제로 한다. 17세기에는 지중해에 대한 항해 정보가 상당히 축척되어 지중해 해도는 비교적 정확하게 제작되었지만, 아시아 바다의 해도는 정보 부족으로 인해 매우 간략한 형태로 표현될 수 밖에 없었다. 따라서 항정선이나 바람 장미를 제외하고는 사실상 일반 지도와 거의 유사하여 해도와 일반도의 차이점을 발견할 수 없을 정도였다.

그러나 네덜란드 동인도 회사가 아시아에 진출한 이후, 많은 해도가 발행되었고, 또 그 해도들을 엮어 아틀라스로 간행하였다. 이들 중 일부는 한반도에 대한 중요한 정보를 반영하고 있다. 그중에서도 로버트 더들리(Robert Dudley)의 해도 아틀라스 『바다의 신비(Dell' Arcano del Mare)』는 우리나라에서도 그 중요성을 인정하여 세계에서 몇 안 되는 초판본을 국립해양박물관에서 구입하여 전시하고 있다. 따라서 해도 아틀라스에 수록된 한반도 정보를 살펴보는 것 역시 의미 있다.

해도 아틀라스는 말 그대로 해도의 책이다. 그런데 이 해도 아틀라스는 네덜란드의 메르카토르와 밀접한 관련이 있다. 그 이유로는 첫째, 세계에서 항해와 관련하여 개발된 가장 중요한 지도가 메르카토르의 「1569년 세계지도」
이다. 그의 투영법을 사용하여 출발지와 목적지를 연결한 직선을 따라 진행
방향을 일정하게 유지하면 원하는 목적지에 도달할 수 있다. 대신에 먼 거리
를 돌아가는 단점이 있다. 둘째, 메르카토르는 최초로 그의 지도집에 아틀라
스라는 명칭을 사용하였다. 따라서 '해도'와 '아틀라스'는 모두 메르카토르라
는 인물을 배제하고는 생각할 수 없다. 그러나 메르카토르가 '해도 아틀라스'
를 제작하지는 않았다.

중세의 해도를 흔히 포르톨라노(Portolano)라고 부르지만 네덜란드 인들은
해도를 '파스카르턴(Pascaerten)'이라 불렀다. 그리고 16세기 중반까지는 주
로 낱장 지도들이 해도로 제작되었다. 일부 지도를 묶어서 지도책의 형식으
로 출간하였으나 아틀라스라는 명칭을 사용하지는 않았다. 한편 네덜란드에
서 해도 아틀라스가 발전하게 된 계기가 있다. 현재는 벨기에에 속한 안트베
르펜(Antwerp)은 16세기 서유럽에서 가장 중요한 상업 중심지였다. 오르텔리
우스와 메르카토르를 비롯한 16세기의 가장 중요한 지도 제작자들이 이곳에
서 활약하였다.

그런데 합스부르크 왕가의 펠리페 2세에게 억압받던 네덜란드 인들이
1568년 네덜란드 지역에서 반란을 일으키는 사건(네덜란드 독립 전쟁)이 발생
했다. 이 반란은 네덜란드 북부에 7개의 주로 이루어진 독립 공화국이 만들어
지는 계기가 되었다. 안트베르펜은 이 북부 연합에 속했고 나머지 남부 네덜
란드는 에스파냐의 합스부르크 왕가 편에 남았다. 1585년에는 안트베르펜이
에스파냐 군에 의해 점령당했다. 따라서 많은 상공인들과 과학자, 지도 제작
자들이 북부 지역, 그중 특히 암스테르담으로 이주하였다. 이후 암스테르담
이 급성장하였고 새로운 지도 제작의 중심지가 되었다.

그리고 1580년 포르투갈이 에스파냐의 펠리페 2세에 의해 병합되면서,

1585년에는 포르투갈 역시 네덜란드와의 무역을 금지하는 펠리페 2세의 칙령을 준수하기 시작하였다. 따라서 네덜란드는 향료 무역에서 완전히 배제되었고, 해결책으로 아시아로 가기 위한 다양한 방법과 항해법을 물색하였다. 이 과정에서 발달하기 시작한 것이 항해 지침서와 해도이다. 네덜란드 해도 제작자들은 초기에는 에스파냐와 포르투갈의 항해 지침서를 참조하여 항해 지침서를 출간하였다. 특히 에스파냐 인인 메디나(Pedro Medina)의 1545년 『항해 기술』[21]과 포르투갈 인인 누느스(Pedro Nunes)의 1573년 『항해 기술서』[22]를 참조한 것으로 알려져 있다. 이 항해 지침서들이 여러 나라의 언어로 번역되어서, 초기에 선원들이 이 항해기를 사용할 수 있었다는 것이다(Short, 2004). 그러나 필자가 이 책들을 열람한 결과 기하학과 천문학에 관한 전문 서적으로 선원들이 읽고 해석하기는 불가능함을 발견하였다. 아마도 이 책들은 학자를 위한 것으로 생각된다.

네덜란드의 바헤나르(Lucas Janszoon Waghenaer)는 이들의 항해 지침서를 개선하였다. 그리고 1584년에는 유럽 최초의 해양 아틀라스인 『바다의 거울』[23]을 편찬하였다. 이 아틀라스 속에는 아시아가 없지만, 항해를 위한 이론인 항해 지침과 지도를 적절히 배치하였다. 이 지도책은 서부 유럽의 해안을 따라 항해하는 데 유용하지만, 대양을 항해하는 데는 부적절했다. 그렇지만 이 지도책은 당시로는 혁신적이어서 17세기의 해도 아틀라스는 그의 이름을 따서 보통 명사 '바헤나르'로 불리었다. 바헤나르의 일반적인 특징은 앞 부분에서는 항해의 이론을 설명하고, 뒤에 10~15장의 지도를 설명과 함께 수록하는 것이다.

1608년에는 빌럼 블라외(Willem Janszoon Blaeu)가 『바다의 빛』[24] 이라는 제목의 해도집을 제작하였는데, 아시아에 대한 정보는 수록되지 않았다. 그리고 1614년경에 「동인도 제도의 해도」[25]가 메르(Jacques Joseph Le Maire)와

한반도, 서양 고지도로 만나다

스필베르겐(Joris van Spilbergen)에 의해 만들어 졌지만 지도의 범위가 필리
핀까지로 제한되어 한반도는 포함되지 않았다. 이처럼 당시 해도가 포괄하는
지리적 범위는 필리핀 이북을 넘지 못하였다.

1620년대를 기점으로 항해 안내도와 해도 아틀라스 시장은 급격히 성장하
였고 1630년부터는 네덜란드 지도 제작 회사들의 해도 제작 경쟁이 발생했
다. 블라외, 얀소니위스(Johannes Janssonius), 콜롬(Arnold Colom)의 회사가
경쟁하였다. 그리고 반 쿨런(Johannes van Keulen) 역시 치열한 경쟁에 참여
하였다. 네덜란드가 최초로 세계 해양 아틀라스를 출간하는 것을 누구도 의
심하지 않았다. 그러나 예상과 달리 영국 출신으로 이탈리아에 망명한 로버
트 더들리(Robert Dudley, 1574~1649)가 1646년에 『바다의 신비』란 이름으로
세계 전체의 바다를 포괄하는 해양 아틀라스를 출간하였다.

더들리는 영국의 엘리자베스 1세의 연인으로 유명한 레스터 백작(Earl of
Leicester), 로버트 더들리의 의붓 아들이다(손일, 2014). 부자의 이름이 동일하
여 간혹 이 아틀라스의 저자를 혼동하는 경우도 발생한다. 아틀라스의 저자
인 로버트 더들리는 부친이 셰필드 공의 미망인과 비밀리에 결혼한 뒤 태어
났기에 아버지의 작위를 물려받지 못하였다. 그는 자신이 셰필드 공의 미망
인의 유산을 상속받을 자격이 있다고 생각하여 소송을 제기하였으나 패소
했다. 그래서 울분을 견디지 못하고 1605년에 영국을 떠나 프랑스로 망명하
였다. 그는 프랑스에서 가톨릭으로 개종하였으며, 사촌 여동생과 결혼하였
다. 그리고 최종적으로 이탈리아에 정착하여 토스카니 대공 페르디난도 1세
(Ferdinando I de'Medici)의 보호를 받았다.

그는 여생을 이탈리아의 피렌체에서 보내며 인생의 마지막 몇 년에 세 권으
로 이루어진 해도 백과사전을 출간하였다. 지도 전체를 항해에 적합한 메르

카토르 투영법을 사용하여 제작했으며, 당시 최고의 판각자로 알려진 루치니(Antonio Francesco Lucini)가 동판으로 판각하였다. 판각 기간만 12년이 소요되었고, 동판 제작에 5,000파운드의 구리가 소비되었다고 한다. 수록된 지도의 수만 140장으로, 항해와 관련된 이론이 매우 상세하게 수록되어 있다. 정보를 공유하고 또 서로의 지도를 복제하던 당시 네덜란드의 지도 제작자들과는 달리, 더들리는 다른 사람의 지도를 복제하지 않았다. 그는 1594년에서 1595년까지 서인도 제도를 직접 탐사하는 등 항해의 경험이 많았기 때문에 그 경험을 토대로 지도를 제작하였다.

필자가 처음 이 아틀라스를 열람한 것은 프랑스 국립도서관에서였다. 열람 이전의 절차도 힘들지만, 열람하는 것 자체가 매우 까다로웠는데, 책이 접어지지 않도록 반드시 독서대를 사용해야 하며, 사진 촬영시에도 책을 쭉 펼쳐 파손하는 것을 방지하기 위해 옆에서 사서가 직접 지켜보았다. 그러나 현재는 부산에 위치한 국립해양박물관에 이 책이 소장되어 있어서 사진 촬영된 이미지를 얻는 것이 상대적으로 용이하다.

이 책에 수록된 지도들은 전형적인 로코코 스타일이며, 한반도가 그려진 지도가 두 장이 포함되어 있다. 한 장은 한반도와 일본 전체, 그리고 중국 일부가 표시된 「아시아 지도」[26]이며, 다른 지도에서는 일본과 한반도의 일부만 표시되어 있다. 그런데 이 「아시아 지도」(그림 3-13)에서는 동해를 한국해(MARE DI CORAI)로 표기하였다. 대신 일본 북쪽의 바다는 일본 북해, 일본 남쪽의 바다는 일본해로 표기하였다. 그렇지만 이 아틀라스에 수록된 다른 지도에서는 동해를 일본 북해(OCEANO BOREALE DEL GAPPONE)로 표기하였으며, 한국 연안만 좁게 한국해로 표기하였다.

이 지도에서 조선과 일본의 전체적인 정확도는 극명하게 구분된다. 지도에 수록된 일본 정보는 당시로서 매우 정확한 것이었다(Schutte, 1969). 반면 조선

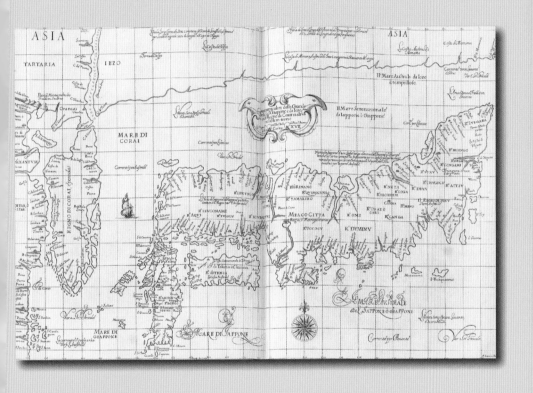

➤ 그림 3-13. 더들리의 『바다의 신비』 「아시아 지도」
　　　　　　국립해양박물관 소장

과 중국 연안의 정보는 매우 조악한 수준이다. 지도에서 한반도의 북쪽 해안과 마주보는 지역에는 '오란카이(Orancai)'라고 표기되어 있다. '오란카이'란 당시 유럽 인들이 동인도 지역에 거주하던 원주민의 한 종족을 부르던 이름이다. 이 종족은 피부가 검은 것으로 알려져 있다(Commelinus, 1725). 일본에는 당시 통용되던 실제의 지명이 표시되었지만, 한반도에는 코라이와 조선이라는 국명을 제외하고는 실제 지명이 표시되지 않았다. 모두 강, 산, 평야, 하구와 같은 지형을 지칭하는 단어를 그대로 나열하였다.

한반도는 반도로 표시되었고, 가운데에 '조선 왕국 그리고 반도(REGNO DI CORAI, e'Penisola)'라고 쓰여 있다. 지도에 수록된 'Fiume'는 강, 'Piana'는 평원, 'Isola'는 섬, 'Punta'는 끝, 'Bocca'는 입구, 'Baia'는 만, 'C'는 해안(Costa)의 약자이다. 그리고 동안의 길쭉한 섬에 표기된 'I. Longa'는 긴 섬이라는 의미이다. 남쪽에 쓰여진 'Ladrone'은 도둑을 의미하는데, 제주도가 당시 도적의 섬으로 불리던 경우가 있었으므로, 이를 참조하여 도둑의 해변으로 표기하였다. 도시는 조선(Tauxem)과 코라이(Corai) 두 곳만 표시하고 있다. 그리고 동해안의 북위 39°에 표기된 'Costa del Leuante'는 'Costa del Levante'의 오기로, 동쪽 해안이라는 의미이다. 서해안의 북위 37°와 38° 사이의 공간에 수록되어 있는 문장은 "황해가 바다인지 아니면 3.5 리그 너비의 강인지 의문"이라는 의미이다. 이것은 동시대의 지도에 비교해 너무나 뒤떨어진 정보이다. 즉 더들리가 한반도에 대한 동시대의 정보를 전혀 참조하지 않았음을 알 수 있다. 그는 중국 예수회 선교사 정보를 전혀 참고하지 않았다. 그렇다면 한반도에 대한 정보를 어떻게 수집하여 지도로 그렸을까?

그는 일본 선교사의 보고를 참고했다. 일본에서 활동하던 예수회 선교사 제롬 데 앙주(Jerosme des Anges)는 1620년경에 예수회 총 회장 무티오 비텔레스키(Mutio Vitelleschi)에게 선교 소식을 전하였다. 그는 이 편지에 조선의 남쪽 끝에서 나고야까지 수로로 80리그라고 기술하였다. 그리고 사람이 하루에 걷는 거리가 10리그 정도이므로 이는 육로로 환산하면 8일 정도의 거리라고 첨언하였다. 또한 일본인에게 전해 듣기로 니가타에서 조선까지 도보로 42일 거리라고 하였다(Monin, 1625). 또 나고야에서 시모노세키가 5일, 시모노세키에서 교토가 13~14일, 나고야에서 니가타가 33~34일 걸린다고 하였다. 그리고 에조 섬이 오란카이 해안과 코라이의 북부 해안에서 시작하는데 행운의 섬 기준 좌표로 북위 44°, 동경 161°인 것으로 보았다. 이러한 정보와 더불어 더들리는 여러 가지 정황을 고려하여 지리적 내용을 일부 수정하였다. 예를 들어 이전에는 홋카이도가 육지라고 생각했지만, 지금은 섬으로 판단하는 것이 옳다고 견해를 수정하였다.

한편 조선 북단의 경위도를 살펴보면 북위 41° 동경 159° 정도이다. 참고로 북경을 나타내는 순천(Xunzien)의 좌표는 북위 41°, 동경 154°50′이다. 이것은 1655년 마르티니의 지도에 표시된 북위 40° 동경 145°에 비해서 매우 정확도가 떨어지는 것이다. 경도를 잘못 측정하는 것은 당시의 기술 수준을 고려할 때 이해가 되지만, 위도가 1°나 틀리는 것은 납득하기 어렵다.[27] 이것은 자료가 축적되지 않은 상태에서 선교사의 편지에 수록된 일부 단서를 참조하여 상대적으로 대축척인 지도를 그리다 보니 발생한 오류이다. 마찬가지로 같은 시대에 한반도를 그린 마르티니와 더들리의 차이가 두드러지는 이유는 마르티니가 중국 지도를 참조하여 한반도를 그린 반면 더들리는 일본 선교사의 편지를 단서로 한반도를 작도했기 때문이다. 더들리의 아틀라스는 모든 지도에 메르카토르 투영법을 사용하여 제작했기 때문에 당시로서는 획기적이었지만 세간의 관심을 끌지 못하여 이후의 지도 발달에는 영향을 주지 못했다(Pflederer, 2012).

더들리의 아틀라스가 출간된 지 4년 후인 1650년, 혼디우스의 사위인 얀소니위스(Johannes Janssonius)는 『세계 해도 아틀라스』[28]를 출간한다. 이 지도집에 수록된 「태평양 해도」[29]에서 한반도는 섬으로 그려져 있다(그림 3-14). 태평양 전체에 대한 지도인 관계로 상세 정보는 수록되지 않았으며, 코라이섬(Corai ins.)과 조선(Tauxem)이라는 지명만 표시되어 있다. 일본은 고토 열도와 오키 섬이 표시되는 등 더 자세하다. 이 지도는 한반도에 대한 정보는 제대로 표현하지 못했지만 네덜란드 아틀라스로서는 최초로 캘리포니아를 섬으로 표시한 것으로 유명하다. 이후로도 계속 한반도를 부분적으로만 표현한 이러한 형식의 해도가 제작된다. 알펀(Pieter van Alphen)의 1660년 『신 해도집』[30] 및 1680년 돈커(Hendrick Doncker)의 『신 해도집』[31]에 수록된 지도도 동일하다.

영국과 네덜란드 간의 전쟁 기간 중이던 1672년 영국의 왕실 수로학자 셀러(John Seller)는 『해양 아틀라스(Atlas Maritimus)』에 수록된 「타타르 해도」[32]에서 조선을 반도로 표현했다(그림 3-15). 셀러는 블라외 등과 같은 대륙의 지도 출판 업자들과 유일하게 경쟁이 가능한 영국의 지도 제작자였다. 그러나 그가 파산하게 되면서 네덜란드의 독주는 계속되었다. 이 지도에는 국호 코리아와 평양, 충청도, 전라도, 제주도, 압록강만 표기되어 있다. 그리고 같은 해 네덜란드의 후스(Pieter Goos)가 제작한 『해양 아틀라스』[33]에 수록된 해도의 한반도 형상도 셀러의 지도와 완전히 동일하다. 반 쿨렌(Johannes van Keulen)의 1680년 『해도집』[34]에 수록된 「동인도 해도」[35] 역시 마찬가지이다. 이들 지도에서 평양이 기재된 것은 당시 네덜란드 인들이 조선의 수도를 평양으로 알았기 때문이다.

1660년대까지만 해도 프랑스는 농업을 중시했다. 그래서 상업과 해외 진

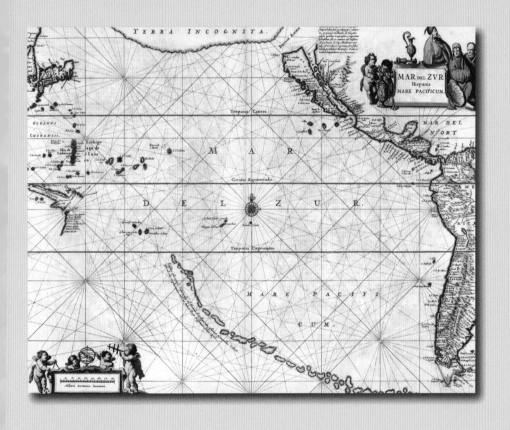

➤ 그림 3-14. 한반도를 섬으로 표시한 해도인 얀소니위스의 「태평양 해도」
프랑스 국립도서관 소장

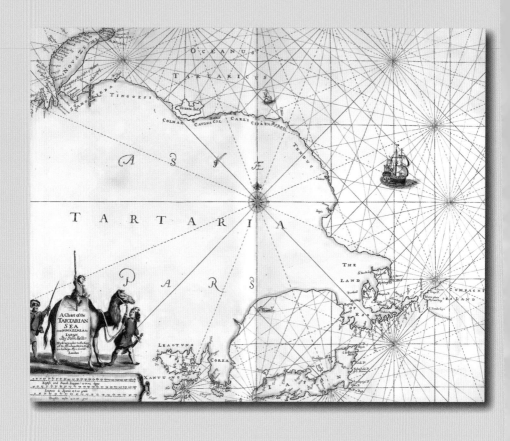

➤ 그림 3-15. 셀러의 「타타르 해도」
그리니치 해양박물관 소장

출에 무관심했고 경제 구조가 허약하여 해외 시장 진출을 하지 못했다. 그러나 제3차 영국-네덜란드 전쟁(1672~1674)부터 프랑스는 영국의 해양 활동을 견제하기 위해 노력하였다. 당시 프랑스의 재무 총감 콜베르(Jean-Baptiste Colbert)는 루이 14세 치하에서 중상주의라는 이름으로 절대주의 시대를 지배했다. 그는 해상 무역을 보호하기 위해 강력한 해군 함대를 창설하고 항구와 군사 시설을 증강시켰으며 디에프와 생말로에 해양 학교를 설립하였다(리스너, 2005).

그는 해양 강국들이 경제적 번영을 누리게 된 원인을 분석했다. 그리고 나서 선박의 무제한 증가, 선박 구입자나 건조자 혹은 장거리 항해자에게 보너스 지급, 항구의 실태 조사, 항구와 선박의 종사자 수 증대, 수상 교통의 장려, 동방, 북유럽과의 해상 무역 확대, 동인도 회사와 서인도 회사에 대한 강력한 지원, 모든 신분에게 투자 기회 개방 등의 정책을 건의하였다. 이러한 정책은 경쟁국인 영국과 네덜란드에 대적할 수 있는 해군의 건설, 네덜란드로부터 국제 해상 무역권을 빼앗기 위한 상선단의 건설, 상업 회사의 창설, 식민지의 확장을 목표로 하는 계획에서 비롯되었다.

1680년 콜베르는 과학원과 해군에게 노르웨이에서부터 지브롤터 구간까지의 해안을 지도로 제작하라고 명령했다. 그 결과물이 1693년 『프랑스 해도집』[36]으로 인쇄되었다. 이 해도집의 편집 책임자는 왕실 지리학자 자이요(Alexis-Hubert Jaillot)이다. 같은 해에 네덜란드에서 모르티에(Pieter Mortier)의 복제본이 동일한 방식으로 판각되고 인쇄되었다. 모르티에는 프랑스에서 망명한 정치인의 아들로, 프랑스에서 출간된 지도와 아틀라스를 네덜란드에서 독점 출간하는 권리를 1690년에 얻었다. 그러나 원판을 직접 확보할 수 없어서 지도를 새로 판각했고 해적판으로 시장에 내놓았다. 이 해도집의 초판은 유럽 주변의 바다만 대상으로 했지만 1700년에 간행된 후속편[37]에는 모르

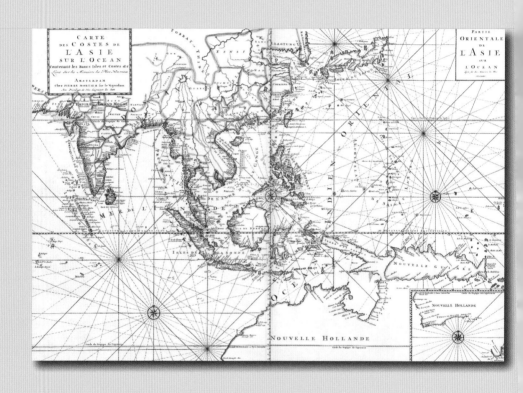

➤ 그림 3-16. 『프랑스 해도집』에 수록된 모르티에의 「아시아 해안도」

티에가 그린 「아시아 해안도」[38]가 수록되어 있다(그림 3-16).

이 지도에는 북위 40°까지의 남아시아와 동아시아 해안이 그려져 있는데, 조선도 포함되어 있다. 네덜란드에서 출간되었기 때문에 대부분의 자료는 네덜란드 동인도 회사의 기존 자료를 활용하였다. 사실 동시대의 다른 지도와 비교하여 이 지도가 갖는 가장 큰 강점은 말레이 반도와 인도차이나, 타이의 형태가 이전에 비해 개선됐다는 것이다. 이 지역의 지리 정보는 네덜란드 동인도 회사 자료뿐만 아니라 1685년에 프랑스에서 파견한 왕실 수학자의 자료에 근거하였다.

필리핀의 윤곽은 당시의 수준에 비해서 정확하고 남중국의 해안선도 정교하다. 일본은 1639년에 네덜란드의 상관 설치를 허락했는데, 상관의 도움으로 일본 역시 정확하게 묘사되었다. 다만 홋카이도는 완전히 공백으로 남겨졌다. 조선을 반도로 묘사할 수 있었던 것은 프랑스의 비밀 자료를 활용하여 조선과 북중국의 형태를 그렸기 때문이다. 조선의 국호는 조선국(R DE TIO-CENCOUK), 카오리(CAOLI), 코리아(COREE)로 표기했다. 서울(Sior)은 압록강 너머의 랴오둥 반도에 표시되어 있으며, 내륙에 전라를 의미하는 'Cunlo'와 확실하지 않지만 충청을 의미하는 것 같은 'Chètio'가 표기되어 있고, 남해에는 제주도(Figma)가 있다. 한편 동해에는 'Sagsiang'라고 쓰여 있는데, 이 장소에 대해서는 확인이 어렵다. 자이요의 1695년 「아시아 지도(L'Asie divisee en ses Principales regions)」에는 이 지명이 동해안 근처에 있는 반면, 프랑스 왕실 지도학자 페르(Nicolas de Fer)의 1702년 「동아시아 지도(Partie Orientale de l'Asie)」에서는 이 지명이 조선의 내륙에 표시되어 있다. 따라서 이 지명의 확인은 현재로서는 불가능하다.

당시 지도 제작자나 아시아 지지 저자들은 조선의 지명을 정확히 파악하지 못한 채 표기하였다. 1736년에 세계 지리지를 집필한 Du Bois(1736)는 조선을 소개하면서 도시들의 지명을 읽기 힘들고 수도가 자주 바뀌기 때문에 도시들에 대해 정확한 정보가 없다고 기술하였다. 결과적으로 프랑스 해도는 아시아 일부 지역의 정확성은 향상시켰지만, 한반도의 형태는 크게 개선시키지 못했다. 프랑스는 일시적으로 해양 중심 정책을 채택했으나 이후 대륙 중심 정책으로 돌아섰으며, 해군도 빠른 속도로 약화되었다.

일반적으로 해도는 사용 목적에 따라 세 가지로 구분된다. 하나는 실제 항해를 위해 사용되는 지도이다. 또 다른 하나는 해도의 형식을 취하고 있으나, 실제 항해에 사용하기보다는 독자의 흥미를 충족시키기 위하여 발행되는 경우이다. 마지막으로 해도의 형식을 취하나, 벽지도의 형태로 벽에 걸어두고 전시 효과를 노리는 경우이다.

17세기의 해양 아틀라스는 항해에 직접 이용된 것은 아니었다. 항해를 위해서는 보다 자세한 해도가 필요하였다. 그리고 고가의 해양 아틀라스를 배에 선적하는 것 역시 실용적이지 않았다. 당시 해양 아틀라스는 일반 아틀라스보다 적게 판매되었다. 그런데 실제 항해에는 사용되지 않았으므로 비교적 많이 남겨져 있다. 그래서 다른 아틀라스보다는 저가로 고서적상에서 거래되고 있다.

이후 18세기의 해도집은 보다 발전하였다. 항해를 위해서는 지도와 보조적 자료가 필요했다. 특히 선상에서 보는 해안의 모습이 해도집에 그려져 있는데, 해안의 스케치가 있어야 항구를 인지하는 것이 가능했기 때문이다. 그리고 자주 운항하여 정보를 확보한 경우에는 수심과 해류 방향을 지도상에 그려놓았다. 또 해도와 항해 도구를 사용하는 방법 및 조석과 간만의 차 역시 해양 아틀라스에 표시하였다(Schilder and van Egmond, 2007). 그러나 동아시아의 해양에는 이와 같은 운항 정보가 수록되지 않았으며, 대략적인 해안의 모습과 항로만 표시하였다. 따라서 해양 아틀라스를 통해 당시 조선과 주변 지역에 대한 상세한 정보를 수집하는 것은 애당초부터 불가능한 일이다. 이처럼 18세기에 아틀라스의 형식은 새롭게 발전하였지만 한반도의 모습은 여전히 17세기 후반의 모습을 그대로 유지했다.

1. 가장 대표적인 지도가 독일의 지리학자 마르텔루스(Henricus Martellus)의 1489년 지도이
   다. 세계적인 지도 역사가인 피터 바버(Peter Barber)는 콜럼버스가 이 지도를 보고 항해를 했
   거나, 적어도 아라곤의 페르난도(Ferdinand of Aragon)와 카스티야의 이사벨라(Isabella of
   Castile)에게 이 지도를 보여 주면서 항해의 지원을 요청했다고 주장한다. 이 지도는 바르톨로
   매우 디아스가 희망봉을 돌아 항해한 내용을 기록한 최초의 지도이기도 한다. 그리고 아프리
   카 남쪽과 아시아가 육지로 연결되어 있지 않으며, 유럽 인이 바다를 통해 동인도에 도달할 수
   있다는 것을 보여 주었다. 즉 무슬림들의 지역을 육로로 통과할 필요가 없음을 보여 준 것이다.

2. 오사카 만에 면하여 야마토(大和) 강을 끼고 오사카와 맞닿아 있다.

3. 1643년까지 약 300명의 선교사들이 일본을 방문하였다(박화진, 2005).

4. 당시 필리핀은 에스파냐가 차지하고 있었기에 곤잘레스가 에스파냐 인이라고 생각할 수 있으
   나, 이 책의 내용에는 포르투갈 방식의 서구 발음을 제시한 내용이 있어서 그를 포르투갈 인으
   로 추정한다.

5. 프랑스 어에서도 한국을 의미하는 'Corée'는 여성 명사이다.

6. Nova et Accurata Iaponiae, Terrae Esonis, ac Insularum adjacentium

7. Carte exacte de toutes les provinces, villes, bourgs, villages et rivières du vaste et
   puissant empire de la Chine, faite par les ambassadeurs hollandois dans leur voyage de
   Batavia à Peking

8. 이 말은 여성들이 결혼 생활에서 벗어 나서 난잡한 성생활은 한다는 부정적인 의미에서 사용된
   것이다.

9. Imperii Sinarum nova descriptio

10. Iaponia Regnum

11. 여기서 실직(悉直)은 강원도 삼척 지역에 있던 작은 나라의 이름이다. 실직은 『광여도』의 「조
    선도」에도 나와 있다.

12. 朝鮮乃箕子 封國, 漢唐皆中國都邑, 今爲朝貢國之首 古有三韓 濊貊 渤海 悉眞 駕洛 夫餘
    新羅 百濟 耽羅等國 今皆並入

13. 17세기 중반 중국의 지도는 크게 프톨레마이오스의 지도 전통과 선교사들이 보내온 중국 정

보에 의존하고 있었다. 프톨레마이오스는 『지리학』에서 중국의 수도(Sera metropolis)가 동경 177°15′, 북위 38°35′에 위치한다고 명시했다(Stevenson, 1991). 따라서 이 좌표를 그대로 수용하지는 않더라도 프톨레마이오스의 전통에 의해 중국의 경계를 동경 160°에서 170° 사이에 위치시키는 것이 당시의 일반적인 지도 제작자들의 관행이었다.

14. 마르티니의 지도에서 북경은 북위 40°와 동경 145°에 위치한다. 그리고 쿠플레(Philippe Couplet)는 북경을 북위 41°, 동경 144°에 위치시키며, 보임(Michael Boym)은 북경을 북위 40°, 동경 134°에 위치시켰다(Szczesniak, 1953).

15. De Christiana expeditione apud Sinas

16. La Chine royaume

17. Abbrégé de la Carte de la Chine du R. P. Martinus Iesuiste

18. Orbis Terrae Novissima Descriptio Authore Gerardo Mercatore

19. Orbis Terrae Novissima Descriptio

20. 시뮬라크르는 실제로는 존재하지 않는 대상을 존재하는 것처럼 만들어 놓은 인공물을 지칭한다. 실제로는 존재하지 않지만 존재하는 것처럼, 때로는 존재하는 것보다 더 실재처럼 인식되는 대체물을 말한다.

21. Arte de Navegar

22. De arte atque ratione navigandi. 메르카토르가 이 책의 1526년 판을 읽고 항정선의 아이디어를 얻었다는 설도 존재한다(손일, 2014).

23. Spieghel der Zeevaerdt

24. Het Licht Der Zee−Vaert

25. Oost ende West−Indische spieghel

26. Aisa carta piu ciaseti piu moderna

27. 참고로 현재의 북경 경위도는 북위 39°55′, 동경(그리니치 기준) 116°25′이다.

28. Atlantis Majoris quinta pars

29. Mar del Zur Hispanis Mare Pacificum

30. Nieuwe Zee−Atlas of Water−Werelt

31. De Nieuwe Groote Vermeerderde Zee Atlas ofte Water Werelt

32. A chart of the Tartarian sea

33. De zee−atlas ofte water−wereld

34. De groote nieuw vermeerderde zee—atlas ofte waterwerelt

35. Nieuwe pascaert van Oost Indien

36. Le Neptune françois

37. Suite du Neptune françois

38. Carte des Costes de L'Asie Sur L'Ocean

제4장

18세기 지도의
동아시아와 한반도

18세기의 동아시아 지도

　18세기의 유럽의 지도 제작을 주도한 것은 프랑스였다. 프랑스는 1666년 과학원(Académie des Science)을 창설하였고, 과학원의 역점 사업 중 하나가 국가 지형도 제작이었다. 당시 지도 제작에서 가장 문제가 되는 것은 경도 측량 기술이었다. 위도는 북극성의 고도를 관측하면 쉽게 구할 수 있다. 반면 경도는 두 장소 간의 시간차를 통해 구해야 하고, 장소 간의 시간차를 구하기 위해서는 절대적인 기준이 필요하다. 우선 지구가 360°를 회전하는 데 24시간이 걸리므로 1시간에 15°를 자전한다. 따라서 일식이나 월식과 같이 여러 지역에서 동시에 관찰할 수 있는 천문 현상의 발생 시각 차를 알 수 있으면 장소들 간의 경도 차이를 파악할 수 있다. 하지만 일식이나 월식은 빈번히 발생하는 현상이 아니므로 보다 자주 두 지점 간의 시간 차이를 설명할 수 있는 천문 현상이 필요했다. 그래서 등장한 것이 목성의 위성이 만드는 위성식을 관측하는 방법이다. 이 방법은 안정적으로 사용할 수 있다는 장점이 있었는데, 이 방식을 정교화하여 실제로 천문 관측에 사용할 수 있게 한 사람이 카시니 1세로 불리는 이탈리아의 장 도미니크 카시니(Jean-Dominique Cassini)이다.

　루이 14세는 카시니를 프랑스로 초빙하여 파리 천문 대장으로 임명하였다. 카시니는 자손 대대로 파리 천문 대장직을 세습할 수 있도록 하겠다는 루이 14세의 제안을 수락하여 프랑스로 귀화하였다. 카시니 가문은 이후 4대에 걸쳐 파리 천문 대장직을 세습하였으나, 프랑스 혁명으로 카시니 4세가 투옥되었고 이후 카시니 가문의 특권은 폐지되었다.

1669년 카시니는 파리 천문 대장이 된 뒤 경도를 정확하게 측량하기 위한 천문 관측 방법을 과학원과 함께 연구하였다. 프랑스 과학원은 1678년에 파리 근교 지도 9장을 1:86,400의 축척으로 출간했는데, 이 지도는 이후 카시니 지도의 모형이 된다. 1682년 재상 콜베르는 카시니에게 지형도 제작의 기준이 되는 자오선을 대서양에서 지중해까지 확장 연결하라는 지시를 내렸다(정인철, 2006). 콜베르는 프랑스 지도를 정확하게 제작하기 위해서는 주변국과 삼각망을 연결하는 것이 필요함을 인식하였으며, 유럽 국가들과의 식민지 경쟁 및 상업적 확장을 위해 세계 각지의 좌표를 수집하는 것이 필수적이라고 생각하였다. 즉 프랑스 내에서의 필요성뿐만 아니라 더 나아가 세계적 차원에서 지도를 만들기로 결정한 것이다. 그리하여 세계 각지의 좌표를 확보하고 지도에 추가하는 것이 과학원의 현안 과제로 대두되었다(Hostellier, 2007). 이를 위해 과학원에서는 영국과 덴마크, 대서양과 지중해의 여러 항구, 아프리카와 아메리카 여러 도서 지역에 과학자를 파견하여 천문 관측을 수행하였다(Dew, 2010).

이렇게 루이 14세가 프랑스의 지도 제작을 적극 후원한 결과 프랑스는 18세기의 지도 제작을 주도하게 되었다. 특히 동아시아의 지도에 대해서는 프랑스가 세계 최고가 되는데, 수준 높은 측량 기술을 보유했을 뿐만 아니라 동아시아의 장소들에 대해 가장 많은 좌표를 측량하고 지역의 지도 정보를 수집할 수 있었기 때문이다.

루이 14세는 광적인 가톨릭 신도였고 그의 신앙심과 동양에 대한 관심은 중국에 선교사를 파견하게 하였다(이영림, 2009). 명청 교체기인 1650년경 중국에는 약 15만 명의 가톨릭 교인이 존재하였다. 한편 청나라의 개창으로 인해 중국에서 가톨릭 선교를 금지할 수도 있다는 염려도 존재하였다. 그렇지만 마르티니는 그의 저서인 『타타르의 역사』에서 청나라의 황실이 한화되어 명의 황실과 비슷한 존재가 되었기에 이전과 마찬가지로 안정적인 체제 안에서 선교 활동이 가능하다고 기술하였다(송미령, 2011). 그리고 1678년 8월 당시 청나라의 흠천감 감정으로 있었던 페르비스트(Fednand Verbiest)는 예수회 총회장 올리바(Paul Oliva)에게 서신을 보내어 선교사를 추가적으로 파견해 줄 것을 요청하였다. 편지에는 당시 교황과 포르투갈 국왕의 보교권 조약(Padroa-do)[1]에 의해 극동 지역에 배타적으로 선교사를 파견할 수 있는 권리를 가진 포르투갈이 제 역할을 담당하지 못하고 있다는 사실과 함께 프랑스의 예수회 선교사가 중국에 오기를 원한다는 내용이 기술되어 있었다(최병욱, 2004). 특히 천문학에 정통한 선교사가 파견된다면 중국의 고관에게 쉽게 접근하여 선교에 기여할 수 있다는 내용도 서신에 포함되어 있었다. 이러한 분위기 하에서 점차 중국에 과학 기술을 전수할 수 있는 선교사를 파견할 필요성이 대두되었다. 또한 선교의 목적뿐만 아니라 중국의 과학에 대하여 알아볼 수 있는 기회이기도 했다. 아직 중국에는 과학자를 파견한 적이 없었는데, 프랑스 과학의 발전을 위해 과학자를 파견해야 한다는 여론이 형성된 것이다.

이미 마테오 리치와 페르비스트에 의해 중국의 천문학과 수학이 유럽에 소개되었기에 프랑스 과학계는 중국의 과학에 대해 호기심이 많았다. 따라서 프랑스 과학원 내에서는 공식적으로 과학자를 중국에 파견하려는 분위기가 형성되어 있었다. 예를 들어 영국의 뉴턴(Isaac Newton)과 빛의 굴절에 관해 논쟁을 벌였던 프랑스의 과학자 파르디(Ignace Gaston Pardies)는 그가 1671년 출간한 『기하학 원론』[2]의 서문에 중국은 프랑스와 달리 수학자들의 정치적 지위가 높고, 중국의 천문학 수준이 상당하므로 유럽 최고의 과학 수준을 지닌 프랑스가 중국에 학자를 파견하여 건축학, 지도 제작, 천문학, 해부학 등의 분야에서 학문적 교류를 하는 것이 시급하다고 기술하였다. 즉 지도 제작을 위한 지식 교류가 중국에 과학자를 파견하는 하나의 명분이 되고 있었다.

이러한 과학자들의 학문적인 관심과 함께 세계지도 제작을 위해 중국 좌표의 수집이 필요하다는 것 역시 중국에 과학자를 파견하는 원인이 되었다. 과학원에서는 중국 선교사로 퐁타네(Jean de Fontaney), 부베(Joachim Bouvet), 비스들루(Claude de Visdelou), 콩트(Louis Le Comte), 제르비용(Jean-Francois Gerbillon)을 선발하여 1685년 중국에 파견하였다.

이들이 맡은 과업 중 하나인 중국의 좌표 측정을 위해 가장 문제가 되는 것은 경도의 측정이었다. 두 지점 간의 경도 차이를 알기 위해서는 동일한 천문 현상이 발생한 두 지점의 시간 차이를 알아야 한다. 따라서 파리와 중국 현지에서 일식, 월식 그리고 목성의 위성식과 같은 천문 현상이 발생한 시간을 정확하게 측정하는 것이 필요했다. 그래서 선교사들이 중국의 천문 현상을 관찰하고 이 현상이 발생한 시각을 과학원에 전달하면, 과학원에서는 이를 근거로 파리와의 경도 차이를 계산하기로 하였다. 이들이 탄 배는 대서양 연안의 프랑스 항구 브레스트(Brest)에서 출발하여 1688년 2월 북경에 도착했다.

이들이 일차적으로 수집한 중국의 좌표에 대한 보고서는 1692년에 출간되었다. 이 보고서에는 당시 중국에서 선교 활동을 하던 벨기에 출신의 예수회 천문학자 노엘(François Noël)이 관찰한 중국의 경위도 좌표 58개와 퐁타네가 측정한 북경의 위도 좌표 1개가 수록되어 있다. 당시는 지구의 형태에 대해 카시니와 뉴턴의 논쟁이 활발하게 이루어지던 시기였는데, 지구가 남북 방향으로 길다는 의견과 동서 방향으로 길다는 의견이 대립하였다. 이렇게 지구의 형태와 크기에 대한 기본적인 기준이 결정되지 않아서 단순히 북극성의 고도를 측량하는 것만으로는 북경의 위도를 결정하는 것이 불가능하였다. 그래서 구예(Thomas Gouye)는 카시니가 1668년 9월 27일 측정한 이탈리아 볼로냐의 위도와 페르비스트가 동일한 날 북경에서 측정한 북극성의 고도를 비교하여 두 도시의 위도 차이를 4°31′24″로 계산하였다. 구예는 이 자료와 다른 관측 조건을 고려하여 퐁타네의 북경 위도 좌표를 39°58′ 또는 39°59′으로 수정하는 것이 옳다고 언급하였다(Gouye, 1692).

퐁타네는 중국에서 활동하던 다른 나라 출신의 예수회 과학자들과도 활발한 교류를 하였다. 사실 프랑스의 예수회 선교사들이 국왕의 수학자로서 파견되기 이전까지는 중국의 예수회에서 선교사의 국적은 큰 의미를 가지지 못했다. 그렇지만 프랑스 선교사들의 진출로 인해 상황은 달라졌다. 특별히 동방 보교권을 소지한 포르투갈 선교사들과 프랑스 선교사들간에는 일종의 경쟁의식이 존재하였다. 그렇지만 프랑스 선교사들은 벨기에의 선교사들과는 좋은 관계를 유지하였다.

중국에 파견된 벨기에 선교사들 중 가장 천문 관측을 활발하게 수행한 사람은 수학자 출신인 노엘이다. 노엘은 장쑤(江蘇) 성의 여러 지역의 경위도를 측정하였다. 그리고 프랑스 선교사들은 노엘의 자료를 프랑스 과학원에 전달하였다. 과학원에서는 이 자료를 근거로 파리와 장쑤 성 북부의 화이안(淮安)에서 발생한 목성 위성식의 시간을 비교하였다. 이 가운데 신뢰성이 높은 자료 5개를 선정하여 이 값들의 평균을 냈고, 파리와 화이안의 시간차를 7시간 45분 58초로 계산하였다. 또한 파리의 경도가 행운의 섬 기준으로 동경 22°30′인 것을 전제할 때 화이안은 동경 139°에 해당한다는 결론을 내렸다. 그리고 하이난(海南) 섬(북위 18°)과 북경 북쪽의 만리장성(북위 40°30′)을 중국의 남단과 북단으로 가정할 때 중국의 남북 간의 위도 범위는 22°30′이라고 주장하였다.

그러나 프톨레마이오스의 전통이 강하게 남아 있는 상태에서 1692년의 보고서 내용만으로는 중국의 지도를 전반적으로 수정하기가 어려운 실정이었다. 그리고 이 보고서에 있는 자료로는 아직 중국 지도를 그리기 어렵다는 내용이 언급되어 있다. 그렇지만 이제 북경의 좌표는 북위 39°54′, 동경 136°46′

30″(행운의 섬 기준)으로 과학원에 의해 공식적으로 확정되었다.

1700년 초반부터 프랑스 과학원의 자료를 이용한 아시아 지도가 제작되기 시작했다. 과학원의 자료를 이용하여 제작된 최초의 지도는 기욤 드릴(Guillaume Delisle)의 1700년 「왕실 과학원의 관측에 의한 아시아 지도」[3]이다. 이 지도에서는 북경을 보다 정확한 위치인 북위 40°, 동경 133.5° 정도에 위치시켰다. 그리고 드릴의 1705년 「인도와 중국 지도」[4]에서도 같은 좌표에 북경을 그렸다(그림 4-1). 그가 더 정확한 북경의 위치를 알게 된 계기에 대해서 명확하게 알려진 것은 없지만, 아마도 과학원에서 보고서를 출간한 이후 수집한 새로운 북경 좌표를 드릴이 접하게 되었으며, 이를 기반으로 지도를 제작했다고 보는 것이 합리적이다. 비슷한 경우로 놀랭(Jean-Baptist Nolin)의 1708년 「과학원의 자료를 활용한 세계 반구도(Le Globe terrestre représenté en deux plans-hemispheres)」에서 북경을 북위 39.5°, 동경 132° 정도에 위치시킨다. 그리고 이 좌표는 이후에 거의 고정되는데, 놀랭이 1730년 제작한 「과학원의 자료에 기반한 세계지도」[5]에서도 북경을 이 위치에 표기하였다(그림 4-2).

그런데 한반도의 형상은 나홍선의 『광여도』에 수록된 조선전도와 유사하게 제작된다(그림 4-3). 드릴의 「인도와 중국 지도」에서도 『광여도』의 「조선도」를 한반도 지도로 이용했다. 그리고 동해를 '동해 또는 한국해(MER ORIENTALE OU MER DE COREE)'로 표기하였다. 드릴이 동해를 한국해로 표기하게 된 것은 1680년대에 벨기에 출신의 예수회 선교사 앙투안 토마스(Antoine Thomas)가 로마로 보낸 서한에 수록된 「타타르 지도(Tartarias Imago)」를 참조했을 가능성이 높다(그림 4-4).

놀랭의 1730년 지도 역시 『광여도』의 「조선도」 형식을 채택한다(그림 4-2). 드릴의 지도에서는 조금 불명확하지만 놀랭의 지도는 완전히 『광여도』와 유사함을 알 수 있다. 이처럼 이들이 『광여도』의 「조선도」와 유사하게 조선을 그린 것은 예수회 선교사들이 프랑스에 『광여도』를 전달했기 때문이다. 그리고 『광여도』의 「조선도」 형상은 「대명혼일도(大明混一圖)」의 조선의 윤곽과 동일하다. 「대명혼일도」에서 조선은 서부 지역만 표현되었지만, 자세히 보면 『광여도』의 모습과 일치함을 확인할 수 있다. 영국과 네덜란드의 지도 제작자들 역시 이 자료에 근거하여 중국 지도를 제작하였다. 당시 영국의 보엔(Emanuel Bowen) 등은 드릴의 지도를 영역하여 영국에서 판매하였으며, 드릴의 지도는 또 네덜란드에서 출간되기도 하였다. 그리고 당시 유럽의 많은 지도 제작자들은 프랑스의 아시아 지도를 활용하여 편집하는 방식으로 지도를 제작하였다. 이렇게 프랑스 과학원의 자료를 활용한 지도가 유럽에 확산되었다.

드릴의 「인도와 중국 지도」의 한반도 부분을 보자(그림 4-1). 이 지도에서 한반도 북쪽 경계선 위에 큰 호수를 발견할 수 있다. 이 호수의 이름은 '세 개의 산의 호수(Lac des 3 Montagnes)'이다.[6] 이 호수는 국립중앙도서관 소장 「서북피아양계만리일람지도(西北彼我兩界萬里一覽之圖)」에도 표기되어 있다. 이 호수 바로 북쪽에 청나라의 발상지인 영고탑(寧古塔)이 위치한다. 그리고 놀랭의 지도를 보면 『광여도』의 조선전도와 유사하다. 다만 지명은 의주, 김해, 장백산, 평양 정도만 확인이 가능하다. 이 지도에서 한반도 동북쪽에 위치한 호수는 한카(Knanka) 호이다.

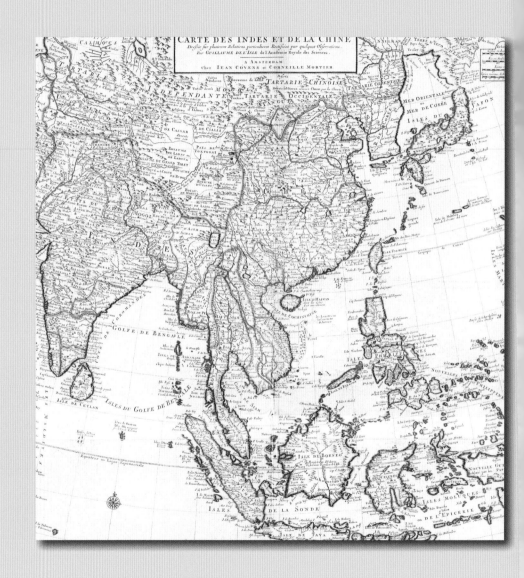

➤ 그림 4-1. 드릴의 1705년 「인도와 중국 지도」
동북아역사재단 소장

➤ 그림 4-2. 놀랭의 1730년 「과학원의 자료에 기반한 세계지도」
프랑스 국립도서관 소장

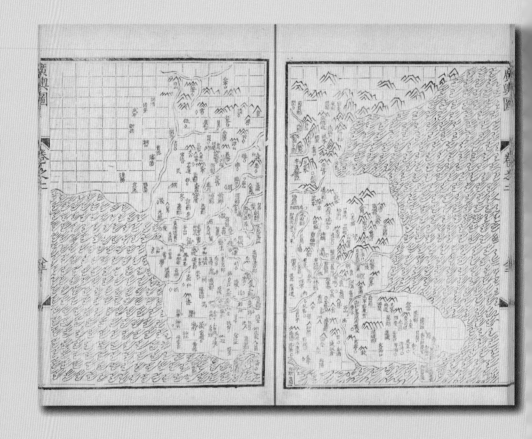

➤ 그림 4-3. 『광여도』의 「조선도」

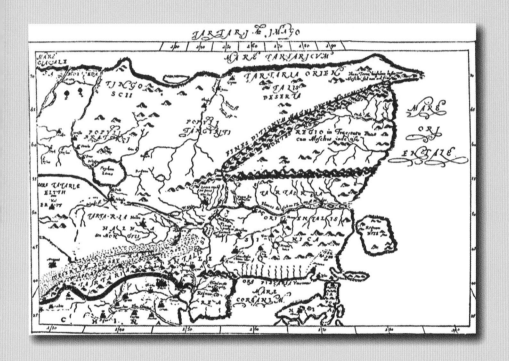

➤ 그림 4-4. 토마스 신부의 「타타르 지도」
로마 예수회 고문서 수장고 소장

당빌의 「조선도」

『광여도』의 「조선도」를 활용하는 수준에 머물렀던 유럽 지도의 한반도 모습은『황여전람도』가 제작되고, 그 원고가 프랑스에 전달되면서 급격히 변화한다.『황여전람도』를 누가 먼저 제안하였는가에 대해서는 두 가지의 견해가 존재한다. 먼저 제르비용의 건의에 따라 강희제가 제작을 결심했다는 것이다(Needham, 1959). 다른 견해로 고빌(Antoine Gaubil)의 서간문에 의하면 파르냉(Dominique Parrenin)이 강희제에게 제안했다고 한다(Gaubil, 1970). 그러나이 같은 중국 선교사들의 제안과 별개로 강희제가 1686년에『대청일통지(大淸一統志)』를 편찬하기 시작하였으며,[7] 1689년 러시아와의 네르친스크 조약등으로 인해 지도의 중요성이 더욱 부각된 것은 사실이다.

강희제는 1697년에 부베를 사신으로 보내어 프랑스에 새로운 선교사를 요청하였다. 1699년 부베와 함께 귀국한 선교사 중에는『황여전람도』제작에참여한 프레마르(Joseph Henri Marie de Prémare), 레지(Jean-Baptiste Régis), 파르냉이 포함되어 있다.

강희제는『황여전람도』제작을 위해 전담 조직인 황여전람관(皇輿全覽館)을 설치하였으며(Jami, 2012), 1708년 7월 4일부터 예수회의 지도 제작법을 이용해 전국 지도를 만드는 사업이 시작되었다. 1차 측량에는 부베, 레지 그리고 자르투(Pierre Jartoux)가 참여하였다. 이후의 작업에는 오스트리아 출신의프리델리(Xavier Ehrenbert Fridelli), 포르투갈에서 파견한 수학자 및 지도 제작자인 카르도주(Francine Cardoso)의 주도하에 힌더러(Romain Hinderer), 마이야(Joseph de Mailla), 타타르(Pierre-Vincent de Tartar), 봉주르(Guillaume Fabre Bonjour) 등이 참여하였다(Du Halde, 1735). 당시 지도 제작은 워낙 많은 인력이 필요했기 때문에 포르투갈과 오스트리아 등의 예수회 인력도 투입되었다(Bernard, 1935).

『황여전람도』를 제작하는 10년 동안 참여한 선교사가 많아 일괄적인 통계를 내기는 어려우나 가장 결정적인 역할을 한 것은 프랑스 예수회 소속 선교사이다. 1715년 8월 마이야가 작성한 편지에 의하면 9명의 선교사가 지도 제작에 참여했는데 그중 7명이 프랑스 인이었다. 그리고 그 가운데 6명이 예수회 소속이었다(Bernard, 1935).[8]

프랑스 출신 예수회 신부뿐만 아니라 다른 국적의 예수회 선교사들도 측량에 참가하였다. 측량은 수학이나 천문학을 가르치는 것처럼 소수에 의해서 이루어질 수 없었기 때문이다. 중국 내에서는 내무성, 병부, 천문대 등의 기관이 측량에 필요한 말과 여러 자재 준비를 담당하였다. 그리고 각 성주는 지방 지도를 수집 및 재작성하여 황제에게 보내고, 측량가의 활동을 기록하여야 했다(Brucker, 1881). 단 변경 지역에서는 예수회의 참여 없이 측량이 이루어졌다. 강희제는 유럽의 자연 과학에 매우 깊은 관심을 가지고 있었다. 그 때문에 선교사로 하여금 중국 전토에 대한 측량과 지도 제작을 지시하게 된 것이다. 이렇게 측량 작업을 마친 후 1717년 1월 1일 마침내 모든 예수회 신부들이 북경으로 귀환하였다. 이후 지도 편집은 자르투가 담당하였는데, 지도의 축척은 1:400,000 또는 1:500,000이다. 그리고 1718년 자르투는 마침내 이 지도를 강희제에게 헌정하였다. 강희제는 지도를 궁정에 보관하면서 일부 사람에게만 열람을 허락하였다(Chen, 1978).

그렇다면 『황여전람도』의 경위도가 어떤 방식으로 측정되었는가 하는 궁금증이 생긴다. 뒤알드(Jean Baptiste Du Halde)의 『중국 백과전서』 제4권에는

642개의 중국 도시 좌표가 표시되어 있지만 어느 방식을 채택하여 경도를 측정했는가에 대한 언급이 전혀 없다. 다만 이 책의 내용 중에는 전반적으로 삼각 측량법을 활용하여 경도를 측정한 것으로 기록되어 있다. 삼각 측량은 원래 거리를 측정하는 데만 사용되지만, 강희제는 천문 관측를 통해 좌표를 측량하는 것을 허용하지 않았다. 그 이유는 역설적이게도 천문 관측한 좌표의 정확성이 떨어지기 때문이었다(Du Hald, 1735). 또한 천문 장비와 측량 인원, 그리고 시간이 절대적으로 부족한 상황에서 불가피한 선택이었을 것이다. 가령 프랑스 전체의 경위도 천문 측량을 수행한 카시니 지도의 제작에 100년이 넘게 소요되었다는 것을 생각할 때 이는 충분히 이해 가능하다.

프랑스 예수회는 1725년에 『황여전람도』의 원고를 파리로 보내어 출간을 준비하였다(Chen, 1978). 파리에서는 1708년부터 뒤알드가 예수회 서한집 『교훈적이고 호기심 어린 편지』[9]의 편집을 담당하였는데, 그는 이 서간집의 내용과 『황여전람도』의 지도를 참조하여 중국의 지리지로 만들기로 하였다. 그리고 지도 제작은 당빌(Jean Baptiste Bourguignon d'Anville)이 담당하였다.[10]

당빌은 1729년경 우선 낱장 지도의 형태로 중국 18개 성의 지도를 출간하고 1730년에는 「중국령 타타르 지도」를 제작했다. 이 지도들은 다시 1735년에 간행된 뒤알드의 『중국 백과전서』에 수록된다. 그리고 1737년 네덜란드에서 이 지도들을 복제하여 해적판으로 『신 중국 지도첩』을 발행하였다. 다음 해인 1738년 이 지도첩은 영어로 번역되었으며, 전 유럽으로 확산되었다. 당빌은 이 공적을 인정받아 1773년 프랑스 과학원 회원으로 선출되었다. 중국에서는 옹정제와 건륭제가 『황여전람도』를 보완하여 1726년의 『옹정십배도』, 1761년의 『건륭십삼배도』를 제작했지만, 지도상의 중국과 조선의 윤곽은 전반적으로 변하지 않았다.

우리가 주목할 점은 『황여전람도』상의 조선의 지도가 어떻게 제작되었는가 하는 것이다. 조선후기 실학자 성해응(成海應)의 『연경재전집외집(研經齋全集外集)』 43권과 조선 후기의 문신·실학자 서유구(徐有榘)의 문집 『풍석전집(楓石全集)』 등에 수록된 내용에 따르면, 1713년(숙종 39년) 청나라의 천문대 사력(司曆)인 하국주(何國柱)가 한양을 방문했다. 그는 상한대의(象限大儀)를 가지고 한성부 종로에서 경위도를 실측하여 북위 37°39′ 15″, 북경 기준으로 한양이 편동 10°30′이라는 실측치를 얻었다. 그리고 청나라는 '백두산의 물줄기와 산의 남쪽 줄기를 자세히 알고자 한다.'며 조선의 팔도 지도를 요구했다(숙종 39년 윤5월 27일). 당시 청나라 사신들은 자신들이 가져온 지도를 보여 주면서 조선의 지도를 요구했으므로 조선으로서는 거절하기가 어려운 실정이었다(실록 6월 18일). 숙종은 6월 2일과 4일에 조정의 중신들과 논의하여 상세하지도 않고 간략하지도 않은 이른바 불상불략(不詳不略)한 지도를 내주기로 결정했다. 그리고 6월 8일 청나라 사신들은 지도를 가지고 돌아갔다. 청나라 사신이 가져간 이 지도를 예수회 선교사들이 한성의 위도 값과 방안 좌표로 사용하여 『황여전람도』에 첨부했다는 것이 일반적인 의견이다.

『황여전람도』의 「조선도」 제작에 참조한 바탕 지도에 대한 연구는 장상훈(2006)과 김기혁(2015)이 수행하였다. 장상훈은 해안선의 형태로 볼 때 『해동팔도봉화산악지도』, 『조선팔도여지지도』(서울역사박물관), 『조선팔도고금총람도』가 「조선도」와 유사하지만, 지리 정보의 내용면에서 모본이 되기에는 한계가 있음을 밝혔다. 김기혁(2015)은 「조선도」의 원형이 어떠한 형태로는 남아 있을 것이라는 확신 하에 이와 유사한 내용의 조선 지도를 찾고자 하였다. 이를 위해 「조선도」에서 17세기 이전의 조선 지도와는 다르게 묘사된 지리 정보를 확인한 결과, 동해안 영흥만 일대에 묘사된 연도(連島), 국도(國島),

사도(沙島) 등 7곳의 섬은 다른 지도에서는 전혀 그려지지 않은 내용임을 파악하였다. 이를 바탕으로 내용이 유사한 지도를 추적하였고, 2012년에는 서울대학교 규장각 한국학연구원의 『관동지도』(고 4709-35)에 삽입된 「조선전도」가 영흥만 일대의 섬 묘사 내용에서 유일하게 「조선도」와 유사함을 확신하였다. 그리고 이 지도에 수록된 지리 정보 중 지명의 일치도를 분석할 때, 약 80% 이상이 서로 일치하고 있다는 것을 확인하였다. 그러나 이들 연구자들의 주장에도 불구하고 실제 이 지도와 당빌의 지도를 비교하면 지도의 기본 형태 자체가 다르기 때문에 이들의 의견에 수긍하기 어렵다.

『황여전람도』의 제작에 관해 상세한 보고서를 기술한 고빌(Antoine Gaubil)은 이와 다른 의견을 제시한다(Cordier, 1898). 그의 기록에 의하면 『황여전람도』의 「조선도」는 하국주가 한성에 오기 이전인 1709년 강희제가 조선에 사신을 보내 측량한 한양의 위도를 사용하였다. 측정 결과 한양의 위도는 37° 39′이었다. 고빌은 사신들이 조선의 북쪽에서 한양까지 이동하면서 거리를 실측했다고 기술하였다. 그리고 조선의 관리들에게서 조선의 지리지를 받았고, 이를 바탕으로 조선 지도를 제작했다는 것이다. 그렇지만 『조선왕조실록』 등의 조선의 기록에는 청나라 사신들이 조선에서 측량을 했다거나 지도를 가져갔다고 언급되어 있지 않다.

이것은 두 가지로 해석이 가능하다. 첫째는 고빌이 착각하여 하국주가 한양을 측량한 해를 1709년으로 기록했다는 것이다. 그러나 필자는 고빌이 잘못 기록했을 가능성은 매우 낮다고 본다. 그는 한반도와 중국 그리고 일본의 좌표를 당시의 천문 관측 기록에 의거하여 매우 상세하게 기록했다. 따라서 가장 중요한 측량 연도가 틀렸을 가능성은 거의 없다. 두 번째로 조선에서 이들의 행적을 제대로 기록하지 않았을 가능성이 있다. 숙종 35년인 1709년 5월 11일(음력)에 청나라 사신들이 한양을 방문했고 5월 19일 떠났다. 실록에는 숙종이 교외에 나가 이들을 전송한 기록이 기재되어 있다. 그런데 조선의 관리들은 이들의 행선지에 대하여 전혀 통제하지 않았다. 가령 청나라 사신 중에는 의술에 능한 자와 뛰어난 서예가가 포함되어 있었는데, 사람들이 이들을 방문하여 처방을 받기도 하고 글을 요구하기도 했다. 그리고 이들은 자유롭게 행동하며 한양을 떠났다. 그래서 6월 13일 사간 이이만(李頤晩)이 객사를 접응하는 도리를 소홀히 한 해당 관원들의 처벌을 청한 기록이 있다. 당시 관원들의 죄목은 "사신을 접대하는 동안에 일동일정(一動一靜)을 반드시 품재(稟裁)하여야 하는 법인데, 도감(都監)에서 전혀 검찰(檢察)하지 않고서 한결같이 그들이 모이는 대로 내버려 두었다."는 것이다. 이 소에 따라 숙종은 해당 관원들을 징벌하였다. 따라서 당시 사신들이 아무런 제약을 받지 않고 측량을 하고 지도를 구입해 갔을 확률이 높다.

반면 한국학 학자인 레이아드(Gary Ledyard)는 청 측이 1713년 목극등의 조선 사행 시점까지 조선의 지도를 가지지 못했다고 보았으며, 「조선도」의 제작에 조선 조정이 제공한 1종의 지도만을 참고한 것으로 추정하였다(Ledyard, 1994, 299). 그러나 고빌의 보고서를 보면 이전에 이미 조선의 지도를 확보한 것을 알 수 있다.

보고서에 의하면 레지와 카르도주는 1711년에 산둥의 지도를 만들었다. 레지는 산둥 반도의 끝 지점인, 즉 북위 37°24′, 북경 기점 동경 6°44′을 측량하고, 이곳에서 조선을 바라보았으나, 거리가 멀어 조망이 불가능하였다. 그리고 당시 일행 중의 한명은 한양의 경도 좌표가 북경 기점 10°35′ 또는 10°40′으로 잘못 측정되어 있는데, 북경 기점 9°로 바로잡아야 한다는 의견을 제시하였다. 비록 이 의견은 반영되지 않았지만, 이것은 결국 1711년에 이미 예수회에서 한양의 경도를 10°35′ 또는 10°40′으로 알고 있었다는 것이다. 그리고 이 경도 자료를 확보한 시점이 1709년일 가능성이 있다.

서울과 북경의 경위도 좌표만 안다고 지도를 만들 수 있는 것은 아니다. 당시 조선의 지도는 경위도 좌표에 의한 지도가 아니라 방안식에 의한 지도였다. 방안식 지도는 동일 간격의 가로·세로선을 그어 거리와 방향의 정확성을 추구한 지도이지만 경위도 좌표의 정확성은 매우 낮다. 따라서 기존의 지도를 활용하더라도 적어도 한반도의 4극(동단, 서단, 남단, 북단)의 위치는 알아야 주변 국가들과의 상대적 위치를 파악할 수 있다. 그렇지만 조선에 대한 측량은 불가능했으므로 『황여전람도』 제작자들은 조선과 일본, 그리고 중국의 상대적 위치를 파악하기 위해 조선과 근접한 나가사키의 좌표와 예수회 선교사 브리에(Philippe Briet)가 1667년에 제작한 「일본 제국도(Royaume du Japon)」를 활용하였다.

예수회 신부 스피놀라(R. P. Charles Spinola)는 1605년에서 1612년까지 교토에 거주하면서 일본 학자들에게 천문학과 수학의 지식을 전수했다. 당시 오사카와 나가사키에는 작은 천문대가 있어서 경위도의 관측이 가능했다. 그리고 이 일 이전에 예수회 신부들은 오다 노부나가와 도요토미 히데요시에게 지구본을 보여 주고, 지구의 형태와 세계지리에 대한 설명을 한 것으로 알려져 있다(Goodman, 2000).

예수회는 1612년 11월 8일 나가사키와 마카오에서 동시에 월식 시작 시간을 관찰하였다. 스피놀라가 나가사키에서 월식 시작 시간을 오후 9시 30분으로 관측했고 같은 날 마카오에서는 『직방외기(職方外紀)』의 저자 알레니(Giulio Aleni)가 오후 8시 30분에 월식을 관측하였다. 이 보고를 이탈리아 예수회 선교사이자 수학자인 리치올리(Giovanni Battista Riccioli)가 그의 『천문학사전(Almagestum Novum)』에 기재하였다. 그리고 이전에 관찰한 북경의 경도 자료를 종합한 결과, 마카오는 북경보다 서쪽으로 3°28′이며, 나가사키는 북경보다 11°32′ 동쪽인 것을 확인하였다. 또한 나가사키와 마카오의 경도 차

한반도, 서양 고지도로 만나다

이는 15°로 결정되었다.

즉 1612년에 측량한 나가사키의 좌표, 1667년의 「일본 제국도」, 1709년 또는 1713년에 측량한 한양의 좌표와 당시 중국 사신들이 가져간 조선 지도를 기본으로 하여 『황여전람도』의 「조선도」가 제작된 것이다.

사실 당빌의 「조선도」가 정확하게 몇 년도 『황여전람도』 판본을 이용했고 또 정확하게 언제 최초로 제작되었는지는 명확하지 않다.[13] 다만 프랑스 국립도서관의 서지 정보에 의하면 1725년 이전에 낱장 지도로 제작되었다.[14] 이후 이 지도는 1735년 뒤알드(Jean-Baptiste Du Halde)의 『중국 백과전서』[15]와 1737년 네덜란드에서 출간된 『신 중국 지도첩』[16]에 수록되었다. 『신 중국 지도첩』은 당빌의 허락을 받지 않은 해적판인데, 우리가 접하는 당빌의 지도 대부분은 이 네덜란드 해적판에 수록된 것이다.

이 지도에서는 독도를 가리키는 우산도는 'Tchian-chan-tao' 울릉도는 'Fan-ling-tao'로 표기되어 있고, 당시의 모든 조선 지도와 마찬가지로 울릉도와 독도의 위치가 현재와 비교해 바뀌어져 있다(그림 4-6). 그런데 의아한 것은 1721년 『황여전람도』 목판본과 1725년 당빌의 「조선도」의 북방 경계가 완전히 다르다는 것이다. 당빌의 「조선도」는 기본적으로 중국이 백두산정계비를 세우기 이전인 1709년의 측량 자료를 기반으로 하여 제작되었기 때문에 차이가 있다.

이 지도에서 경도 표시는 북경 원점을 기준으로 한 것이다. 「조선도」에 수록된 지명을 살펴보면 다음과 같다. 먼저 수도 한성은 경기도 'KING-KI-TAO'로 표기하였는데, 아래에 꼬레의 수도라고 쓰여 있다. 그리고 경기도 광주 인근의 비석 기호가 나타나는데, 이것은 1636년 병자호란이 끝난 뒤 건립된 일명 '삼전도비'라고 부르는 '대청황제공덕비'이다. 이 지명은 『황여전람

➤ 그림 4-5. 중국인이 예수회에 제공한 조선왕국 지도
프랑스 국립도서관 소장

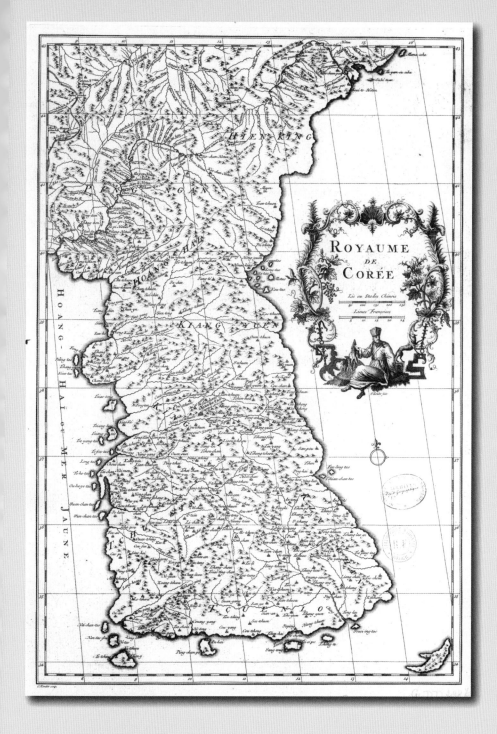

➤ 그림 4-6. 당빌의 「조선도」(1725년 이전 제작)
프랑스 국립도서관 소장

도』에서는 비정(碑停)으로 표시되었고 그림 4-6의 지도에서는 삼각산 우측에서 확인할 수 있다. 비정이라는 지명은 이후에도 19세기의『청구도』, 『동여도』 등 대축척 조선전도에서 경기도 광주 지역에 비각이라는 지명으로 표기되고 있다. 청나라 입장에서 보면 이 비석은 제국의 상징물이자, 청나라가 조선에 시혜를 베풀었음을 보여 주는 기록물이다. 또 조선을 직접 정복했다는 상징적인 의미를 가진다. 따라서『황여전람도』의 「조선도」에서 비각이 빠질 수 없었을 것이다. 삼전도비가 위치한 곳은 현재의 지명으로는 서울특별시의 석촌 호수에 해당한다(배우성, 2014).

한편 「조선도」에 기재된 지명 가운데는 오기된 사례가 몇몇 확인되는데, 대체로 조선 지도의 전사 과정에서 발생한 실수로 파악된다.『황여전람도』에는 대구가 '火丘'로, 잘못 표기되었으나 당빌의 지도에서는 대구가 'Tachiao'로 표기된 것으로 보아 다른 자료를 활용하여 수정한 것 같다. 현풍이 원풍으로 순창이 순려로 표기된 사례 등도 모두 음역 과정에서 모본의 지명을 잘못 읽고 옮겨 적은 것이다.

두만강은 'Toumen Oula', 압록강은 'Yalou Kiang'으로 표기하였다. 그리고 백두산은 'Amba-Cham-yen-Alin'으로 표기하였다. 백두산 표기는 '암바샹기안 알린'이라는 만주어를 음차하여 적은 것인데, 암바의 의미는 대(大) 혹은 태(太)의 의미이며 알린은 산(山)이다. 따라서 이 산은 대백산 혹은 태백산이라고 적은 것이다. 그러나 한자로 지명을 표기한『건륭십삼배도』에는 장백산으로 표기되어 있다. Wright(1834)에 의하면 이 산맥은 정상에 둘레가 80리인 호수가 있다고 하고, 이 산을 장백산(Thang-pe-chan)으로 부르기도 한다고 기술되어 있다.

지도에서 'pira', 'oula', 'kiang'로 끝나는 것은 강이며, 'Hotun'은 성(城)이다. 예를 들어 함경도의 'Mo-chan-Hotun'은 무산성(茂山城)이다. 그러나 이 지도를 해독하는 것은 무척 어렵다. 음의 표기 방법이 현재와 달라 이해가 쉽지 않기 때문이다. 예를 들어 남해의 섬을 보자. 부산에서 출발하여 전라도 방향으로 가면서 영도(Youei-ing-tao), 가덕도(Tcheng-te, 가덕도의 천성), 거제(지세포), 남해(An-hai), 제주도, 진도(ni-tao, 남도포), 흑산도(Hai-chan-tao)로 표기되어 있다. 이 가운데 섬의 명칭을 직접 표기한 경우는 영도, 남해, 진도, 흑산도이다. 지도의 함경도 동안에는 국도(國島), 저도(猪島), 신도(薪島), 웅도(熊島), 화도(花島), 사도(沙島), 연도(連島), 석도(㺃島) 등의 섬을 나타냈다.

우산도와 울릉도의 위치 역시 주목할 만하다. 강원도 울진과 평해 앞바다에 두 섬을 그린 점이 『신증동국여지승람』의 「팔도총도」에 묘사된 것과 같다. 두 섬의 상호 위치도 우산도를 좌측, 울릉도를 우측에 두어 동일하다. 당빌의 「조선도」에서 두 섬을 해안 인근 도서로 표현한 것은 실제와 차이가 있지만, 이와 같은 표기 방식은 규장각 소장의 필사본 「팔도총도」에도 채택되었다. 다만 1673년에 제작된 김수홍의 「조선팔도고금총람도」는 우산도를 위쪽에 울릉도를 아래쪽에 배치하고 있어 비교가 된다.

당빌의 「조선도」는 봉금 지역을 무인 지대로 표시하고 평안(PING-NGAN)이라는 문자를 사용하여 조선령으로 인정하고 있다. 또한 백두산을 비롯하여 압록강, 두만강은 그 지류까지 포함해 모두 조선령으로 표시하고 있다. 이 경계선과 압록강 및 두만강의 경계로 이루어진 면적을 조병현(2011)이 계산한 결과 25,800km²로 대략적으로 경기도와 충청남북도를 합친 면적에 해당한다. 이후 18세기에 유럽에서 제작된 조선 지도들은 대부분 당빌의 「조선도」를 기본도로 사용하였다.

그림 4-7의 지도는 『황여전람도』「조선도」의 1721년 목판본이다. 이 지도를 참조하여 당빌의 「조선도」를 해석할 수 있다. 두 지도는 서울의 위도가 약간 차이난다. 당빌의 「조선도」에는 대체로 북위 37°40′ 정도에 위치한다. 이

것은 1709년이나 1713년에 측정한 위도와 유사하다. 그런데 목판본 지도에서는 이 보다 약간 남쪽인 북위 37°35′ 정도에 위치한다. 필자는 이것을 판각자의 오류라고 보지 않는다. 아마도 1713년 이후 새롭게 서울의 위도를 측정했을 가능성이 있다. 실제 서울 종로의 종각역 위도 좌표가 북위 37°34′12″인 것을 고려하면 근삿값에 더 가까워졌기 때문이다. 그리고 예수회 선교사인 수시에(Etienne Souciet)가 세계 각지의 좌표를 수록한 1729년의 보고서에서는 한양의 좌표가 수정되어 북위 37°30′15″, 동경 10°30′(북경 원점 기준)로 기록되어 있다(Souciet, 1729, 141). 따라서 1713년 이후에 새롭게 측량한 자료를 사용하여 『황여전람도』의 「조선도」를 수정했을 가능성이 있다. 반면 당빌의 「조선도」는 이 수정 결과를 반영하지 않았다.

한편 그림 4-6의 카르투슈에서는 인삼을 들고 있는 노인의 모습을 볼 수 있다. 『황여전람도』 제작을 위해 측량 작업을 수행하던 1709년 7월 말, 자르투는 조선과 가까운 한 마을에서 인삼을 먹었다. 그리고 자신의 맥박이 빨라지는 것을 확인하였다. 또 인삼을 먹고 나서 여독이 일순간에 풀리는 것을 느끼게 되었다. 그는 이 내용을 1711년에 보고하였다(Hutton et al., 1809). 따라서 이 그림은 인삼에 대한 당시의 강력한 느낌을 조선과 연관시켜 표현한 것으로 볼 수 있다.

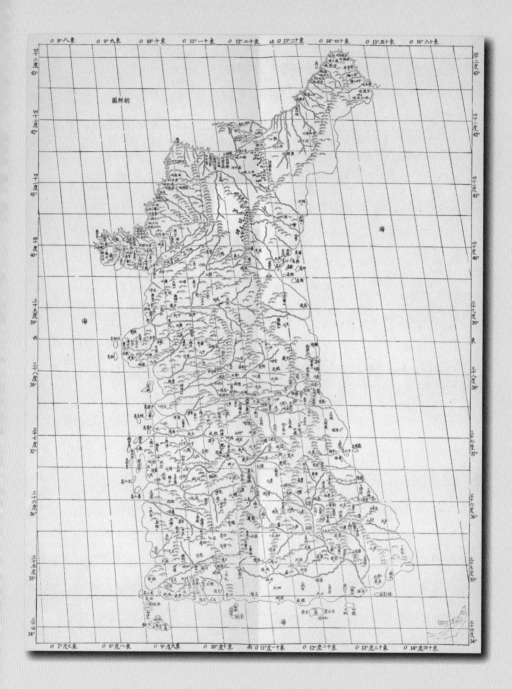

➤ 그림 4-7. 『황여전람도』의 「조선도」 1721년 목판본

라페루즈의 해도

17세기 후반이 되면 해도의 제작 역시 프랑스가 주도하게 된다. 이것은 기본적으로 경도 측정 기술과 관계된 것이다. 영국에서 해리슨(John Harrison)이 크로노미터(Chronometer)를 개발하여 경도를 측정하기 이전까지는 목성의 위성식을 관측하여 경도를 측정하는 카시니의 방식이 주를 이루었다. 그래서 18세기에 프랑스가 육지 지도뿐만 아니라 해도의 제작을 선도한 것이다. 그러나 해도 제작 기술의 발달과는 관계없이 한반도 주변에 관한 해도에서 한반도의 형태는 17세기의 지도 형태를 벗어나지 못하였다. 제임스 쿡(James Cook) 항해 이전까지 최고의 해도로 평가 받았던 「태평양 해도」[17]는 프랑스 해군 수로국의 벨렝(Jacques Nicolas Bellin)이 제작하고 1776년에 간행되었다. 이 지도에서 한반도의 모습은 오히려 과장되게 그려졌다. 이것은 동아시아 해역, 특히 동해 북쪽에 대한 탐사가 약 100년간 진척이 없었다는 것을 의미한다.

그러나 이러한 양상은 라페루즈(La Pérouse)의 탐사로 인해 변한다. 라페루즈는 1785년 프랑스의 브레스트(Brest) 항을 출발하여 대서양을 항해하고 희망봉을 돌아 칠레 남쪽에 도착했다. 그리고 하와이를 거쳐 알래스카로 갔으며, 알래스카에서 모피를 구입한 다음 캐나다와 캘리포니아의 서해안을 탐사하였다. 이후 태평양을 횡단해 마카오에 도착한 뒤 모피를 팔았다. 그리고 마닐라와 류큐를 거쳐 1787년 5월 20일 한반도 쪽으로 항해하였다.

라페루즈는 5월 21일 제주도에 접근했다. 그가 남긴 기록에는 하멜이 탔던 네덜란드 동인도 회사의 스페로우 호크(Sparrow Hawk)호가 난파한 곳으로 유럽 인에게 유명하다고 기술되어 있다. 그는 제주 근해를 일본 수로(Canal du Japon)라 불렀는데 이는 결국 일본에 대한 탐사의 관심을 표출한 것이라 볼 수 있다. 그는 멀리서 망원경으로 한라산을 관측하고 산의 높이를 약 1,000토와즈(toise)로 추정했다. 1토와즈가 1.949m이므로 한라산의 높이는 1,949m가 된다. 그리고 한라산 정상에 저수지나 호수가 있을 것으로 추정하였다. 그는 하멜 때문에 제주도에 대해서 좋지 않은 인상을 가졌다. 제주도로 갔다가 하멜처럼 사로잡히게 되는 것을 염려하여 아예 상륙하고 싶은 마음도 없다고 일기에 기술했다. 아름다운 섬이지만 조선이 외국인과 접촉하는 것을 금하기 때문에 상륙이 어렵다고 판단한 것이다.

라페루즈 함대는 5월 25일 대한 해협을 지났다. 이 해협의 명칭은 당시에 대한 해협으로 정착되어 있었기 때문에 그는 대한 해협으로 기록하였다. 라페루즈는 이 해협을 지나며 조선의 해안이 요새화되어 있는 것을 발견하고 일본의 침공에 대비하기 위한 것이라고 생각하였다. 5월 27일 마침내 서양 지도에는 표시되지 않았던 한 섬을 발견하는데, 배에 승선한 천문학자 다줄레(Joseph Lepaute Dagelet)의 이름을 따서 다줄레 섬이라 명명하였다.

항해 일지를 보면 섬의 북동부 끝단의 좌표를 북위 37°25′, 동경 129°2′이라고 적었다. 파리를 경도 기준점으로 사용해서 오늘날의 경도 좌표와는 차이가 있다. 프랑스는 19세기 중반까지 파리 기준점을 사용했기 때문에 이후 많은 지도의 좌표가 오늘날의 그리니치 기준 좌표와 다르게 표기되었고, 이것이 19세기 중반까지 제작된 서양 지도에서 독도와 울릉도의 혼돈을 야기하는 한 원인이 된다.

라페루즈는 비록 거센 물결 때문에 울릉도에 상륙하지는 못했지만, 가까운 거리에서 주민들이 배를 건조하는 모습 등을 관찰하고 기록으로 남겼다. 그

때 목격한 조선 사람들은 프랑스 인들이 접근하는 것을 보고 숲 속으로 도망쳤다. 이들이 도망친 것은 낯선 이국인이 두려워서일 수도 있지만, 관에서 수색을 하러 왔다고 생각한 이유도 있다. 이 사실은 '안전 또는 외부 침략에 대비해 주민을 육지로 이주시킨 정책'을 의미하는 쇄환(刷還) 정책18이 실시되고 있었음에도 불구하고 실제로 울릉도에 조선인들이 거주하고 있었음을 의미한다.

쇄환 정책은 태종 때 공조 판서 황희(黃喜)의 의견을 받아들여 확정되었고 고종 때 폐지되었다. 쇄환 정책을 수립하게 된 목적은 울릉도에 주민이 거주하면 왜구의 노략질이 있게 되고, 또 왜구들이 강원도까지 침탈할 염려가 있기 때문에 이를 대비하자는 것이었다. 즉 영토 주권을 포기할 의사는 전혀 없었다(김명기, 2011). 쇄환 정책에도 불구하고 울릉도에서는 주민들이 계속 거주하거나 이 섬의 주변에서 어업 활동을 했다. 그러던 중 1693년에는 안용복과 울릉도의 어부들이 일본에 피랍된 '울릉도 쟁계'가 발생하였고, 결과적으로 일본 막부는 1696년 일본 어민이 죽도(竹島: 울릉도)로 출어하는 것을 금지하는 죽도 도해 금지령을 내렸다(김화경, 2009). 그리고 라페루즈가 울릉도를 방문하기 10여 년 전인 1770년(영조 46년)에 편찬된 『동국문헌비고』에서도 이 시기에 울릉도에 조선인들이 거주했다는 기록을 확인할 수 있다(김학준, 2010).

라페루즈는 1787년에 동해를 지나갔다. 그는 동해의 고래에 대해서는 언급하지 않았지만, 예수회 선교사의 말을 인용하여 조선과 만주에서는 진주 양식이 가능하다고 기술하였다. 그의 언급은 19세기 중반까지 서양의 저서에 반복하여 나타난다. 1788년에 라페루즈의 함대가 난파하였는데, 그의 항해일지는 이미 1787년에 프랑스에 보냈기 때문에 유실되지 않았고 그해에 4권의 책과 1권의 지도첩으로 출간된다.

한반도, 서양 고지도로 만나다

그런데 이 지도첩에 수록된 지도들에는 동해가 일본해로 표기되어 있으며 이 영향을 받아 18세기 지도에서 한국해의 명칭이 일본해로 바뀌게 된다. 그가 동해를 지난 행적을 표시한 지도는 그림 4-8이다. 한반도의 전반적인 형상은 당빌의 지도와 유사하고 우산도와 반릉도는 당빌의 지도를 본떠 그대로 표기하였다. 그의 항해 행적을 보면 한반도 연안을 따라 항해한 것은 아니므로 이 두 섬의 존재를 확인하지는 못했다. 그래서 지도상에 그대로 남겨진 것이다. 당시에는 확인할 수 없는 섬은 그대로 남겨 두는 관행이 있었다. 항해의 안전과 직결되기에 섣부르게 섬을 지우는 것은 관행적으로 금지되었다. 라 페루즈가 울릉도와 제주도에 대해 언급한 상세한 내용은 국내의 다른 서적에 많이 수록되어 있으므로 여기서는 소개하지 않는다.

➤ 그림 4-8. 라페루즈 항적도

1. 이 조약에 의해 교황은 선교사 파견 및 신변 보호를 조건으로 에스파냐와 포르투갈 국왕으로 하여금 선교지의 교회 관할권 및 감독 권한을 부여하였다. 그래서 에스파냐는 아메리카에서 보교권을 행사하였고, 포르투갈은 브라질과 인도, 중국, 마카오 등지에서 보교권을 행사했다. 따라서 중국으로 출발하는 선교사는 포르투갈 국왕의 승인을 받아 반드시 리스본에서 출발해야 했다. 대신 포르투갈은 선교 경비를 보조하는 의무를 가졌다(Huc, 1857).

2. Elémens de géométrie

3. Mappe–Monde dressée sur les observations de Mrs. de l'Académie royale des sciences

4. Carte des Indes et de la Chine

5. Mappemonde ou globe terrestre en deux plans–hémisphéres

6. 존 세넥스(John Senex)가 영문판으로 번역한 지도에서는 산 이름이 '3 mountain lake'로 표시되어 있다.

7. 『대청일통지』는 60년 만인 1746년에 완성되었다.

8. 프리델리는 오스트리아 인이었고 카르도주는 포르투갈 인이었다. 봉주르는 프랑스 인이었으나, 어거스틴 선교회 소속이었다.

9. Lettres édifiantes et curieuses

10. 당빌이 참조한 지도는 1717년 목판본을 개정한 1721년 판본으로 추정되고 있다(Bernard, 1935).

11. 참고로 현재 부산에 속한 기장의 현재 좌표는 북위 35°3′, 동경 129°6′, 나가사키가 북위 32°45′2″, 동경 129°52′39″이다.

12. Carte huilée du royaume de Corée fournie aux jésuites par les chinois

13. 예를 들어 고빌이 『황여전람도』 동관본 지도를 1728년에 프랑스로 보냈고 「조선도」가 1730년에 제작되었다는 설이 있다(Cams, 2014). 그러나 이 경우 프랑스 국립도서관의 서지 정보와 부합하지 않는다.

14. 65×49.5cm의 낱장 지도로 제작되었는데, 목록 번호는 Cartes et plans, ge dd 2987(7322)이다. 참고로 서울역사박물관 소장 『신 중국 지도첩』에 수록된 「조선도」의 크기는 52×35cm이다.

15. Description Géographique, Historique, Chronologique, et Physique de L'Empire de la Chine et de la Tartarie Chinoise

16. Nouvel atlas de la Chine

17. Carte réduite des mers comprises entre l'Asie et l'Amérique appelées par les navigateurs Mer du Sud ou mer Pacifique pour servir aux vaisseaux du roi

18. 흔히 공도 정책이란 용어를 사용하는데, 이 용어는 처음에 일본 학자들에 의해 제기되었다. 울릉도를 자국의 영토로 편입시키고자 하는 일본의 침략 의도에서 비롯된 것이다. 따라서 '버려진 땅'을 의미하는 '공도'는 잘못 사용된 것이다(유하영, 2014).

제5장

19세기의 한반도 지도

당빌의 지도를 바탕 지도로 하여 제작되던 서양의 조선 지도는 점차 일본 지도를 참조하게

되고 또 외국 선박들이 조선 연안을 측량하면서 변하기 시작하였다. 측량 과정에서 점차로 한

반도의 모습은 정교해졌으나, 초창기에는 오히려 한반도의 형태가 왜곡된 것을 알 수 있다.

그렇지만 19세기 중반 이후에는 현재의 한반도 형태와 매우 유사함을 확인할 수 있다. 먼저

19세기 전반의 지도를 살펴보기로 하자.

이양선의 측량 자료에 기반을 둔 지도

라페루즈의 탐사 이후 외국 선박의 조선 연안 탐사는 계속되었다. 1791년 콜넷(James Colnett) 선장의 아르고노트(Argonaut)호가 부산 이북의 일부 동해안 지역과 함경도 연안을 탐사하였다. 이 배는 1673년 영국 동인도 회사의 배가 일본에 교역을 요구하다 거절당한 이후 다시 교역을 요청한 최초의 영국 선박이다. 그리고 1797년 영국의 브로턴(William Robert Broughton) 함장의 탐사선 프로비던스(Providence)호는 동해안을 탐사하였다. 브로턴이 함경도 지역에 도착한 뒤로, 서양 지도에서 동한만이 그의 이름을 딴 브로턴(Broughton) 만으로 100년 넘게 표기되었다. 10월 13일에는 부산 용당포에 도착하고 약 1주일간 부산에 체류하면서 현지 생활을 기록하였다. 그의 탐사로 인해 지도상에서 동해안의 해안선 모양이 실제 지형과 비슷하게 되었다. 그의 항해 기록은 1804년에 『북태평양 탐사 항해기(A Voyage of Discovery to the North Pacific Ocean)』란 제목으로 출간되었다. 이 책에서 부산항을 조선항(Thosan Harbour)으로 표기했는데, 이는 주민들이 조선이라고 말한 것을 부산의 지명으로 착각했기 때문이다. 그리고 이 지역의 고래에 관한 하멜의 기록을 언급하며 이 지역에서 고래가 매우 귀중한 자원임을 강조하였다 (Broughton, 1807).

1805년에는 크루젠스테른(Adam Johann Ritter Von Krusenstern)이 지휘하는 러시아 함대가 동해를 측량하였다. 그의 항해기는 1809년에서 1813년 사이에 2권의 여행기와 한 권의 해도집으로 발행되었다. 그러나 그의 항적을 조사하면 엄밀히 말해서 동해안을 측량한 것은 아니고, 동해를 지나간 정도이다. 따라서 지도상에서 동해안의 해안선 형태를 변화시키지는 않았다. 여행기에 수록된 「북서 태평양 지도」[1]를 살펴보면 한반도는 라페루즈의 지도의 형태를 유지하고 있다. 이 지도 이외에도 18세기 초반의 지도에서는 한반도의 형상이 대체로 라페루즈의 유형과 유사하다.

한반도의 형상이 변화하기 시작한 것은 1816년부터이다. 순조 16년인 1816년 2월, 영국 정부는 중국과의 무역 관계를 발전시키기 위해 애머스트(William Pitt Amherst)[2]를 중국에 파견하였다. 애머스트는 맥스웰(Murray Maxwell) 대령이 지휘하는 알세스트(Alceste)호와 홀(Basil Hall) 대령이 지휘하는 리라(Lyra)호의 호송을 받으며 8월에 천진(天津) 하구의 백하(白河)에 도착하였다. 맥스웰과 홀은 애머스트가 북경을 방문하는 기간을 이용해 9월 1일부터 10일까지 조선의 서해안과 남해안을 탐사하고 이어 류큐 해역을 탐사하였다. 홀과 이 배에 동승한 맥레오드(John McLeod)는 뒷날 각각 자신의 탐사기를 출판하였다(Hall, 1818; McLeod, 1818).[3] 맥레오드는 조선과 류큐 연안을 탐사했던 영국 왕실 소속의 배인 『알세스트호에 관한 기록』의 1818년의 개정판에서는 다음과 같이 조선의 자원으로서의 고래에 대해 언급하였다.

해안의 물고기는 다양하고 풍부하다. 많은 고래가 북동쪽에 서식한다. 유럽 포경선의 작살이 고래에게서 발견된 것으로 미루어 이 고래들은 그린란드에서 북극해를 거쳐 아시아 북쪽 해안 또는 아메리카의 북쪽 해안을 따라 와서 베링 해, 캄차카 반도, 홋카이도, 일본을 거쳐 내려온 것이다(McLeod, 1818, 58; 박천홍, 2008).

그리고 알세스트호와 리라호가 방문한 섬은 동경 124°46′, 북위 37°50′에 위치하는데, 당시 에든버러 왕립 학사원 원장의 이름을 빌려 제임스 홀 군도 (Sir James Hall Group)라고 명명했다. 제임스 홀 경은 스코틀랜드 출신의 지리학자 겸 화학자로 케임브리지 대학교 교수였으며, 이 섬을 방문한 홀 대령의 아버지다. 이 섬들은 현재 백령도·대청도·소청도·연평도·우도 등 5개의 섬을 일컫는 서해 5도에 해당한다(박대헌, 1996). 이 발견 이전에 서해 5도는 유럽 인들에게 전혀 알려지지 않았고, 심지어 중국 지도에도 표기되지 않았다 (Griffis, 1882, 197). 그리고 선박의 이름인 알세스트와 리라 역시 각각 소흑산도와 거차군도의 이름으로 사용되었다.

이 섬들의 이름이 최초로 표기된 지도는 애로스미스(Aron Arrowsmith)의 1818년 「일본과 쿠릴 열도 지도」4이다(그림 5-1). 이 지도에는 라페루즈호와 브로턴호, 그리고 알세스트호와 리라호의 항적이 표시되어 있다. 한반도 형태를 살펴보면 라페루즈 지도의 한반도 유형과는 완전히 다른 것을 확인할 수 있다. 따라서 이 지도가 채택한 한반도의 형태가 어디에서 유래했는지 확인할 필요가 있다.

애로스미스 지도의 한반도의 형상을 살펴보면 하야시 시헤이(林子平)의 『삼국통람도설(三國通覽圖說)』에 수록된 지도를 번역한 「삼국총도」5의 한반도 형태와 유사성을 가짐을 알 수 있다(그림 5-2). 클라프로트(Julius Heinrich Klaproth)가 이 책을 프랑스 어로 번역한 것은 1832년이지만 이전에 유럽 인들은 이미 이 책을 접하고 지도를 활용하여 한반도의 기본 형태로 사용했을 것이다. 이 지도에서 한반도 동안은 기존의 측량 자료를 활용하여 실선으로 그렸으며, 새롭게 연안의 정보가 추가된 서해안의 해안선은 점선으로 묘사하여 불확실함을 전달하였다. 이 한반도 형태는 이후 50년 정도 유지된다. 예를 들어 존슨(Alvin Jewett Johnson)의 1874년 「중국과 일본 지도」6에서는 조선

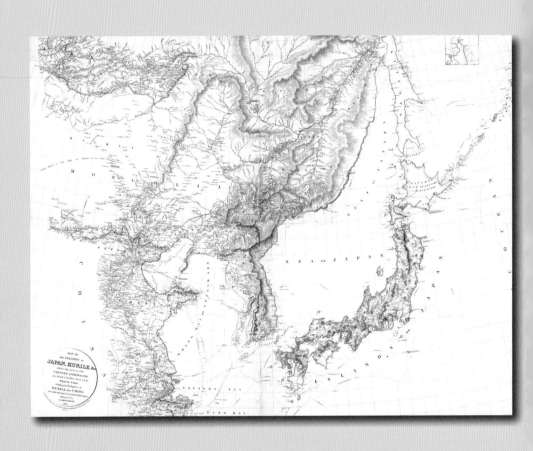

➤ 그림 5-1. 애로스미스의 「일본과 쿠릴 열도 지도」

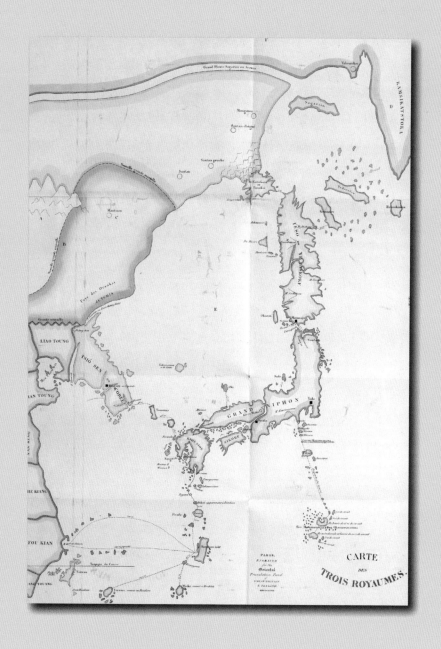

➤ 그림 5-2. 클라프로트의 「삼국총도」
국립해양박물관 소장

의 수도를 서울(Seoul)로 표기하는 등 일부 지도의 내용을 개정했지만, 서해안의 기본 골격은 그대로 유지하였다.

1832년 7월에는 영국 상선 로드 애머스트(Lord Amherst)호가 조선의 서해안을 탐사하였다. 이 배는 500톤급의 영국 동인도 회사 상선으로 조선 해역에 통상을 요구하기 위해 나타난 최초의 서양선이었다. 영국 동인도 회사에서는 극동의 새로운 통상지를 개척·탐사하려는 목적으로 타이완을 거쳐 조선 서해안과 제주도, 그리고 일본 오키나와에 이르는 항해를 계획했는데, 배에는 영국 동인도 회사의 린지(Hugh Hamilton Lindsay)와 조선을 찾아온 최초의 개신교 선교사인 귀츨라프(Karl Friedrich August Gützlaff) 등 67명이 타고 있었다. 린지는 당시 중국 광저우 주재 동인도 회사의 화물 관리인으로 영국 모직물의 판매 시장을 개척하기 위해 조선을 방문하였다.

린지와 귀츨라프는 1832년 7월 17일 황해도 장산곶의 녹도(鹿島)에 상륙했다. 그러나 주민들은 이들에게 강한 적대감을 표시했고, 이 배는 7월 22일에 장산곶을 떠나 남쪽으로 향하였다. 그리고 곧 충청도 강경에 닿았으며, 이후 일부 도서 지역을 방문하였다. 린지 일행과 조선의 관리들은 비교적 우호적인 분위기 속에서 대화를 나눴지만, 교역에 대한 조선 관리들의 입장은 부정적이었다. 이들의 방문 이후 서양 고지도에는 안면도가 린지(Lindsay) 섬으로 표기되었다.

영국이 아편 전쟁에서 청나라를 굴복시키고 청나라로 하여금 굴욕적인 난징 조약을 받아들이게 만든 1842년을 계기로, 이양선이라고 불린 유럽 열강의 군함들 또는 선박들이 청나라의 속방으로 알려진 조선의 해역에 훨씬 많이 나타나기 시작하였다. 유럽 열강은 조선에 대한 청나라의 종주권이 약화됐으며 따라서 조선에 대한 영향력을 확보할 기회를 얻게 됐다고 계산한 것이다. 이러한 배경에서 조선의 해역에 출현한 유럽 열강의 군함 가운데 대표적 사례가 영국 군함 사마랑(Samarang)호였다. 벨처(Edward Belcher) 함장은 1845년 6월과 7월 사이 37일에 걸쳐 조선의 남해안 일대를 탐사하였다. 먼저 1845년 6월 25일에 제주도 동쪽의 우도에 상륙해 이곳을 기지로 삼아 7월 14일까지 제주도를 탐사하고 해도를 작성하였다. 탐사를 마치고 북쪽으로 항해하다가 거문도 부근에서 세 개의 섬들을 발견하고 7월 16일에 바깥쪽 만에 닻을 내렸다. 그는 영국 해군성 장관을 기리기 위해 이곳을 해밀턴(Hamilton)항이라고 명명하였다. 이 섬이 바로 오늘날 전라남도 여수시에 속하는 거문도이다. 그는 4일 동안 이 섬을 측량하고 해도를 작성한 뒤 우도로 돌아가면서 이 섬을 "문명의 아주 작은 흔적도 지니지 않은 곳"이라고 기록하였다(Belcher, 1848).

비슷한 시기에 프랑스 군함이 두 차례에 걸쳐 조선의 서해안에 나타났다. 세실(Tomas Cecill) 해군 제독이 이끄는 라 클레오파트르(La Cleopatre)호가 1846년 음력 6월에 오늘날의 충청남도 보령시 일대의 몇몇 섬들에 정박했다가 떠난 데 이어, 라피에르(Lapierre) 해군 대령이 이끄는 라 글루아르(La Gloire)호가 양력 1847년 8월에 오늘날의 전라남도 소흑산도 북상의 섬 앞에 출현한 것이다. 이 배는 곧 난파했으며 선원들은 연락을 받은 영국 구조선들의 도움을 받아 중국으로 갔다(Belcher, 1848). 그리고 1856년 7월에는 나폴레옹 3세의 명령에 의해 프랑스 인도차이나 함대 사령관 게랭(Guerin) 제독이 동해안의 영흥만에서 출발해 남해안을 거쳐 서해안의 덕적군도에 이르기까지 2개월 동안 조선을 탐사하면서 주민들과 대화를 나누기도 하였다(Belcher, 1848). 그러나 프랑스 선박들의 명칭이나 함장의 이름은 지명으로 만들어지지 않았다.

1854년에는 러시아의 푸탸틴(Ye fimy Vasilyevich Putyatin) 제독이 이끈 함대가 동해와 남해를 항해하였다. 기함 팔라스(Pallas)호와 보스토크(Vostok)호,

올리부차(Olivoutza)호 등을 이끈 그는 당시 일본과의 외교 및 통상 관계를 공식적으로 정립하기 위해 러시아 대표단을 이끌고 일본으로 향했다. 이 배에는 작가 곤차로프(Ivan Aleksandrovich Goncharov)[7]가 푸탸틴의 비서로 동승하고 있었는데, 그는 항해를 끝내고 귀국한 뒤, 1858년에 『프리깃함 팔라스호(Fregat Pallada)』를 출판해 팔라스호의 항해 과정을 자세히 알렸다. 팔라스호의 조선 탐사와 관련해 특기해야 할 것은 이 군함이 서양의 선박으로서는 프랑스의 포경선 리앙쿠르호에 이어 두 번째로 1854년 3월에 독도를 발견했다는 사실이다. 푸탸틴은 동도와 서도에 각각 메넬라이와 올리부차라는 이름을 부여했다. 메넬라이는 올리부차호의 옛 이름이다. 또 4월에 원산을 라자레프(Lazaref) 항으로 명명한 것은 자신이 한때 상관으로 모셨던 라자레프(M. P. Lazaref) 제독을 기념하기 위해서였다(한상복, 1988).

서구인의 측량이 많아지면서 외국 지명도 증가하였다. 1858년의 「피터만 만주 지도」[8]에는 보다 많은 지명들이 표기되어 있다(그림 5-3). 이 지명들은 당시의 영국 수로지에 모두 표기되지 못할 정도로 많은 것이다. 또한 이양선의 탐사 자료를 근거로 우리나라의 지도를 제작한 것이기 때문에 대부분의 지명이 발견자의 명칭으로 표시되어 있다. 주요 특징은 서해안은 영국의 지명이, 동해안은 프랑스와 러시아의 지명이 다수를 이룬다는 것이다.

서해안에서 찾을 수 있는 'Basil Bai'는 비인만, 'Thistle I'는 거차 군도, 'Murray Sund'는 서거차도, 'Montreal I.'는 거차 군도의 상조도, 'Hutton I.'는 외연도, 'Windsor Castle'은 나주 군도에 해당하며, 모두 당시에 영국인들이 부여한 지명들이다(이상업, 2003). 반면 동해안의 지명은 현재의 위치와 비교하여 이 책에서 설명하는 것이 어려운데, 이들 지명에 대한 선행 연구가 이루어지지 않은 상태이기 때문이다. 특히 이 지도에서 산지 지명을 확인하기 힘든 이유는 다른 관련 문헌에서도 자료를 찾기가 힘들고, 산의 높이를 통해

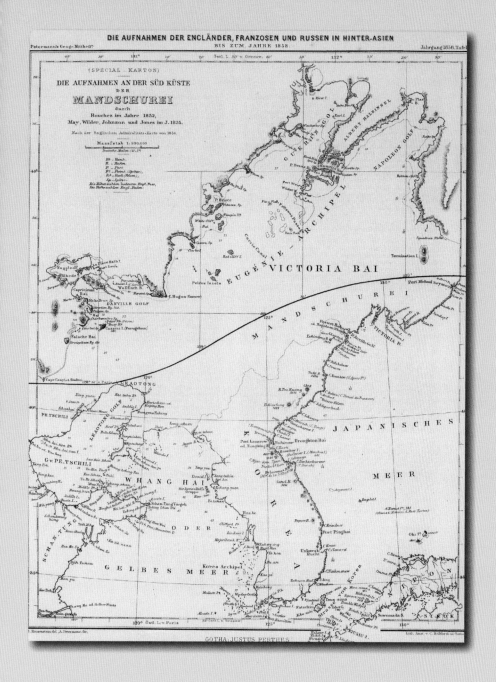

➤ 그림 5-3. 1858년의 「피터만 만주 지도」
　동북아역사재단 소장

지명을 추정하는 것 역시 한계가 있기 때문이다. 한편 내륙에 위치한 약자 'B.' 는 독일어에서 산을 의미하는 'Berg'의 축약으로 사용되었다. 가령 'B. Hien-fung'은 함경도의 백운산[9]에 해당한다.

이후 시간의 경과에 따라 한반도에 표시된 외래 지명의 수는 증가했다. 예를 들어 유스투스 페르트(Justus Perthes) 출판사의 1875년 「중국, 조선, 일본 지도」[10]에는 훨씬 많은 외래 지명이 한반도 해안에 표시되어 있다. 이처럼 외래 지명을 부여하는 것은 제국주의 지도학(Imperial cartography)의 전형적인 모습이다. 지금도 그렇지만 주권 국가의 허락 없이 영토를 측량하고 지명을 부여했다는 것은 엄연히 정복의 야욕을 드러낸다. 대포나 전함과 같이, 지도는 제국주의의 무기였다.

필자는 한반도에 수록된 지명을 기준으로 유럽 고지도를 분류할 때는 라페루즈 이전의 지도와 이후의 지도의 두 단계로 구분된다고 생각한다. 라페루즈 이전의 지도가 현지어를 번역하거나 음차하여 표기했다면, 라페루즈 이후의 지도들은 발견한 해안 도서 지역을 중심으로 발견자나 선박의 명칭을 명명했다. 이는 결국 영토나 바다를 제어하려는 욕구에서 시작된 것으로 보인다. 과학적인 관심을 넘어 공간을 통제하고자 하는 욕망이 지명 부여로 발현된 것이다. 이러한 현상은 지금도 발견할 수 있다. 만일 우리가 관광을 간다면 그 지역의 지명이 그대로 표기된 지도를 사용할 것이다. 그러나 이라크전 당시 현지에 파견된 미군은 이라크의 현지 지명을 무시하고 자신들이 기억하기 쉬운 지명으로 교체하여 불렀다. 공간을 통제하려는 목적을 위해 효율성을 추구한 경우이다.

한 장소에 지명을 부여하는 것은 당시에는 소유권과 관계되었다. 누구도 가본 적이 없던 곳에 먼저 도착해 표시를 하는 것이 소유권을 확보했다는 의미로 통용되었다. 예를 들어 서해 5도를 제임스 홀 군도라 부르고, 안면도를 린지 섬으로 부른 것은 결국 제국주의적 관심의 표출이다. 라페루즈의 항해 지시서에도 다른 식민지 경쟁 국가들이 발견한 땅과 그렇지 않은 곳을 구분하라는 내용이 들어 있다. 즉 다른 나라가 차지하지 못한 곳을 소유하고자 하는 것이 항해의 목적 중 하나였다. 결과적으로 당시에 소유권은 곧 무엇인가를 발견할 수 있는 힘, 즉 지식, 기술, 과학의 발달과 일치했다. 아프리카나 아메리카 대륙에 위치한 국가들과 한반도의 차이는 그때까지 유럽 인들이 내륙으로 진출하지 못했다는 것이다. 그렇지만 지도에서 연안에 가까운 산의 지명은 서구식 이름으로 바뀐 것을 확인할 수 있다. 이 같은 사례는 19세기 서양 사회를 지배하던 제국주의 사상과 일맥상통한다고 할 수 있다. 여기에는 문명과 야만, 우월과 열등, 정복자와 피지배자 등의 이분법적 사고방식을 근간으로 기술 과학이 앞선 세계, 즉 서양의 지배 사상이 내재되어 있다.

지도는 제국의 현실을 정당화한다. 그리고 신화를 만드는 것을 돕는다. 탐험가의 이름 자체가 신화인 것이다. 대표적인 예가 라페루즈이다. 그가 사망한 이후, 프랑스는 100년 이상 그의 흔적을 찾기 위해 국가적으로 노력하였다. 그리고 그의 탐험기는 지금도 프랑스 서점의 서가에 전시되어 있다. 린스호턴 역시 네덜란드의 국가적 영웅으로 칭송받았다. 제국주의의 맥락에서 지도는 직접적으로 영토를 통제하는 것을 도왔다. 지도에 표시된 격자(grid)는 장소의 정확한 위치를 표시하고 언제든지 다시 그곳을 방문할 수 있음을 의미한다. 즉 공간을 자신의 권력 하에 배치하는 것이다. 이렇게 한반도 연안의 외국 지명도 점차 증가하였다.

리앙쿠르호의 항해

리앙쿠르(Liancourt)는 19세기 동해 해역에서 고래잡이를 하던 프랑스 포경선의 이름이다. 이 배는 프랑스 르아브르(Le Havre) 항구에서 출발하여 동해에서 고래잡이를 하였는데, 1849년 1월 27일 독도를 발견하게 된다. 그리고 배의 명칭을 따라 이 섬의 이름을 리앙쿠르 암초(Rochers Liancourt)로 명명했다. 그러나 리앙쿠르호가 독도를 발견한 최초의 서양 포경선은 아니다. 1848년 4월 17일 미국의 포경선인 체로키(Cherokee)호가 최초로 독도를 발견하고 항해사 클리블랜드(Jacob L. Cleveland)가 그 좌표를 항해 일지에 기록하였다(Cherkis, 2010). 그렇지만 당시 미국 정부는 이 섬에 대해 관심을 표명하지 않았다.

이후로 러시아 전함 팔라스(Pallas)호가 1854년에 다시 독도를 발견하면서 메넬라이(Menelai)와 올리부차(Olivoutza)라는 명칭을 부여했고 1855년에는 영국의 호넷(Hornet)호가 발견한 다음 호넷 암초로 명했다. 그러나 최초의 공식적인 발견이 프랑스의 리앙쿠르호에 의해 이루어졌고 지도상에 리앙쿠르 암초로 표기되었기 때문에 현재까지도 외국의 많은 지도들이 독도를 리앙쿠르 암초로 표기하고 있다. 리앙쿠르호의 독도 발견과 관련해서는 두 가지 정도를 살펴보고자 한다. 첫째로 왜 프랑스의 포경선이 동해에 왔느냐 하는 것과 둘째는 당시의 유럽 국가들은 독도의 발견을 어떻게 인지했느냐는 것이다.

먼저 프랑스 포경선이 동해에 온 이유부터 살펴보기로 하자. 당시 유럽에서 가장 귀중한 산업 자원의 하나가 고래였다. 고래 기름은 기계 윤활유와 전력 생산의 원료로 사용되었다. 그리고 화장품 재료, 우산대로 사용되는 등 어느 것 하나 버릴 것이 없는 자원이었다. 따라서 고래는 석유가 본격적으로 이용되기 이전까지의 산업 혁명의 원동력이라고 말할 수 있다. 실제로 석유를 땅속에서 채굴하기 시작한 것은 1854년이다. 고래가 남획되어 그 숫자가 줄어들고 인구가 급격히 증가하면서 새로운 조명용 원료의 개발이 절실해졌기에 석유 생산이 본격화 된 것이다.

16세기 말까지 포경은 유럽 대륙 주변의 대서양에서만 이루어졌다. 그러나 네덜란드의 항해가 바렌츠(William Barents)가 유럽에서 북극해를 거쳐 아시아로 가는 북동 항로를 찾는 가운데 1596년 현재의 스발바르(Svalbard) 제도 인근에서 새로운 고래 어장을 발견하였다. 17세기에는 이 어장으로 모든 포경선이 몰려들었으며 남획으로 인해 이 어장 역시 황폐화되었다. 18세기에는 대서양 전역에서 포경 활동을 하였고, 19세기 초부터 인도양과 남태평양, 칠레 연안, 페루 연안 등을 새로운 어장으로 개척하였다.

19세기 세계의 포경 산업을 주도한 것은 미국이었다. 특히 미국 동안에 위치한 낸터킷(Nantucket)과 뉴베드퍼드(New Bedford)는 미국의 포경 선단의 거점 기지였다. 1820년대부터 미국의 어장은 태평양 전체로 확장되었다. 그리고 일본의 미야기 현 동부의 킨카(金華) 산, 오가사와라(小笠原) 제도, 류큐가 1840년대 미국의 포경 기지가 되었다. 이 지역의 고래 자원이 거의 사라진 뒤, 미국 및 서양의 포경선들은 새로운 어장을 찾아 나섰다. 그래서 1843년에는 캄차카 반도, 1847년에는 오호츠크 해와 베링 해, 다음 해인 1848년에는 북극해로 진출하였다(Lacroix, 1997). 그리고 자국의 포경선을 보호하기 위한 다양한 정책을 실시하였다. 그중에서 프랑스 정부는 1837년 이후 해군 부제독 세실(Jean-Baptiste Cécille)에게 태평양 순찰 업무를 맡겨서 프랑스 포경선을 보호하도록 하였다.

동해에 고래가 많다는 사실은 일찍이 유럽 문헌에 소개되었다. 네덜란드의 하멜(Hendrik Hamel)은 네덜란드 동인도 회사 소속 상선을 타고 일본 나가사키로 가다가 폭풍으로 파선하여 조선 효종 4년(1653)에 일행과 함께 조선에 표착했고 14년 동안 억류 생활을 한 뒤 귀국하였다. 그는 자신의 경험을 담은 『하멜 표류기』와 『조선왕국기(朝鮮王國記)』를 저술해서 조선의 지리, 풍속, 정치 따위를 유럽에 처음으로 소개하였는데, 동해에서 매년 프랑스와 네덜란드의 작살이 꽂힌 많은 고래가 발견된다고 기술하였다(강준식, 1995). 즉 하멜은 한반도 북동해안에 고래가 집중적으로 서식하고 있음을 정확하게 표현하였다.[11] 이렇게 동해는 포경 산업에 종사하는 서구인의 관심을 끌었다.

포경선 리앙쿠르호의 선주는 윈즐로(Jeremiah Winslow)이다. 윈즐로는 미국 태생이나, 프랑스에 귀화하여 북부의 항구 도시 르아브르(Le Havre)에 정착 후 당시 프랑스 최대의 포경선 선단을 운영하였다. 19세기에는 다양한 국적의 사람들이 프랑스에 귀화했는데 르아브르는 이들의 주된 경제 활동지였다.[12] 윈즐로가 프랑스에 귀화하게 된 계기는 포경을 장려하는 프랑스의 정책과 연관된 것으로, 나폴레옹 전쟁(1803~1815) 이후 고래 기름에 대한 해외 의존을 탈피하기 위한 것이었다. 당시 프랑스에서는 '포경 장려법'[13]에 의하여 포경선이 출항할 경우 톤당 50 프랑의 보조금을 지급하였다. 윈즐로는 자신의 포경선 사업을 성장시키기 위해서는 프랑스 국적을 취득하는 것이 유리하다고 판단하여 1821년에 프랑스로 귀화하였다. 1829년부터는 새로운 보조금 정책이 시작되어 프랑스 국적을 가진 선주에게 톤당 90 프랑의 보조금을 지급하게 되었다. 그래서 당시 17척의 미국 선적 포경선이 프랑스로 국적을 옮겼다. 이러한 유리한 조건하에서 1832년 리앙쿠르호가 르아브르에서 건조되었는데, 무게가 431톤에, 갑판은 하나이며, 돛대와 대포는 각각 두 개이다.14 이 톤수는 당시 미국의 배에 비하면 상대적으로 큰 것인데, 배의 톤수에 의거하여 보조금을 지급하는 정부 정책을 고려하여 크게 건조된 것이다 (Lemps, 2006). 이 배는 1838년부터 포경 활동을 하였으며 1852년 오호츠크해에서 좌초하였다.

앞에서 우리는 동해의 명칭이 일본해로 변하게 된 것이 라페루즈의 항해와 관련된다고 하는 내용을 살펴보았다. 그런데 흥미롭게도 독도의 이름이 '리앙쿠르'가 되는 것 역시 라페루즈와 관련된다. 왜냐면 리앙쿠르호가 라페루즈와 윈즐로의 친구인 리앙쿠르 백작(Duc de Liancourt, François Alexandre Frédéric de La Rochefoucauld)의 이름을 따서 명명되었기 때문이다. 리앙쿠르 백작은 프랑스 혁명 이후 영국으로 망명한 다음 미국으로 건너갔는데, 그곳에서 윈즐로와 사교하게 되었다. 그리고 윈즐로는 자신의 포경선에 백작의 이름을 붙였다(Pasquier, 1983).

독도 발견 당시의 리앙쿠르호의 선장은 수제(Galotte De Souza)이며, 그의 다른 이름은 로페즈(Jean Lopez) 또는 라세(Lasset)였다. 수제는 1804년 포르투갈령인 아조레스 제도에서 태어났는데, 아조레스 제도에는 향유고래가 많아서 1760년대부터 미국의 포경선들이 포경 활동을 하였다. 그리고 18세기 말에는 포경선들이 인도양과 태평양으로 진출하게 된다. 이제 어장이 점점 유럽에서 멀어짐에 따라 출항 기간이 길어지고 이에 따른 선원 지원자는 감소하게 되었다.15 그래서 포경선들은 선원들의 탈주나 사망 등으로 인한 선원의 보충과 장비의 보완을 중간 기착 항구에서 했다. 아조레스 제도는 어로 활동을 위한 선원 수급과 물자 보충을 위한 좋은 조건을 가지고 있었다. 이곳에는 가난한 나라 출신의 이민자들이 흘러 들어와 생활하는 경우가 많았으므로 노동자들은 저임금과 열악한 근로 조건에도 만족했다. 따라서 이곳에서 우수한 선원들이 배출되었다. 19세기에 이 지역 출신으로 포경선 선장이 된 사람만 해도 최소한 41명에 달한다(정인철·Roux, 2014).

포경선이 한번 출어하면 평균적으로 2년이 소요되었다. 물론 출어한다고 계속 고래만 잡는 것은 아니었다. 어장 근처의 항구를 본거지로 하여 2~3달 동안 포경 활동을 한 다음 항구로 돌아와 휴식을 취하고 다시 포경 활동을 하기를 3~4회 반복하는 것이 하나의 출어였다. 휴식 기간이 매우 긴 것처럼 보이지만 실제로 이 휴식 기간에는 어장으로 이동하는 시간도 포함되어 있다. 리앙쿠르호는 1847년 10월 26일 르아브르를 출발하였고 1848년 10월 6일 도쿄 만에서 포경 활동을 하였다. 그리고 동해로 진출하여 1849년 1월 27일 독도를 발견하였으며, 3월 7일에서 7월 30일까지 동해에서 계속 포경 활동을 하였다. 8월 9일에서 13일 사이에는 오호츠크 해를 항해하였다. 총 59마리의 고래를 작살로 맞혀서 25마리의 고래를 선적하였다. 이후 하와이로 항해한 다음 1850년 4월 19일 르아브르에 귀항하였다(정인철·Roux, 2014). 독도 발견 당시의 리앙쿠르호의 선원은 선장을 포함해 26명이었다.

당시 동해의 서양 포경선 도래는 조선왕조실록에도 기록되어 있다. 현종 실록 14년 12월 29일 기사에 의하면 1848년 여름과 가을 이래로 "이양선(異樣船)이 경상·전라·황해·강원·함경 다섯 도의 대양 가운데에 출몰했는데, 수가 많고 널리 퍼져서 추적이 불가능했다. 또한 뭍에 내려 물을 긷기도 하고 고래를 잡아 양식으로 삼기도 하는데, 그 수를 셀 수 없이 많았다."라고 기록하였다. 아마 이 이양선들은 포경선이었을 것이다.

두 번째 질문은 독도를 발견한 내용을 보고했을 때의 프랑스의 반응이다. 우리에게는 독도가 매우 중요한 영토이기 때문에 독도의 발견이 프랑스 해군성의 지대한 관심으로 이어졌을 것이라고 생각할 수 있다. 그러나 과연 독도가 프랑스 인들에게 군사적 전략의 요충지로 인식되었을까? 이에 대해 보다 과학적으로 생각해 볼 여지가 있다.

19세기 포경선은 해안에 세 가지 이유로 정박하였다. 가장 중요한 이유는 물과 식료품의 조달이었다. 이들은 휴식이 용이하며 접근이 쉽고 지역민이 친절한 항구를 선호했다. 동해는 대한 해협에서 오호츠크 해나 베링 해로 가기 위해서는 반드시 거쳐야할 곳이었다. 하멜과 브로턴이 언급하였듯이 한반도의 동쪽 해안, 특히 함경도 연안은 고래잡이와 관련해서는 매우 매력적인 곳이었다. 두 번째 이유는 오랜 항해 기간과 선상 활동의 어려움으로 선원들이 도망가는 일이 빈번하였기 때문에 선원을 보충하기 위해서 정박하는 것이다. 세 번째 이유는 당시 지도가 부정확하여 선박의 좌초가 빈발해서였는데, 피난과 수리의 목적이 컸다. 포경선과 각국 정부가 지역민들과의 우호적인 관계를 유지하기 위해 노력한 것은 항구에서의 물자 조달과 선원들의 건강 유지에 이들의 도움이 필수적이었기 때문이다. 동북아시아에서도 이러한 정책은 유지되었다.

포경 산업은 단순한 어업에서 벗어나 고래 기름을 이용한 종합적인 산업으로 발전하였다. 특히 당시 미국과 프랑스의 성장 동력이었다. 1850년대 중반에 일본과 류큐를 개항시키려 노력한데는 이 이유도 포함되어 있다. 개항 이전에도 많은 포경선들이 식료품을 조달하기 위한 목적과 조난 대피를 위하여 일본 연안에 상륙하였다. 각국의 해군은 포경선들이 외국에서 안전을 보장 받기를 원하였다. 한반도 역시 프랑스 정부와 포경 업자들에게 관심의 대상이었다. 프랑스 해군과 영사는 석유 발견 이전에 중요한 연료로 사용되었던 고래 기름의 확보와 그를 위한 포경선의 정박에 조선이 매우 유리한 조건임을 인지하고 조선의 개항에 관심을 기울였다(Roux, 2009). 그러나 미국의 입장은 프랑스와 달랐다. 미국의 경우, 조선은 일본에 비해 정박항으로서의 가치가 적었다. 일본이 태평양 어장, 동해, 오호츠크 해의 중심에 위치하여 미국에서 접근하기가 더 유리했기 때문이다. 그래서 미국의 체로키호가 1848년 이미 독도를 발견하였지만, 미국은 독도에 관심을 표명하지 않았다.

독도는 포경선의 정착 항구를 찾는 시기에 발견되었다. 그러나 독도는 조건을 충족시킬 수 없는 곳이었다. 포경선에서 필요한 물자의 보급을 위해서는 농경지, 주민, 정박처가 필요한데 독도는 전혀 그런 장소가 아니었다. 그래서 미국과 러시아의 포경선들이 리앙쿠르호 보다 앞서 독도를 발견하고도 보고하지 않았을 가능성이 높다.

19세기 초에 라페루즈나 브로턴, 크루젠스테른의 탐사로 인해 한반도 동안은 한반도 서안에 비해 서양에 잘 알려져 있었다. 그러나 동해는 19세기 중반에는 거의 잊힌 바다였다. 러시아 인들을 제외한 서양인들은 오호츠크 해가 고래잡이 어장으로 개방되기 전까지는 동해의 경제적 가치에 대해 전혀 알지 못하였다. 게다가 크림 전쟁으로 인해 유럽 국가들이 이 지역에 관심을 기울일 여지가 없었다. 때문에 러시아가 시베리아에 본격적으로 진출하기 이전까지는 이 지역의 지정학적 가치에 대해서 역시 무지하였다. 한편 러시아 인들은 1860년에는 블라디보스토크를 건설하는 등 동해의 지정학적 가치와 경제적 가치에 대해 충분히 인식하고 있었다.

서양의 포경선들은 19세기 전반에는 일본의 남쪽과 동쪽 해안을 따라 이동하였으며, 1850년대 이전에 조선과 접촉하려 했던 서양 선박들은 황해를 주로 이용하였다. 그리고 1866년의 병인양요 이전에 서양인들은 서울의 정확한 위치에 대해서는 몰랐지만 적어도 서울이 한반도 서쪽에 위치한다는 사실은 알고 있었다. 또 한반도 서안은 당시 서양의 가장 큰 관심 지역이었던 중국과 마주보는 곳이었다. 즉 황해가 동해보다 이들에게는 더욱 중요한 가치를 지닌 바다였다. 마찬가지로 일본에 대해서도 현재의 동경인 에도가 위치한 일본 남부 연안과 동부 연안이 일본 서해안보다는 서양인들의 관점에서는 훨씬 가치가 있었다.

동해는 조선과 접촉하려는 서양인 또는 일본과 접촉하려는 서양 선박 모두에게 정치적인 측면에서는 무관심의 바다였다. 리앙쿠르호의 선장인 수제는 귀항 후 "항해와 관련하여 해상에서 특별히 발견한 것은 있는가?"라는 귀항 보고서의 질문에 특별히 발견한 것이 없다고 대답하였다. 동해를 지나는 포경선들에게 독도는 위험한 암초였지 그 이상은 아니었던 것이다.

서양 고지도 속의 독도

서양 고지도에서 독도가 어떻게 표기되었는지를 살펴보기 위해서는 우선 울릉도와 독도의 좌표를 근거로 살펴보아야 한다. 프랑스 지도의 경우는 파리를 중앙 경선으로 설정했으므로 그리니치 좌표와의 차이를 고려해야 한다. 그리니치 좌표와 파리 기준 좌표는 경도 차이가 약 2°20′이다. 따라서 파리 기준의 좌표를 그리니치 좌표로 환산하기 위해서는 2°20′을 더해야 한다.

3장에서 언급한 포르투갈이 주인선 지도를 참조하여 제작한 해도(그림 3-4)가 독도를 표시한 최초의 지도일 가능성이 있지만, 이는 아직 검증되지 않았으므로 여기서는 논의를 하지 않기로 한다. 서양 고지도에서 독도가 표시된 지도들을 시기별로 살펴보기로 하자.

첫째가 당빌의 「조선도」와 이 지도를 참조하여 독도를 표시한 지도들이다. 이 지도들에서는 울릉도와 독도가 각각 반릉도의 프랑스식 발음인 '판링타오(Fan-ling-tao)'와 천산도의 프랑스식 발음인 '친찬타오(Tchian-chan-tao)'로 표기되어 있다. 반릉도는 울릉도(鬱陵島)의 울을 반(礬)으로 잘못 읽은 것이고, 천산도는 우산도(于山島)의 우(于)를 천(千)으로 잘못 읽은 것이다. 물론 지도에 따라 음역하는 가운데 철자가 달라지기는 한다. 예를 들어 벨렝(Jacques-Nicolas Bellin)이 1764년 그린 「조선 또는 카우리 지도」[16]에는 독도가 'Chiang san tau'로 1771년 본느(Rigobert Bonne)가 제작한 「타타르 지도」[17]에서는 'T'chian-shan-tao'로 표시되었다. 이 유형을 제외하고는 서양 고지도에 독도를 표기한 지도는 18세기에 나타나지 않는다.

이 유형의 지도에서 주목할 것은 '판링타오'와 '친찬타오'가 실제 거리보다 매우 가깝게 위치한다는 것이다. 이것은 당빌이 참조한 『황여전람도』의 「조선도」에서 두 섬이 가깝게 배치되어 있기 때문이다. 당시 조선의 지도 제작자들은 울릉도와 독도 간의 거리를 정확하게 판단할 자료가 없었다. 1454년의 『세종실록지리지』에는 우산과 무릉 두 섬이 울진의 정동쪽 바다 가운데 있으며, 두 섬은 서로 멀리 떨어져 있지 않아 날씨가 청명하면[18] 바라볼 수 있다고 기술되어 있다. 그리고 1530년의 『신증동국여지승람』 기록에도 이 내용과 우산과 울릉이 본래 한 섬일 가능성이 있다는 내용이 언급되어 있다. 그래서 당시의 지도 제작자들이 이 문헌을 참조하여 우산도와 울릉도를 가깝게 배치한 것이다. 이 시대의 지도 제작자들에게서 오늘날과 같은 공간 정확도를 요구하는 것은 애당초 불가능하다. 당시의 지도를 보면 육지의 공간 정확도도 오늘날의 관점에서는 전혀 납득이 되지 않을 정도로 부정확함을 알 수 있다.

둘째, 실제적으로 현재 독도의 위치에 독도로 추정되는 섬이 서양의 지도에 나타난 것을 살펴보면, 독일의 동양학자 클라프로트(Julius Heinrich Klaproth)가 하야시 시헤이(林子平, 1738~1793)의 1785년 『삼국통람도설(三國通覽圖說)』을 1832년에 프랑스 어로 번역하여 출판하였고, 번역본[19]에 첨부된 「삼국총도」가 최초이다(그림 5-2). 이 지도는 『삼국통람도설』에 수록된 다섯 개의 지도 중 하나인 「삼국접양지도(三國接壤之圖)」를 번역한 것이다. 이 지도에서는 삼국이 다른 색으로 표시되어 있는데, 한국은 황색, 일본은 녹회색(초록빛을 띤 회색)으로 채색되어 있다.

하야시 시헤이는 이처럼 색으로 경계를 표시하는 취지와 종래의 일본도에 관한 불만을 서문에 기록하고 있다. 그 불만이란 "혹은 만국도에 치우치고 혹은 본방의 땅에 한정되었다"는 점이었다. 즉 종래의 지도는 만국을 그린 세계

지도나 일본만 그린 일본도에 한정되어 일본과 다른 나라들의 관계를 명확히 하지 못했다는 문제를 지적했다. 이에 일본을 중심으로 삼되 조선·류큐·에조의 경계를 명확히 하는 것이 자신의 의도이며, 삼국은 '땅이 본방에 접해 있으니 실로 경계에 접하고 있는 곳이다'라는 인식에 근거해 새로운 지도를 만들었다고 언급한다(토비, 2013). 「삼국총도」를 보면 동해 상에 두 개의 섬이 가까이 위치하는데, 하나는 크고 그 옆에 붙어 있는 섬은 작다. 섬 옆에 "다케노시마는 조선의 소유(Takenosima à la Corée)"라는 문구가 표시되어 있고 둘 다 황색으로 표시되어 조선의 영토로 규정하고 있다. 여기서 다케노시마는 『삼국통람도설』 원본에는 두 개의 섬 중 큰 섬으로 죽도(竹島)로 표기되어 있다. 그리고 이 지도에는 표시되어 있지 않지만 원본 지도를 보면 울릉도 아래에 "이 섬에서는 은주가 보이고 또 조선도 보인다(比島ヨリ隱州ヲ望 又朝鮮ヲモ見ル)."라는 문구가 적혀 있다. 은주는 현재의 오키 섬에 해당한다. 이 큰 섬이 울릉도를 가리키는 것은 명확하지만, 바로 옆의 섬이 독도인지는 사실 명확하지 않다(이진명, 2005). 만일 이 섬이 독도가 되려면 마쓰시마(松島)가 되어야 하는데, 이 지도에는 지명 자체가 표시되어 있지 않다. 그러나 2015년 이진명 교수가 발견한 「삼국접양지도」의 1802년 개정판에는 이 섬을 마쓰시마로 표기하고 있다. 따라서 이 섬은 독도일 가능성이 높다.

19세기 전반기에는 독도는 아니지만 독도로 오해할 수 있는 섬이 표시된 지도들이 등장한다. '아르고노트'라는 가상의 섬이 동해상에 표시되었는데, 이를 울릉도로 간주하고 울릉도는 독도로 간주하는 오류가 발생한 것이다. 이는 독도와 울릉도의 좌표를 숙지하지 못하고 두 섬의 상대적 위치만 고려하여 지도를 읽는 과정에서 흔히 발생하였다.

1791년 영국의 아르고노트(Argonaut)호가 동해를 지나가면서 울릉도를 목격하였다. 무역선 선장 콜넷(James Colnett)은 제임스 쿡의 2차 탐사에 동행한 경력이 있는데, 당시 영국 해군에서 제대한 뒤 모피 무역에 종사하였다.[20] 따라서 그의 관심은 라페루즈처럼 아메리카 대륙의 모피를 일본에 판매하는 것이었다. 1791년 8월 26일 이 배의 키에 문제가 발생하였다. 그의 항해 일지에는 큰 섬을 만났다는 기록이 없지만, 키에 문제가 발생한 지점에서 섬을 발견했다고 보고하였다. 이 위치는 북위 37°52′, 동경 129°53′에 해당한다(Colnett, 1940). 이후 이 위치에 아르고노트가 표시되었다.

크루젠스테른(Adam Johann Ritter Von Krusenstern)이 지휘하는 러시아 함대는 1805년 4월에 동해안을 측량하였다. 동해에서의 탐사 이후, 크루젠스테른은 1807년에 지도를 출간하였는데, 울릉도의 위치에 키릴 문자로 아르고노트를 표시하였다. 1811년의 애로스미스(Aaron Arrowsmith) 지도에서는 북위 37°50′, 동경 129°45′의 위치에 아르고노트를 표시했다. 그리고 다줄레를 북위 37°25′, 동경 130°50′에 표시했다. 현재 울릉도의 기준 좌표가 북위 37°30′, 동경 130°52′인 것을 고려할 때 다줄레의 좌표는 정확하지만, 아르고노트는 완전한 가공의 섬이었다. 상업 지도로는 1813년에 간행된 존스(E. Jones)의 「일본 열도(Islands of Japan)」에 최초로 이 가공의 섬 아르고노트가 표시되었다.[21] 대신 이 지도에서는 당빌의 「조선도」 이후 약 80년간 동해 연안에 표시되던 판링타오와 친찬타오가 사라졌다.

그런데 독도의 위치에 오키 섬을 표시한 지도도 존재한다. 1829년 네덜란드의 베닛(Roelof-Gabriel Bennet)과 판비크(J. Van Wjik Roelandszoon)가 제작한 「일본 지도(Kaart van Japan)」인데, 아르고노트와 울릉도의 좌표는 당시 다른 지도의 좌표와 유사한 위치에 표시했지만, 오키 섬을 비롯한 몇 개의 섬을 북위 37°10′과 37°30′ 사이, 그리고 동경 132°10′과 132°35′ 사이에 위치시켰다(그림 5-4). 이 위치는 독도의 좌표와 매우 유사하다. 대신에 실제 오키 섬이

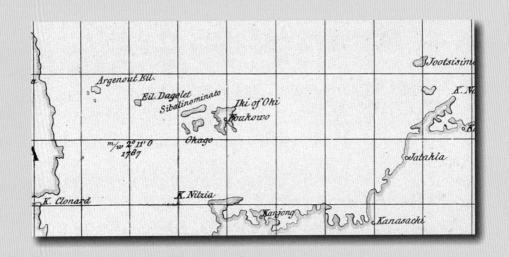

➤ 그림 5-4. 베넛과 판비크의 「일본 지도」
프랑스 국립도서관 소장

위치하는 자리에는 어떤 섬도 표시하지 않았다. 이것은 당시 그만큼 이 섬들의 위치를 확인하는 것이 어려웠다는 것을 보여 준다.

독일 출신의 네덜란드 박물학자로 에도 시대 후기에 일본 나가사키에서 난학(蘭學)을 가르친 지볼트(Philipp Franz von Siebold)의 지도는 울릉도와 독도의 지도에 가장 큰 영향력을 미쳤다. 지볼트는 1823년에서 1829년 사이 일본에 거주했는데, 일본 막부의 천문방(天文方) 다카하시 가게야스(高橋景保)와 교류하였다. 당시 막부는 양학을 과학 기술의 분야에만 한정하였으며, 서양의 정치·사회·사상의 연구를 통해 막부의 정치와 외교를 비판하는 것에 대해서는 억압하였다. 그래서 1828년 지볼트가 네덜란드로 귀국하려 할 때 반출이 금지되어 있던 일본 지도를 소지하고 있다고 하여 국외 추방 처분을 내렸고, 이 지도를 전해 준 다카하시 가게야스 등의 관련자를 처벌한 지볼트 사건이 발생하였다(남영우·김부성, 2009).

지볼트는 유럽에 돌아와서 1840년에 「일본 전도」[22] 등의 지도를 발행하였고, 이 지도들은 1851년에 『일본 지도첩』[23]으로 간행되었다. 그의 1840년 「일본 전도」에는 다카시마(아르고노트)의 좌표를 북위 37°52′, 동경 129°50′에 표시했다. 다카시마는 다케시마의 오기이다. 그리고 옆에 브로턴이라고 기재했는데 이는 영국 해군의 브로턴함이 콜넷의 아르고노트를 지도에 표시했다는 의미이다. 그리고 다줄레 섬은 마쓰시마로 표기하고 북위 37°25′, 동경 130°56′으로 기재했다(그림 5-5).

당시 일본에서는 울릉도를 다케시마로 표기하고 독도를 마쓰시마라고 표기해 왔는데 지볼트는 아르고노트와 다줄레를 각각 울릉도와 독도로 오해했다. 지볼트는 나가쿠보 세키스이와 다카하시 가게야스의 자료를 이용할 수 있었기 때문에 울릉도와 독도에 대한 정보는 가지고 있었다. 그렇지만 유럽의 탐사 자료에는 독도가 빠져 있고 울릉도와 아르고노트가 포함되어 있었

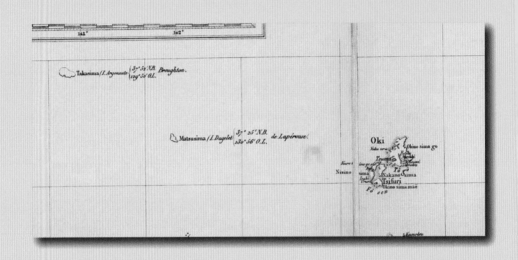

➤ 그림 5-5. 지볼트 「일본 전도」의 울릉도와 독도

다. 그래서 절충적인 방법을 채택하여 아르고노트와 울릉도를 각각 울릉도와 독도에 대응하여 그린 것이다. 이를 위해 아르고노트의 위치를 서쪽으로 이동시켰다. 지도 편집자로서 지볼트의 선택은 합리적일 수도 있다. 그러나 그는 두 개의 치명적인 오류를 범했는데, 하나는 섬의 이름을 잘못 부여한 것이고 다른 하나는 위치를 잘못 배치한 것이다(Pelletier, 2011). 결과적으로 지볼트는 아르고노트를 울릉도의 위치, 다줄레를 독도의 위치에 표기하였다. 다른 말로 하면 독도의 위치에 울릉도 지명이 표시된 것이다. 이후 서양의 해도와 지도들은 지볼트의 지도에 표기된 방식으로 아르고노트와 다줄레의 위치에 각각 울릉도와 독도를 표기하는 오류를 되풀이 했는데, 당시 지볼트의 지도가 서양에서 제작된 일본 지도 중 가장 과학적이었기 때문에 이 지도의 정보를 그대로 채택했고 오류가 수정되지 않았다.[24]

19세기 전반부에는 독도가 친찬타오로 표시되거나, 울릉도의 위치에 잘못 표시되었지만, 리앙쿠르호의 독도 발견에 의해 이제 정확한 위치에 표시되게 되었다. 당시 리앙쿠르호의 항해 보고서는 프랑스 해도국에서 발행하는 『수로지(Annales Hydrographiques)』의 1850년과 1851년 합본호에 수록되었다. 수로지에 의하면 리앙쿠르호는 1849년 1월 27일 다줄레 섬 부근에서 어떤 지도와 항해 지침서에서 표시되어 있지 않은 암석을 발견했다. 그 위치를 측정한 결과 북위 $37°2'$, 동경 $131°46'$이었다. 이 보고의 내용을 기반으로 하여 프랑스 해군이 1851년 간행한「태평양 지도(Carte générale de l'Océan Pacifique)」에 독도는 리앙쿠르 암초란 의미의 프랑스 어인 'Rr. du Liancourt'로 최초로 표기되었다. 그리고 북쪽에 다카시마(Takasima, 아르고노트)와 마쓰시마(Matsushima, Dagelet, 울릉도)의 존재를 확인할 수 있다(그림 5-6).

독도는 발견되었지만, 아르고노트의 존재에 대한 확인이 필요했다. 그래서

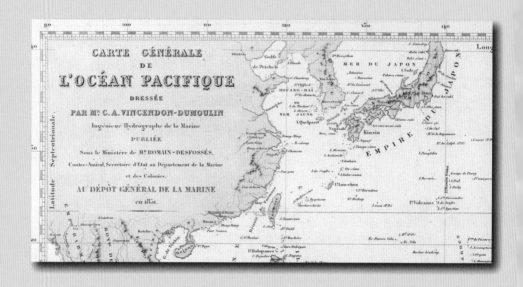

➤ 그림 5-6. 프랑스 해군의 「태평양 지도」(1851)
프랑스 국립도서관 소장

1850년 당시 프랑스 대통령 루이 나폴레옹은 인도차이나 함대 사령관 로크모렐(Gaston de Roquemaurel)[25]에게 조선 해안과 만주 연안 지역을 방문하여 라페루즈, 브로턴, 크루젠스테른의 탐사에서 미진했던 부분을 보완하라는 지시를 내렸다. 그가 탄 카프리시외즈(Capricieuse)호는 괌을 출발하여 1852년 7월 25일 대한 해협을 통과했고 포항 장기곶을 조망하였다(Zanco, 2003). 한편 지도상에서 아르고노트 섬의 위치에 해당되는 해역을 점선으로 표시하고 두 번이나 지나갔으나 섬을 발견하지 못하였다. 그리고 지도상에 섬이 존재하지 않는다고 표기하였다. 당시 지도는 수로학자이자 천문학자인 무셰(Amedee Mouchez)가 제작하였다. 그는 울릉도 근처를 지났으나, 독도를 보지 못했다. 그렇지만 무셰가 그린 1852년 「조선 동안과 달단 지도」[26]에서는 독도의 위치에 마쓰시마 섬(I. Matsushima)을 표시하였다(그림 5-7).

프랑스만 독도에 자국의 지명을 부여한 것은 아니었다. 크림 전쟁 중이던 1854년, 러시아 역시 동해와 조선, 일본 북방의 열도를 탐사하고자 하였다. 러시아 푸탸틴 제독의 함정 팔라스(Pallas)호가, 울릉도 근해를 조사하였으나, 아르고노트를 발견하지 못하였다. 당시 이 함대에는 올리부차(Olivoutza)호와 보스토크(Vostok)호가 소속되어 있었는데, 올리부차호가 1854년 4월 6일 독도를 관측하였다. 독도에 대해서는 북위 37°14′, 동경 131°57′05″로 측량했고 동도는 메넬라이(Menelai) 서도는 올리부차(Olivoutza)로 명명하였다.[27]

1855년 4월 25일에는 포사이스(Charles Codrington Forsyth)의 영국 함대가 독도 주변을 측량하였다. 시빌(Sybille), 비턴(Bittern), 호넷(Hornet) 세 척의 배가 각각 측량하고 평균을 내어 독도의 위치를 결정하였다. 당시 호넷호에 함장이 승선하였기에 이후 간행된 지도에서는 독도를 호넷 섬으로 명명하였다.[28] 그러나 해역에서 아르고노트의 존재는 확인하지 못했고, 그 섬이 존재하지 않는 것으로 결론 내렸다. 그래서 아르고노트와 그에 해당하는 일본 지

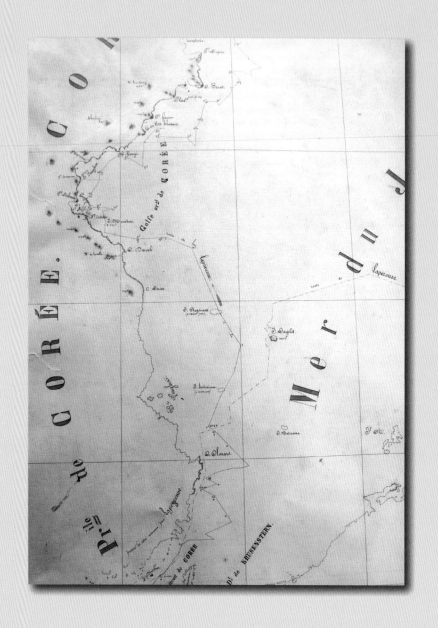

➤ 그림 5-7, 「조선 동안과 달단 지도」(1852년)의 동해
프랑스 국립도서관 소장

명인 다카시마(Takasima)가 지도상에서 사라지게 되었다(Pelletier, 2011).

이렇듯 독도가 다양한 국적의 명칭으로 불렸던 것을 가장 잘 보여 주는 지도가 프랑스 육군 지도부(Service géographique de l'Armée)에서 1883년 이후에 제작했다고 추정되는 「조선 남부와 일본 지도」[29]이다(그림 5-8). 1:1,000,000 축척의 이 지도는 프랑스가 아시아 경영을 위해 제작한 것으로, 당시 세계지도로서는 상당히 대축척이었기 때문에 조선에 대한 정보도 이전 과는 비교될 수 없이 많이 수록하고 있다. 울릉도는 마쓰시마, 다줄레, 부솔로 표기되어 있음을 확인할 수 있다. 그리고 독도는 올리부차, 메넬라이, 호넷, 리앙쿠르의 네 가지 이름으로 표시되어 있다.

그러면 당시 독도는 어느 나라의 영토로 표시되었을까? 19세기 중반 이후 는 일본이 개항되고 서구 사회의 관심은 일본에 집중되었다. 그렇지만 일본 에 대한 정확한 지리적 정보를 보유하지 못한 서구의 지도 제작자들은 독도 를 조선이나 일본의 영토로 임의로 표기하는 경우가 많았다. 예를 들어 1875 년 스틸러(Adolf Stieler)의 「중국, 조선 및 일본 지도」[30]와 1894년에 플레밍 (Carl Flemming)이 제작한 「조선, 중국 및 남부 일본 지도」[31]에서는 울릉도와 독도를 일본 영토에 포함시켰다. 반대로 독도와 울릉도를 조선의 영토로 명 확히 표기한 지도도 존재한다. 1895년 러시아의 포기오(Mikhail Alexksan- drovic von Pogio)가 1:3,000,000의 축척으로 제작한 「조선지도」[32]에서는 울 릉도를 'Olon-To I.(Dajelet)'로 표기하며 독도의 서도는 'Oliwuc Felsen' 동 도는 'Menelaus Felsen'로 정확하게 표기한다. 그리고 로니(Léon de Rosny)가 1886년에 출간한 『조선인, 인류학적 역사적 고찰』[33]에 수록된 지도에도 독도 가 조선령으로 표기되어 있다.

위의 두 유형의 지도를 볼 때, 독자들은 아마 앞의 유형의 지도들은 정보 자

➤ 그림 5-8. 프랑스 육군 지도부의 「조선 남부와 일본 지도」의 울릉도와 독도
프랑스 국립도서관 소장

체가 엉망인 엉터리 지도이며, 뒤의 유형의 지도들은 정확한 지도라고 생각할 것이다. 물론 울릉도와 독도의 영토 소유 여부의 관점에서는 그럴 수 있다. 그렇지만 전반적인 지도의 정확성 면에서는 반드시 그렇지 않다. 아마 당시 지도의 저자들은 울릉도와 독도가 어느 나라 영토에 속하느냐에 대해서는 관심이 없었기 때문에 임의로 경계선을 그어 조선이나 일본에 귀속시켰을 확률이 가장 높다. 이 관점에서 보면 서양 고지도를 한국과 일본의 영토 문제와 결부시키는 것이 얼마나 어리석은지 알 수 있다. 우리는 흔히 언론 매체에서 독도가 조선의 영토였다는 증거가 되는 새로운 지도를 발견했다는 뉴스를 접하곤 한다. 그런데 과연 그 지도가 영토 문제를 결정하는데 증거가 될 수 있을까?

고지도를 통해 영토 문제를 해결하기는 매우 어렵다. 영토는 현재의 문제이지 과거의 문제는 아니기 때문이다. 옛날에 누구의 땅이었다는 사실은 역사 인식의 문제일 수는 있어도 현재 누구의 땅이 되어야 한다는 논리로 발전되기에는 무리가 많다. 영토는 전쟁이나 조약에 의하지 않고는 변경이 불가능하다. 다만 조약 체결의 과정에서 지도는 중요한 근거 자료로 활용된다(박현진, 2007).

서양 고지도는 당시 서양인이 가지고 있던 두 나라 간의 경계 인식을 반영할 따름이다. 제삼국인인 유럽 인들이 동아시아의 국경을 객관적으로 인식하고 있을 것이라고 생각하는 사람들도 있지만, 이것은 현실적으로 불가능하다. 왜냐면 유럽의 국경 자체도 당시에 확정되지 않은 상태였다. 예를 들어 18세기와 19세기의 유럽 지도에서 프랑스와 에스파냐 간의 국경은 정확한 선으로 표시되어 있지 않다. 강이나 바다와 같은 자연 지형이 경계인 곳은 실선으로 그을 수 있지만, 산지와 같이 경계를 설정하기 어려운 지역의 경우는 실선이 아닌 점선으로 대략적인 경계를 표시하였다(Sahlins, 1989).

만일 두 나라가 지도를 근거로 국제 사법 재판소를 통해 국경을 다시 설정하는 것에 동의한다고 해도 공식 정부 기관이 아닌 일반 출판사의 지도를 가지고 경계를 논하는 것은 매우 어렵다. 증거 능력과 증명력의 관점에서 볼 때 지도는 크게 공인 지도 또는 이와 유사한 반공인 지도 그리고 비공인 지도로 분류된다(Hyde, 1933). 국제법적으로 증거 능력을 가진 자료는 일차적으로 분쟁 당사국의 정부 기관이 제작·간행한 기록이나 지도 또는 분쟁 당사국 간 체결된 합의 문서 등 공식 기록이나 공인 지도를 우선적으로 가리킨다. 단 국경 분쟁 중인 두 나라가 모두 식민지를 경험하여 공식적인 지도를 발행하지 못한 경우에는 이전 식민당국이 과거에 제작·간행한 지도 역시 공인 지도에 포함된다(박현진, 2007). 독도와 관련하여 공인 지도로 사용 가능한 지도는 한일 양국에서 각각 몇 개를 거론 할 수 있겠지만, 독도가 정확한 위치에 표시된 지도로는 일본 태정관 공문인 1876년 태정관지령(太政官指令)의 붙임지도인 「기죽도약도(磯竹島略圖)」가 유일하다. 이 지도는 일본의 개혁파 교회(Reformed Church) 목사인 우루시자키 히데유키(漆崎英之)가 2005년에 발견하여 한국의 언론에 제보한 것이다.

동중국해의 한국해

19세기의 프랑스 지도에는 특이한 내용이 있다. 한국해 명칭이 동해가 아닌 동중국해에 표기된 지도들이 존재한다는 것이다. 당시 대부분의 지도는 동해를 일본해, 동중국해를 중국해로 표시하였다. 헤리손(Eustache Herisson)의 1806년 「아시아 지도(Carte générale de L'Asie)」에서는 동중국해에 바다 명칭을 표기하지 않았다. 그리고 동해는 타타르 해(Mer de Tartarie)로 표기하였다. 그러나 동일한 제목의 1817년 판에서 동해는 일본해로, 동중국해는 한국해로 표기하였다. 이렇게 표기한 지도들이 1840년대까지 계속 제작되었다. 1840년에 제작된 타르디외(Pierre Tardieu)의 「아시아 지도(Carte d'Asie)」(그림 5-9)와 레이노(Raynaud)의 「아시아 지도(Carte d'Asie)」는 모두 동중국해를 한국해로 표기했다. 그리고 비예맹(Alexzndre Vuillemin)의 1842년 「신 아시아 지도(Nouvelle carte de l'Asie)」에서는 '동양해 또는 한국해'로 표기하였다.

여기에 대해서는 다음과 같은 해석이 가능하다. 첫째, 현재의 동해 위치에 한국해를 표기하는 것이 지도 제작상의 관행이었는데, 동해에 일본해를 표기하게 되어 한국해를 표기할 장소가 없어서 동중국해에 표기했다는 것이다(정성화 외, 2007).

둘째, 일부 지도 제작자들이 아시아에 대한 지식 부족으로 특별한 고려 없이 동중국해에 한국해로 표시했다는 것이다. 필자는 수년간 이 이유에 대해 고민하고 최고의 프랑스 고지도 전문가들에게 이에 대해 문의했는데, 이것이 이들의 답변이다. 실제로 이들 지도 제작자들은 지도 제작을 선도하던 집

➤ 그림 5-9. 타르디외의 「아시아 지도」
프랑스 국립도서관 소장

단은 아니며, 일종의 상업적 복제 지도 제작자였다. 그러나 당시 출간된『세계지리사전』(Sociétés de Paris, Londres et Bruxelles, 1837, 66)과『세계지리서』(Societe belge de librairie, 1839, 250)에서도 동중국해를 동해 또는 한국해로 명명하였다. 따라서 1830년대 후반과 1840년대 초에 동중국해를 한국해로 부르는 관행이 어느 정도는 존재한 것을 알 수 있다. 하지만 당시의 일류 지도 제작자들의 지도에서는 이러한 표기를 확인할 수 없는 것 역시 사실이다.

셋째, 조선에 대한 프랑스의 관심이 동중국해를 한국해로 표기하게 된 계기라는 가설을 생각해 볼 수 있다. 당시 프랑스는 인도차이나 반도에 식민지를 가지지는 않았지만, 프랑스 동인도 회사는 1668년 인도차이나에 첫발을 디디고 무역과 선교를 위해 노력하였다. 따라서 인도차이나에서 조선으로 진출하려는 목적, 즉 조선에 대한 관심이 한국해로 표기로 이어졌다는 생각이다. 이 가설이 성립되려면 이 시기에 조선에 대한 프랑스의 관심이 증대되었어야 한다.

프랑스는 1821년 이후 베트남에 통상을 지속적으로 요구하였다. 그렇지만 1830년대는 루이 필리프(Louis Philippe) 시대로 7월 왕정에 실망한 노동자들이 폭동을 일으켜 사회적으로 불안정한 상태였다. 또 정치 지도자들의 사회주의적 주장에 의한 폭동 역시 발발하여 정치적 공황기를 맞았다. 프랑스는 1844년에 청나라와 황푸 조약을 체결하여 영국과 청나라 간의 난징 조약과 동일한 여러 특권을 획득하였으나 1846년에 다시 흉작과 공황으로 파산과 실업 상태에 직면하였다. 따라서 베트남이나 중국에 대한 영향력을 확대하지 못한 상태였다(송정남, 2000). 그리고 프랑스가 조선에 대해 관심이 많았다는 문헌 자료 역시 밝혀진 것이 없다. 그러므로 이 가설 역시 현재로서는 확인이 어렵다.

네 번째 가설은 한반도 서해안의 코리아 군도34와 코리아 해협(대한해협) 때문에 동중국해를 한국해로 표기하게 되었다는 것이다. 이 해협과 군도로 이어지는 바다를 한국해로 표기하는 것은 당시 바다 분류 체계에 대한 지식이 없었던 지도 제작자가 범하기 쉬운 오류였다. 필자는 이 가설 역시 어느 정도 타당성이 있다고 생각한다. 왜냐면 당시는 이전의 동해와 동중국해 등의 개념의 혼돈이 발생하던 시기였다. 이전의 동해와 한국해가 동일한 개념이었다면, 이제 동해는 일본해로 변하고 이전의 중국해가 동중국해로 자리를 잡아가는 것이다.

이 시기에 한국해 말고도 여러 명칭들이 동중국해 명칭으로 사용되었다. 타생(Jean-Baptiste Tassin)은 1840년 「중국을 포함한 동아시아 지도」[35]에 동중국해를 'Tung Hai or Eastern Sea'로 표기했고, 뒤푸르(Auguste-Henri Dufour)는 1844년 「클로틀로트에게 헌정하는 아시아 지도」[36]에서 동중국해의 의미인 'Mer Orientale ou Toung-Hai'를 표시하였다. 그리고 지리학자 브뤼(Adrien-Hubert Brué)의 1821년 「세계지도」[37]와 보프레(Beaupré)의 「아시아 지도」[38], 미국 너새니얼(Gilbert Nathaniel)의 1836년 「아시아(Asia)」는 동중국해를 청해(靑海, blue sea)로 표기하였다. 그리고 브뤼의 1840년 「아시아 지도」[39]에서는 류큐해로 표기하기도 하였다.[40] 이렇게 동중국해의 지명이 여러 방식으로 표기된 것은 서양 고지도에서 당시 동중국해의 명칭도 정착되지 않았음을 의미한다. 현재는 국제적으로 동중국해(East China Sea)로 표기되고 있다.

한반도, 서양 고지도로 만나다

파리 외방 전교회 지도

김대건 신부는 1845년에 「조선전도」를 그렸고 다음 해 2월 조선 교회의 밀사들을 통해 최양업(崔良業)에게 전달하였다(조광,1997). 그리고 최양업은 이 지도를 상해 주재 프랑스 영사 몽티니(Louis Charles de Montigny)에게 전달하였고, 몽티니는 1849년 프랑스에 가져가서 프랑스 국립도서관에 기증하였다(그림 5-10). 이 지도는 김대건 신부의 친필 지도는 아니며, 김대건의 지도를 모사한 것인데, 울릉도를 'Oulangto', 그리고 그 동쪽의 독도에 'Ousan'이라고 표기하였다.

이 지도는 해외에서 대기 중인 외국인 성직자의 조선 입국에 도움을 주고자 했기 때문에 모든 지명이 프랑스 어로 표기되었다. 특히 서해안 지방의 도서 사정이 세밀한데, 이는 외방 전교회 소속 선교 신부들이 서해 루트를 이용하여 조선에 비밀 입국한 것을 의식하여 서해 연안의 지리적 사정을 상세히 그린 것으로 볼 수도 있다(이원순, 2002). 그러나 실제로 서해 연안의 지리적 사정을 상세히 그린 사실이 선교사들의 입국을 용이하게 하기 위한 것이란 주장은 사실이 아니다. 이 지도는 당시 조선에서 널리 통용되던 「해좌전도(海左全圖)」를 김대건이 모사한 것이다. 이때 '해좌'는 '바다 왼쪽에 있는 나라'라는 뜻으로 중국을 중심으로 상대적 위치에서 표현한 조선의 별칭이다. 실제로 국립중앙박물관 소장 「해좌전도」[41]와 윤곽을 비교하면 한반도의 윤곽이 완전히 일치한다. 다만 제주도와 대마도의 형태는 차이가 있다. 「해좌전도」는 목판본 조선전도인데 울릉도에 중봉(中峯)을 표기했고, 울릉도 오른 쪽의 섬인 독도에는 우산(于山)이라고 표기했다. 김대건은 이 표기를 모사하여 동해에 울릉도와 우산도를 그린 것이다. 다만 중봉 표기는 생략하였다.

말트-브룅(Victor-Adolphe Malte-Brun)은 김대건의 지도를 다시 모사하여 조선 지도를 제작했고 파리 지리학회지에 게재했다. 이 지도는 1855년 파리에서 발행된 『지리학회지』[42] 4집 9권에 수록되었다. 그리고 김대건의 지도에 대해 지리학자 기요 조마르(Guyot Jomard)가 해제하였다. 그는 지도에서 강원도가 'Kang-guen-to'로 잘못 표기되었다고 지적하고 'Kang-yuen-to'로 표기하는 것이 바르다고 지적하였다. 그래서 이 책의 지도에는 'Kanguento'로 표기하였다(그림 5-11).

조선에 대한 파리 외방 전교회의 관심은 계속되었다. 달레(Claude Charles Dallet) 신부는 1829년에 프랑스에서 태어나 1852년에 사제가 됐으며 인도에서 선교를 시작했다. 그는 외방 전교회의 역사를 쓰기 위해 자료 수집 차 미국과 캐나다를 여행했고 파리로 돌아와서 주로 중국에서 시무한 선교사들이 보낸 자료를 근거로 1874년 2권으로 구성된 『조선 교회사』[43]를 펴냈다. 달레는 조선을 직접 방문하지는 않았지만 이 책을 통해 주로 천주교가 조선에 수용되고 또 박해받은 과정을 상세히 설명하였다. 그의 책에는 조선 지도가 첨부되어 있다. 그리고 이 지도와 유사한 지도가 1880년 파리 외방 전교회의 『한불자뎐(韓佛字典)』[44] 속에도 첨부되어 있다. 이 「조선도」[45]는 외래 지명을 사용하지 않았기 때문에 더욱 가치가 있으며, 김대건 신부의 영향을 받아 독도와 울릉도를 표기하였다. 울릉도는 'Oul-neung-to'로 표기했고, 독도는 을릉도 우편에 'Ou-san'으로 표기하였다(그림 5-12).

➤ 그림 5-10. 1846년 김대건 신부의 「조선전도」,
프랑스 국립도서관 소장

➤ 그림 5-11. 김대건 신부의 지도를 말트-브룅이 축소하여 1855년 『지리학회지』에 게재한 지도

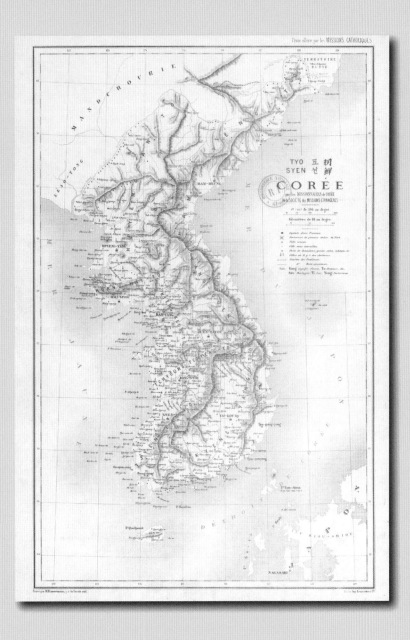

➤ 그림 5-12. 1880년 프랑스 외방 전교회 발행 『한불자뎐(韓佛字典)』 속의 조선 지도
프랑스 국립도서관 소장

■ 5장 주석

1. The northwest part of the great ocean

2. 1823년에 인도 총독으로 임명되었다.

3. McLeod 책의 내용은 박천홍(2008)의 책에 부분적으로 수록되어 있다.

4. Map of the Island of Japan, Kurile. 지도의 카르투슈에는 1811년으로 기재되어 있으나, 실제 출간된 해는 1818년이다.

5. Carte des Trois Royaume

6. Johnson's China and Japan

7. 러시아 귀족 계급과 자본가 계급을 대조하면서 농노제에 바탕을 둔 생활 양식을 비난한 소설 인『오블로모프 'Oblomov'』(1859)를 발표하여 러시아의 사회 변화를 극적으로 묘사했다는 평가를 받았다. 주인공 오블로모프는 관대하지만 우유부단한 귀족 청년으로, 박력 있고 실리적인 친구에게 애인을 빼앗긴다. 뛰어난 인물 묘사에서 비롯되어 '허무감에 빠지고 무기력하며 시대에 뒤떨어진 19세기 러시아 사회의 사람들'을 일컫는 대명사로 '오블로모프시치나(Ob-lomovshchina)'라는 말이 생기기도 하였다.

8. Petermanns geographische Mitteilungen

9. 이 지명은 조선 최초의 서양인 외교 고문인 묄렌도르프(Paul Georg Von Möllendorf)의 청빙으로 조선의 지하자원을 조사하기 위해 1883년에 입국한 독일의 지리 학자 카를 크리스티안 고트셰(Carl Christian Gottsche)의 지리지에 함경남도 함주군과 영광군의 경계에 위치한 백운산(Paikunsan)으로 언급되고 있다(Gottsche, 1886). 고트셰는 이 책이 발표된 1886년에 1 : 4,000,000 축척의 조선 지질도를 제작하였다.

10. China, Korea und Japan

11. 하멜은 고래를 관찰할 수 있었던 함경도 지방이나 동해안 지방은 결코 방문한 적이 없다. 따라서 이 이야기를 실제 하멜이 조선 체류 기간에 들었는지 아니면 나중에 네덜란드에 돌아와 추가했는지에 대해서 확실치 않으며, 당시 조선인들이 네덜란드와 프랑스의 작살을 어떻게 구분했는지도 의문이다. 그렇지만 이 내용은 결국 북해에서 작살을 맞은 고래가 북동 항로나 북서 항로를 통해 동해로 왔다는 사실을 방증한다. 따라서 그의 항해기는 네덜란드 동인도 회사의 동해 탐사 욕구를 자극하였다.

12. 항구에 정착한 이들은 무기 산업 및 국제 금융 산업과 연관된 업무에 주로 종사하였다. 르아

250   한반도, 서양 고지도로 만나다

브르의 외국인 비율은 프랑스 항구 중 가장 높았으며 국적 또한 다양하였다. 포르투갈, 덴마크, 벨기에, 영국, 네덜란드, 스위스 등의 국가에서 이주하였다. 그러나 가장 많은 수의 귀화자는 미국인들이었다. 1846년에는 이곳에서 활약한 미국인의 수가 70명을 넘었는데 주로 중개인, 선주, 선장으로 활동하였다. 윈즐로는 이 가운데 가장 뛰어난 인물이었다(Lambert-Dansette, 2001).

13. 『1816년 2월 8일 법(Une ordonnance royale, du 8 février 1816)』

14. 이진명(2005)은 리앙쿠르호가 361톤이라고 주장하였지만, 윈즐로의 후손인 파스키에(Jean Thierry du Pasquier)는 리앙쿠르호가 431톤이었다고 주장하였다. 그리고 라크루아(Louis Lacroix) 역시 431톤이라고 표기하였다(Lacroix, 1997, 282).

15. 북해에서 평균 포경선의 항해 기간은 6개월이었으나 남태평양의 경우 최소 1년, 북태평양의 경우는 최소 1년 6개월이 소요되었다.

16. Carte du royaume de Kau-li on Corée

17. Carte de la Tartarie Chinoise

18. 이 조건은 매우 중요하다. 울릉도 주변의 섬 중 죽도와 관음도는 그 거리가 울릉도에서 각각 2km와 100m 정도에 지나지 않기 때문에 날씨의 청명 여부와 상관없이 항상 볼 수 있다. 그래서 우산도가 울릉도 주변의 섬이 아니라 독도가 되는 것이다.

19. Aperçu général des trois royaumes

20. 1794년에 다시 영국 해군에 복귀하지만, 콜넷이 울릉도를 발견한 것은 무역상의 신분일 때였다.

21. 이 지도는 Milburn(1813)의 저서에 수록되었다.

22. Karte vom Japanischen Reiche

23. Atlas von land und peeleston vom japonischen Reiche Dai-Nip-Pon

24. 지볼트는 다카하시 가게야스(高橋景保)의 1809년 「일본변계약도(日本邊界略圖)」를 번역하여 1832년에 출간하였다. 다카하시의 지도에서는 울릉도와 독도가 영흥만 옆에 반릉도와 천산도로 표시되어 있다. 그러나 지볼트는 이를 수정하여 반릉도와 천산도를 삭제하고 울릉도를 탁시마(Tak-sima), 독도를 마쓰시마(Mats-sima)로 표기하였다.

25. 계몽주의적 사고를 가진 귀족으로, 군사적 목적보다는 이 탐사를 통해 민속학 연구를 수행하려 하였다. 그러나 그의 계획은 거절당했다. 이미 남극 대륙은 발견했으며, 이제 더 이상 발견할 곳이 없게 되었다. 그는 더 이상 과학이 항해를 인도하는 시대가 지났다는 것을 한탄하였다. 그리고 포경선과 진주조개잡이 배들이 영리적 목적으로 이미 세계를 탐사하였음을 개탄했다.

26. Cote Orientale de Corée et partie de la Tartarie

27. 당시 보스토크호는 울릉도를 관측하였는데, 울릉도의 위치를 북위 37° 22′, 동경 130°56′5″로 결정하였다. 울릉도의 형태는 원형으로 둘레는 37㎞이며, 외곽은 절벽이라 접근이 어렵고 가장 높은 산의 고도는 640 m 라고 기술하였다. 그러나 성인봉의 고도는 실제 984m이다.

28. Whittihgham(1856)의 책에 첨부된 지도에는 'Sybille rocks'으로 표기되었다.

29. Carte du sud de la Corée et du Japon

30. China(östel, theil), Korea und Japan

31. Korea, Nordost-China und Süd-Japan

32. KARTE von TIO-SIONJ oder KOREA. 독도는 러시아 명칭인 올리부차 바위섬(Oliwuc Felsen)과 메넬라이 바위섬(Menelaus Felsen)으로 표기하였다.

33. Les Coréens: Aperçu ethnographique et historique

34. 우리나라 남서해안의 다도해에 해당한다.

35. Map of Eastern Asia comprising China

36. Asie, dédiée à M. J. Klaproth

37. Carte générale du globe terrestre

38. Carte générale de l'Asie

39. Carte encyprotype de l'Asie

40. 프랑스는 1844년에 류큐를 측량한 적이 있다.

41. 19세기 중반경에 만들어진 것으로 추정되는 대표적인 목관본 조선전도이다. 지도의 전체적 형태와 내용이 정상기의 「동국지도(東國地圖)」와 비슷하다.

42. Bulletin de la Société de géographie

43. Histoire de l'Eglise de Corée

44. Dictionnaire coréen-français par la Société des missions étrangères

45. Corée, par les missionnaires de Corée de la Société des missions étrangères

제6장

서양 고지도의 동해

동해와 고지도

    역사적으로 지도는 정치적 도구로 활용되었다. 사실 지도가 표현하는 것은 영토이기 때문에 두 나라의 영토 경계에 대한 이해가 다른 경우 지도가 영토 분쟁의 도구로 사용되는 것은 피할 수 없다. 하지만 우리나라와 관계가 없어 보이는 서양 고지도 역시 우리나라와 주변국 간의 정치적 분쟁의 도구로 사용된다는 것은 의아한 일이다. 어찌됐든 서양 고지도는 현재 동해와 일본해 지명 논쟁에서 중요한 역할을 하고 있다. 일본은 외무성 홈페이지에 일본해 지명의 당위성에 대한 근거를 게시했는데, 외국 주요 도서관이 소장한 지도에 표기된 일본해 지명의 숫자가 동해 명칭 보다 많은 것을 근거로 주장하고 있다. 그러나 이러한 논쟁이 과연 학술적인지, 그리고 지명이라는 개념이 과연 객관적 차원에서 접근할 수 있는 것인지에 대한 의구심이 든다. 다만 이 의문을 해결해 나가기 위해 역사적으로 동해가 서양 고지도에 어떻게 표기되어 왔는지를 살펴볼 필요가 있다.

    필자는 서양 고지도의 동해 표기를 조사하기 위해 외국의 도서관을 방문한 적이 있는데, 대부분의 지도에서 일본 사람들의 열람 신청서가 끼워져 있는 것을 확인하였다. 이들이 조사한 자료를 근거로 일본 외무성에서는 프랑스 국립도서관(Bibliotheque Nationale de France)이나 대영도서관(British Library)의 지도 중 몇 퍼센트가 동해를 일본해라고 표기했는지 통계를 내고 보고서 형태로 홈페이지에 게시하고 있다. 물론 2004년에 우리나라 역시 18세기 지도에 한국해가 압도적으로 많다는 것을 강조한 보고서를 작성하여 해외에 홍보한 적이 있다. 그런데 문제는 이런 식으로 고지도의 지명을 조사한 연구가 과연 학문적으로 타당한가이다. 지금도 동해가 한국해로 표기된 새로운 지도가 발견되었다는 내용이 언론 매체에 등장하곤 한다. 그런데 대부분의 보도에서 언급하는 새로운 지도는 실제로 새로운 지도가 아닌 경우가 많다.

역사적으로 서양 고지도에서 동해가 어떻게 표기되었는지를 조사하기 위해서는 먼저 해결해야 할 의문이 존재한다. 즉 하나의 도서관에 적어도 수백 장에서 수만 장에 이르는 지도가 소장되어 있는데, 그 많은 지도를 과연 어떻게 조사할 수 있을까 하는 것이다.

이 질문에 대답하기 위해서 필자는 많은 시간을 대영도서관과 프랑스 국립도서관의 지도 자료실에서 보냈다. 영국과 프랑스는 19세기의 대표적인 제국주의 국가이다 보니 이 두 나라의 도서관은 세계에서 가장 많은 아시아 고지도를 보관하고 있다. 미국 의회도서관(Library of Congress) 역시 많은 지도를 보유하고 있지만, 아시아 지도의 보유량은 영국과 프랑스의 도서관에 미치지 못한다. 따라서 이 두 도서관만 조사하여도 충분히 많은 표본 자료의 확보가 가능하다.

지금도 마찬가지지만, 당시에도 지도 제작 기관이나 뛰어난 지도 제작사의 지도를 나머지 지도 제작자들이 복제하는 경향을 가지고 있었다. 당시 가장 명성있던 지도 제작자는 왕실 지리학자나 귀족 가문에 소속된 지도 제작자였다. 그들의 지도는 가장 정교하며, 또 아름답게 제작되었다. 그래야만 왕실이나 귀족들로부터 지속적인 후원을 받을 수 있었다. 따라서 당시의 지도를 조사하기 위해 가장 뛰어난 지도 제작자의 지도만 조사하면 나머지는 대체적으로 유사하다.

16세기의 지도 제작은 이탈리아가 주도하였지만, 16세기 후반부가 되면 그

주도권이 네덜란드로 넘어간다. 메르카토르와 혼디우스, 오르텔리우스에 의해 네덜란드의 지도 제작 기술이 발달하였고, 동인도 회사의 설립으로 네덜란드가 아시아에 대해 가장 많은 정보를 가졌기 때문이다. 그러나 이 경향은 17세기 중반에 변한다. 루이 14세 시기 프랑스에서 니콜라 상송이라는 지도 제작자가 배출되었는데, 그는 지도 투영법을 직접 제작할 정도로 수학에 조예가 깊었으며, 뛰어난 제작 기술로 인해 그의 지도가 암스테르담에서도 출간될 정도로 상업적 성공을 거두었다. 동시대에 프랑스에서 경도 측량으로 유명한 장 도미니크 카시니가 주축이 되어 프랑스 국가 지형도 제작을 시작하였다. 이전 지도와의 차이는 국가적 차원에서 과학원을 설립하고 그 과학적 이론에 의거하여 지도를 제작했다는 것이다. 당시의 지도 제작은 천문학과 측량학 등이 총 망라된 최첨단 사업이었다. 따라서 루이 14세의 적극적인 후원에 힘입어 프랑스에서 지도학이 발달하게 되었고 주변국에서는 그 정보를 활용하거나 프랑스의 지도를 번역하여 출판하는 수준이었다. 18세기 중반까지는 영국의 아시아 지도도 대부분 프랑스의 지도를 번역하는 수준이었다. 그래서 몰(Herman Moll)과 같은 18세기 영국에서 활약한 지도 제작자의 아시아 지도를 보면 프랑스의 기욤 드릴의 지도와 완전히 일치함을 발견할 수 있다. 물론 영국의 지도가 완전히 프랑스에 뒤졌다는 의미는 아니다. 다만 프랑스는 중국에 파견한 예수회 선교사들 덕분에 18세기 동아시아 지역에서 영국보다 많은 지리 정보를 수집했고, 이로 인해 지도가 정확했던 것이다.

독자들은 "동아시아에 진출한 최초의 국가가 포르투갈인데, 왜 포르투갈의 지도를 조사하지 않았을까?"라고 생각을 할 수 있다. 당시 포르투갈은 지도를 철저하게 비밀리에 보관하였다. 그래서 민간에 지도를 유통하는 것은 법적으로 금지하였다. 특히 포르투갈의 국익에 관계되는 아시아 지도의 경우는 유출이 불가능하였고, 인쇄하지 않고 필사본으로 제작하였다. 따라서 생산된 지도의 수 역시 매우 적었다. 더구나 리스본의 지도 보관소가 1755년 지진 발생 후 화재로 인해 전소되어서 이전에 제작된 지도의 대다수가 유실되었다. 따라서 포르투갈의 지도를 조사하는 것은 현실적으로 의미가 없다. 그리고 독일이나 오스트리아, 이탈리아는 당시 동방에 진출하지 못하였으므로 영국이나 프랑스의 지도를 참조하여 편집하는 수준이었다. 실제 이탈리아나 독일의 아시아 지도를 보면 프랑스의 지도를 복제한 것임을 알 수 있다. 그래서 영국과 프랑스의 도서관에 보관된 아시아 지도를 중점적으로 조사하였다.

　우선 매우 복잡해 보이지만, 서양 고지도에 표시된 동해를 시기별로 살펴보면 한 가지 명확한 현상을 발견할 수 있다. 17세기에서 19세기까지 각각의 시기별로 표현 유형이 분명해진다는 것이다. 서양 고지도에 수록된 동해 표기를 조사하는 것만 해도 책 한 권의 분량이지만(서정철·김인환, 2014), 이를 단순화하면 다음과 같이 요약된다.

　우선, 우연의 일치겠지만 세기별로 명확하게 구분됨을 확인할 수 있다. 1600년 이전에 제작된 지도들에는 대부분 현재의 동해나 한반도 자체가 표시되지 않는다. 다만 중국이나 일본만 표시되어 있을 따름이다. 비록 1500년대 중반 이후에 한반도로 생각할 수 있는 반도가 일부 지도에서 표시되나, 한반도로 규정하는 것은 불가능하다. 1500년대 중반부터 포르투갈 인의 영향 등으로 인해 이 지역의 정보가 확보되었고 불완전하지만 한반도 주변에 대해 비교적 상세한 지도가 그려지기 시작한다. 당시의 지도 중 비교적 자세히 이 지역을 지도화한 것은 16세기의 가장 뛰어난 지도 제작자로 평가받는 이탈리아의 가스탈디(Giacomo Gastaldi)의 지도이다. 그는 1561년에 제작한 「아시아 주요 부분의 기술」에서 한반도를 그리지 않았지만 중국과 일본 사이의 바다, 즉 동해를 포함하는 동아시아의 바다를 '만지(Mangi) 해'로 표기하였다. 조더

(Cornelis de Jode)의 1598년 「아시아 지도」[1] 역시 이 방식으로 바다 이름을 표기하였다. 만지는 마르코 폴로가 중국의 남송을 불렀던 지명이다. 만지(蠻子)의 어원은 화이사상의 동이, 서융, 남만, 북적에서 나온 것으로 문화의 발원지로 자처한 중원(中原)이 후진 문화 지역이라 여긴 남방 지역을 비하하는 의미로 사용되어 왔다. 그래서 서양에는 남중국 지역에 대한 호칭으로 알려져 있었다(정수일, 2012). 당시에는 한반도가 자체가 지도상에 표시되기 전이었으므로 만지 해라는 명칭 자체는 의미를 가지지 않지만 17세기 후반에도 간혹 동해를 지칭하는 명칭으로 지도상에 사용되었다. 그림 6-1은 프랑스 루이 13세의 우주지학자를 역임한 베르티우스(Petrus Bertius)의 「아시아 지도」 1661년 판인데 동해가 만지 해로 명확하게 표시되어 있다.

이 시대에 한 가지 더 주목할 것은 동해 주변을 서양해로 표기하는 지도가 있다는 것이다. 예를 들어 케레(Pieter Van den Keere)가 1614년 제작한 「아시아의 새로운 기술」[2]에서는 인도양을 '동양해(Oceanus Orientalis)'로, 동해와 주변의 북쪽 바다를 '서양해(Oceanus Occidentalis)'로 정의했다. 그러나 이것은 아메리카 대륙을 기준으로 한 서쪽의 바다라는 의미이다. 그래서 험블(George Humble)과 스피드(John Speed)가 1626년 제작한 「아시아 지도」[3] 역시 동해와 인근 바다를 서양해(The West Ocean)로 기재하고 일본 남쪽 바다는 중국해로 표기했다. 반면 인도양은 'The East Ocean'으로 표기했다(그림 6-2).

17세기부터는 동해가 '중국해'로 표기되었다. 17세기 프랑스의 예수회 소속 역사학자이자 지도학자인 브리에(Philippe Briet)는 1648년 집필한 『옛날과 오늘날의 지리학』[4]에서 북반구의 바다를 북해, 인도양, 동양해(Mare Orientale), 대서양의 네 개로 크게 구분했다. 그리고 동양해를 뉴기니와 솔로몬 제도, 호

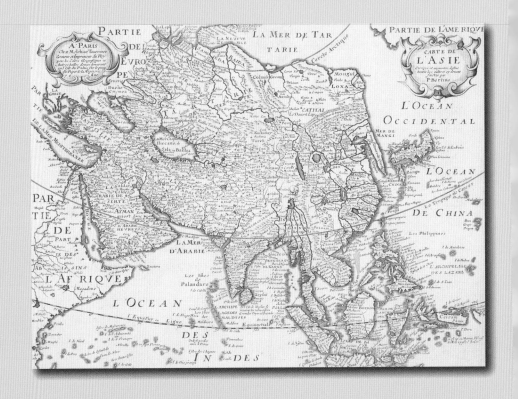

➤ 그림 6-1. 베르티우스의 「아시아 지도」
프랑스 국립도서관 소장

➤ 그림 6-2. 스피드와 험블의 「아시아 지도」
영국 런던 대영도서관 소장

주 주변의 바다를 자칭하는 란치돌(Lanchidol) 해, 필리핀, 인도네시아, 말루쿠로 이어지는 바다인 라자르(Lazart) 해로 구분했다. 그는 이 책에서 동양해(Oceano Orientali)는 중국해(Sinensis Oceanus)를 포괄하는데 중국해는 조선(Coream Insulam)을 포함한다고 명시하고 있다. 그는 우리가 현재 막연히 정의하고 있는 동양해의 범위를 명확하게 정의하였다. 동해는 17세기 후반까지 계속 지도상에 중국해로 표기되었다.

17세기에 동해를 '한국해'로 표기한 지도도 존재한다. 에레디아의 1615년 지도(그림 3-1)나 더들리의 해양 아틀라스 『바다의 신비』에 등장하는 1646년 「아시아 지도」가 대표적이다(그림 3-13). 더들리의 『바다의 신비』는 항정선이 직선으로 표현되는 메르카토르 도법을 사용한 최초의 해양 아틀라스라 할 수 있다. 이 지도집에는 동해가 포함된 두 장의 지도가 첨부되어 있다. 한 지도에서는 동해를 한국해(MARE DI CORAI)로 크게 표기하고 일본 남해를 일본해(MARE DI JAPPONE)로 기재하였지만, 다른 지도에서는 동해에 일본 북해를 의미하는 'OCEANO BOREALE DELGAPPONNE'라고 쓰고 조선 동쪽 연안의 바다는 한국해의 의미인 'MARE DI CORAI'라고 하였다. 그러나 이 지도의 동해 지명은 당시에 유럽의 주류 지도 제작자들에게 채택되지 않았다.

네덜란드 동인도 회사 직원으로 중국을 방문했던 니우호프는 『중국 여행기』를 작성하여 높은 인기를 끌었는데, 그가 제작한 1672년의 「중국의 도시 및 하천 지도」에서는 동해를 '한국해(Mare Coreum)'로 기록했다. 그러나 이 책의 프랑스 판본에만 한국해로 표기했으며, 다른 나라 판에는 동해 명칭을 표기하지 않았다(그림 3-8). 또 동해를 '동양해'나 '일본 북해'로 표기한 지도도 이 시기에 등장했다. 예를 들어 코로넬리(Vincenzo Coronelli)는 1692년의 「일본과 조선 지도」에서 동해안 연안을 중국해, 일본 남쪽 바다를 일본해, 그리고 동해와 일본 사이에 해당하는 공해상의 바다를 동양해로 명명했다. 그리고 페르(Nicolas de Fer)가 1696년에 제작한 「세계 반구도」[5]에서는 동해를 일본 북해로 명시하였다.

18세기는 동해가 '동양해' 또는 '한국해'로 표기되던 시기였다. 이미 1680년대에 한국해 명칭이 표기되기 시작하였지만, 이는 간헐적인 현상으로 아직 전체적인 흐름을 이루지는 못하였다. 그런데 1700년을 기점으로 한국해 명칭이 본격적으로 지도에 사용된다. 1700년대는 유럽 지도 제작의 중심이 네덜란드에서 프랑스로 넘어간 시대이다. 이러한 과정에는 상송(Sanson) 가문과 카시니(Cassini) 가문, 드릴(Delisle) 가문의 역할이 압도적이었다. 이 시기는 지리적 지식의 확충으로 인해 바다 명칭 역시 이전과 같은 소축척이 아닌 대축척의 관점에서 구체적으로 정의하려는 시대였다. 이 시기의 동해는 세 가지 이름으로 지도에 주로 표기되었다.

첫째는 '한국해'로 양적인 측면에서는 대다수의 지도가 이 명칭으로 동해를 표기했다. 프랑스 왕실 지리학자 기욤 드릴[6]은 1705년 「인도와 중국 지도」에서 현재의 동해에 '동양해 또는 한국해(MER ORIENTALE OU MER DE COREE)'라는 명칭을 부여하였다(그림 4-1). 드릴이 왜 한국해 명칭을 사용했는지에 대한 명확한 이유는 알 수 없다. 추측건대 당시 프랑스 과학원에서는 중국에 선교사를 파견하고 있었고, 이 선교사들이 정기적으로 프랑스에 지도 자료를 전달하였다. 당시 벨기에 출신의 예수회 신부 토마스(Antoine Thomas)가 1690년경에 제작한 「타타르 지도」를 교황청에 보냈는데, 이 지도의 동해에 기재한 한국해 명칭인 'MARE COREANIAN'에서 영향을 받았을 가능성이 높다(그림 4-4).

당시 중국에 파견된 프랑스 예수회 선교사들은 포르투갈 출신의 예수회 선교사들보다는 벨기에 출신의 예수회 선교사들과 밀접한 소통관계를 유지하고 있었다(정인철, 2014). 아마도 동일한 프랑스 어를 사용했다는 측면에서 이들의 의사소통이 활발했을 것이다. 실제로 프랑스 과학원에서는 노엘과 같은 벨기에 선교사들의 측량 자료를 활용하여 아시아 지도를 제작하였다. 따라서 드릴이 토마스의 자료를 활용하여 동해를 한국해로 표기했을 가능성은 매우 높다. 토마스의 지도에서 한반도 모습은 『광여도』의 한반도 모습과 동일하며, 드릴의 지도 역시 마찬가지이다. 따라서 드릴이 토마스의 지도를 모사하여 그리는 가운데 자연스럽게 한국해 명칭을 사용하게 된 것으로 보는 것이 타당하다.

그리고 이 시기의 프랑스 사전에 한국해 명칭이 등장한다. 1705년 보랑(Michel-Antoine Baudrand)의 『지리와 역사사전』[7]에서는 우리가 동해로 지칭하고 있는 한국해의 정의를 명확하게 하고 있다. 그는 한국해(la MER de COREY)를 '동양해의 일부로 중국과 일본 사이에 위치한 한반도 중부 방향의 바다'라고 정의 내렸다.[8] 이 사전의 한국해 정의에 영향을 받아 18세기 초 이후에 프랑스에서 동해를 한국해로 명명한 것으로 추정된다. 그리고 일본해(la MER du JAPON)의 영역도 다음과 같이 정의했다. "일본해는 동양해의 일부로 일본의 동쪽, 그리고 중부에 위치한다. 네덜란드 인들이 '남해' 또는 '중부해'[9]라 불렀는데, 일본의 남쪽에 위치하기 때문이다."[10] 따라서 당시의 동해는 한국해이며, 일본해는 일본 남쪽의 바다임을 알 수 있다.

드릴의 영향을 받은 18세기 프랑스 지도 제작자들은 동해에 한국해 명칭을 부여하였다. 대표적으로 뷔아슈(Philippe Buache), 벨렝(Jacques-Nicolas Bellin), 보곤디(Gilles Robert de Vaugondy) 등을 들 수 있다. 그리고 영국의 지도 제작자들 역시 이들의 지도를 모사하여 동해를 한국해로 표기하였다. 당시의 지도 제작자로는 몰(Herman Moll), 보엔(Emanuel Bowen), 세넥스(John Senex) 등이 있다. 그리고 이들의 지도는 현재 한국인들에게 고가로 판매되고 있다. 지도에서 동해가 'Corean Sea'라는 영어로 표기되어 있기 때문이다.

둘째는 동해를 '동양해'로 표기한 경우이다. 17세기까지도 동양해는 인도양 또는 동중국해를 포함한 동아시아의 바다를 지칭하는 의미로 사용되었지만, 18세기에는 동양해가 현재의 동해 영역과 정확하게 일치하는 바다를 지칭하는 명칭으로 사용되었다. 기욤 드릴은 1700년 「아시아 지도」 등에서 동해를 넓은 바다가 아닌 좁은 바다의 의미를 가진 동양해(Mer Orientale)로 표시했다. 드릴의 동양해 지명과 관련된 의문은 "왜 동양해 명칭이 현재의 동해에 표기되었을까?"이다. 필자는 이를 알레니(Giulio Aleni)가 1623년 「만국전도」에서 동해를 '소동해(小東海)'로 표기한 것과 관련이 있다고 생각한다. 알레니는 『직방외기』에 수록된 이 지도에서 중국해는 '대명해(大明海)'로 표기하고, 동해는 '소동해(小東海)'로 명시하였다. 따라서 당시 예수회를 통해 지리 정보를 습득했던 프랑스의 지도 제작자 드릴이 이를 접하고 '소동해'를 'mer orientale'로 번역해서 표기했을 가능성이 있다. 이와 비슷하게 소동양해로 동해를 표기한 지도도 존재한다. 1739년 발간된 하스(Johann Matthias Haas)의 「러시아와 타타르 및 아시아 지도」[11]와 1744년 보엠(Auguste Gottlieb Boehme)이 제작한 「아시아 지도」[12]에서는 동해에 작다는 의미의 단어를 붙여 '소동양해(Mare Orientale Minus)'로 표기하였다(그림 6-3).

셋째, '일본 북해' 역시 동해 표기에 사용되었다. 특히 네덜란드의 지도 제작자들 중에는 동해를 일본 북해로 표기하는 경우가 있었다. 네덜란드는 당시 일본 나가사키에 상관을 설치하고 있었기 때문에 일본과의 교류가 있었고 그 교류가 일본에 대한 관심으로 이어져서 동해를 일본해로 표기하게 된 것이다. 이 명칭을 사용한 지도 제작자들은 네덜란드계 지도 제작자 또는 이들과 교류 관계가 깊던 유럽의 지도 제작자들이다. 이들은 유럽 다른 국가들에 비해 일본과의 무역 교류가 활발한 네덜란드의 정보에 의존하여 일본 지도

➤ 그림 6-3. 하스의 「러시아와 타타르 및 아시아 지도」
동북아역사재단 소장

를 제작하였다. 동해를 일본 북해로 명명한 지도로는 마스(Abraham Maas)의 1727년 「타타르 지도」[13]와 티리온(Isaak Tirion)의 1744년 「일본 제국도」[14] 등이 있다.

　동해 명칭이 반드시 단일 지명으로만 표기된 것은 아니다. '한국해'와 '일본해'가 병기된 지도도 존재한다. 놀랭(Jean Baptiste Nolin)은 1708년에 제작한 「세계반구도」[15]에서 조선 연안은 한국해 그리고 일본 연안은 일본해로 병기하여 표기하였다. 그리고 보곤디(Gilles Robert de Vaugondy)와 아들 디디에 로베르 드보곤디(Didier Robert de Vaugondy) 역시 1750년 「일본 왕국도」[16]에서 한국해와 일본해를 함께 사용하였다(그림 6-4). 보곤디는 당시 일반적인 해양 명칭 표기 방식인 분지식 방식(maritime basin perspective), 즉 주위가 육지로 둘러싸인 바다를 하나의 단위로 보고 이름을 부여하는 방식을 채택하지 않고, 연안을 따라 해양 명칭을 각각 부여하는 해양축 방식(ocean arcs perspective)을 채택하였다. 해양축 방식은 연안국을 따라 지명을 부여하는 것으로 연안의 상호 작용을 강조하는 의미에서 사용되었다(정인철, 2011). 또 '일본해'와 '동양해'로 병기한 지도도 존재한다. 비트선(Nicolaes Witsen)은 1717년 「타타르의 새 지도」[17]에서 동해를 '동양해 또는 일본해(Mer Orientale ou du Japon)'로 표기하였다.

　동해를 한국해로 표기하던 18세기의 해양 명칭의 양상은 라페루즈(Jean-François de Galaup La Pérouse)의 탐사로 급격히 변화한다. 라페루즈가 동중국해와 동해를 탐사한 1787년에 『라페루즈 아틀라스』[18]를 발간하였고, 이 책에 수록된 지도들에는 동해가 'MER DU JAPON'으로 표기되었다. 이후 1800년대에 들어와서 동해가 한국해 또는 동양해로 표기되는 빈도가 급격히 줄어든다. 이 시기의 지도 중 들라마셰(Félix Delamarche)의 1811년 「시베리아, 중

➤ 그림 6-4. 보곤디의 「일본 왕국도」
동북아역사재단 소장

국일부, 일본 지도(Sibérie, partie de l'empire chinois, îles du Japon)」와 같이 새로 제작했음에도 한국해로 표기한 지도도 있으나 18세기에 발행된 지도를 수정 및 보완하여 재편찬 한 것들이 다수를 점하고 있다.

그리고 한국해 대신 현재는 동한만으로 번역되어 사용되는 '한국만(Gulf of Corea)'으로 표기한 지도가 등장했다. 와일드(James Wyld)가 편찬한 『개신교 선교 상황 파악을 위한 세계 아틀라스』[19]의 아시아 편에서는 동해를 '한국만'으로 표기했다. 한국만이 동해를 표기하는 경우도 있으나, 일반적으로는 현재의 동해보다는 범위가 좁은 조선 연안의 바다를 지칭하는데 사용되었다. 결국 19세기는 점차 동해가 '일본해'로 변화하는 과정이라 할 수 있다. 그리고 한반도 연안은 '한국만'이라는 이름을 가지며, 동해 전체는 '일본해'의 지명을 가지게 되는 것이다.

라페루즈가 동해를 일본해로 표기한 이유

필자는 수년간 라페루즈가 동해를 '일본해'로 표기한 이유를 고민하였다. 왜 한국해로 표기되던 동해를 일본해로 표기했을까? 기본적으로 당시의 일본이 조선보다는 훨씬 서구의 관심을 끈 국가이기 때문이다. 이전에 은광이 많고 주위에 금과 은의 섬이 존재한다고 전해졌던 막연한 일본에서 이제 포경 산업의 잠재적 기지이자 북미의 모피를 판매할 시장으로 일본의 가치가 새롭게 부각된 것이 그 근본적 원인이다. 그렇지만 이것은 라페루즈가 직접적으로 일본해로 표기하게 된 원인은 아니다. 파리의 고문서 보존고에서 라페루즈가 동해를 일본해로 표기하게 된 직접적인 원인이 된 문헌[20]인 『국왕의 명령에 의한 라페루즈의 항해에 대한 계획 지침 및 기타 관련 문서』를 발굴했기에 여기에 소개한다. 라페루즈의 탐사는 우리에게 중요한 의미를 가지고 있는 반면 그에 대한 연구는 종합적으로 이루어지지 못하고 있다. 따라서 라페루즈 함대가 세계 탐사를 나선 뒤, 그 탐사 일정에 한반도 연안과 동해를 포함하게 된 시대적 배경을 살펴보기로 하자.

1763년 2월 10일 7년 전쟁(1756~1763)의 결과로 프랑스는 영국 및 에스파냐와 함께 '파리 조약'을 체결하게 된다. 이로 인해 프랑스는 캐나다와 미시시피강 동쪽의 루이지애나를 영국에게 할양하였고 에스파냐에게는 미시시피강 서쪽의 루이지애나를 넘겨주게 되어 북아메리카 대륙에서 영토를 잃었다. 그리고 인도에서도 대부분의 식민지를 포기하기에 이르렀다. 이는 프랑스의 자존심을 심각하게 손상했고 경제적 손실 역시 엄청났다. 이 조약 이후 프랑스는 영국과의 경쟁을 위해서는 해군력의 강화가 필요하다고 인지하였다. 그러나 당시 프랑스의 해군력은 완전히 소진된 상태였다. 그래서 프랑스는 영국에 대항하기 위해서는 해군의 재건이 필수적임을 인지하였음에도 함선이 절대적으로 부족하여 계획이 지체되었다.

1774년 루이 16세는 사르틴(Antoine de Sartine)을 해군 장관에 임명하여 해군의 재건을 시도하였다. 루이 16세는 황태자 시절에 지리학과 지도 공부를 많이 하였다. 특히 왕실 지리학자 필리프 뷔아슈(Philippe Buache)에게서 지도 제작법을 배웠기 때문에 삼각 측량에도 익숙하였다. 그는 베르사유의 지도를 비롯한 세 장의 지도를 직접 제작하였는데 그 지도가 현재 프랑스 국립도서관에 보관되어 있다. 루이 16세의 후원 하에 해군 조직이 개편되었으며, 해군에 대한 집중적인 예산의 지원이 이루어졌다. 그리고 프랑스는 미국 독립 전쟁에서 미국 편에 가담하였다. 프랑스 해군은 1781년 9월 미국 독립을 사실상 결정지은 요크타운(Yorktown) 싸움에 참전하여 승리를 거두었다.

이렇게 해군력이 성장하자 프랑스는 상업적인 이익과 과학적 목적의 탐사에 힘을 기울일 여력이 생겼다. 당시 프랑스의 자존심을 가장 상하게 한 것은 3차에 걸친 제임스 쿡(James Cook)의 탐사였다. 프랑스 인으로는 부갱빌(Louis Antoine de Bougainville)이 1766~1769년 사이에 최초로 세계를 일주한 바 있지만, 그의 탐사는 제임스 쿡의 항해 결과에 비견될 수준은 아니었다. 쿡은 1차 탐사(1768~1771)에서 뉴질랜드와 자카르타를 방문하였다. 그리고 남극을 발견하지는 못했지만 2차 탐사(1772~1775)에서 역사상 처음으로 남극권까지 항해하였다. 3차 탐사(1776~1780)에서는 뉴질랜드를 다시 방문했고 태평양 북쪽으로 항해하여 하와이와 베링 해협까지 진출하였다. 알래스카와 캘리포니아 등이 그의 관심 지역이었으며, 북서 항로의 확인도 이 세 번째 탐사에서 이루어졌다. 또한 태평양의 많은 섬들의 위치와 명칭이 결정되었고 원주민에 대한 인류학·민족학적 조사를 수행했으며, 동식물의 분포도 밝혀졌다. 제임스 쿡이 세 번째 항해에서 베링 해협이 위치한 북위 70°33′까지 진출한 것은 단순한 과학적 탐사 이상의 의미를 가진다. 유럽에서 북아메리카 대륙의 북쪽 해안을 거쳐서 태평양으로 나오는 항로, 즉 북서 항로의 존재 여부와 알래스카의 모피를 중국에 판매하는 상업적 항로의 개척이 그것이다.

1778년 쿡은 현재의 브리티시컬럼비아에 속하는 누트카 사운드(Nootka Sound)에 도착하였다. 이곳은 질 좋은 모피의 생산지로 유명한 곳인데, 영국과 에스파냐가 계속 이곳을 차지하기 위해 경쟁을 벌이고 있는 중이었다.[22] 쿡은 모피 무역의 가능성을 시험하고자 이 지역에서 수달을 잡아 모피로 만들었고, 추가로 모피를 더 구입하여 중국의 광둥 성에서 판매하였다. 유럽의 배들은 아메리카의 모피를 수입하여 중국에 판매하고 대신 차나 도자기, 비단을 구입하였다. 당시 중국은 유럽 인과의 무역의 필요성을 크게 느끼지 못하였으나 고급스러운 수달 가죽에는 흥미가 있었다. 당시의 무역량은 크지 않지만 캐나다와 중국의 교역이라는 점에서는 의미를 가진다.

쿡의 세 번째 항해기는 1784년에 출간되었다. 루이 16세는 쿡의 세 번 째 탐사 기록을 읽고 북태평양에 많은 관심을 가지게 되었다. 쿡의 항해기에는 캄차카 반도와 쿠릴 열도의 교역에 대하여 언급되어 있다. 또한 캬흐타(Kyakh-ta)[23]는 러시아와 몽골 국경 사이에에 접해있는 상업 도시로 여기에서 러시아가 생산한 모피가 중국에 판매되었다. 중국 상인은 이 상품의 일부를 일본에 다시 판매하였다(Cook and King, 1784). 쿡은 캄차카와 일본 간의 무역에 대해서도 언급하였다. 그리고 쿡의 배는 중국의 광저우를 방문하였으며, 매우 잠재력이 큰 모피 시장임을 확인하였다.

ˈ루이 16세는 쿡의 항해기를 읽고 태평양에 미지의 대륙이 많다고 생각하였

한반도, 서양 고지도로 만나다

으며, 중국 및 일본과의 교역을 위한 교두보를 확보할 가능성이 있다고 판단하였다. 그래서 당시의 해군 장관인 카스트리(Marquis de Castries)에게 태평양의 탐사를 지시하였다. 카스트리는 계획을 수립하고 실행할 적임자로 플뢰리외(Charles Pierre Claret, Comte de Fleurieu)를 선정하였고, 플뢰리외는 탐사대장으로 라페루즈를 천거하였다. 라페루즈는 이미 1782년 허드슨 만을 탐사한 경험이 있었다. 1785년 루이 16세는 라페루즈를 공식적인 탐사대장으로, 랑글(Paul Antoine Fleuriot de Langle)을 부대장으로 임명하였다.

당시에는 해전에서 승리하고 나면 일부 전함을 퇴역시키고 군인의 일부 역시 예편하는 것이 관례였다. 그래서 퇴역한 전함의 일부를 탐사선으로 활용할 수 있었다. 450톤 정도의 배 2척을 개조하여 각각의 명칭을 부솔(La Boussole)과 아스트롤라베(L'Astrolabe)로 명명하였다. 라페루즈는 부솔호의 선장을, 랑글이 아스트롤라베호의 선장을 맡았다. 항해 계획의 구체적 일정은 제임스 쿡의 3차례의 항해에서 빠진 지역을 중심으로 작성하였다. 4년 동안 항해하기로 하고 그 계획서를 플뢰리외가 작성하여 보고했는데, 여기에서 동해 명칭이 일본해로 변하게 된다.

이제 항해 지침서에 기술된 탐사 목적을 살펴보기로 하자. 1785년 2월 15일 플뢰리외는 루이 16세에게 항해 계획서를 제출했다. 이 탐사의 목적은 다양했지만 공식적인 문서에 적힌 것은 다음과 같다.

플뢰리외의 『발견을 위한 지침』[24]에는 항해 일정이 수록되어 있다. 그리고 계획서에서 이 탐사의 목적을 규정했는데, 제임스 쿡이 많은 나라를 탐사했지만 여전히 많은 나라들이 미지의 세계로 남겨져 있고, 현재와 같은 평화로운 시기에는 과학 탐사가 가능하기 때문에 국가 무역의 진보와 확장, 지리학의 완성을 위해 탐험한다고 명시했다. 또한 제임스 쿡이 약 10만 리브르 상당의 모직물과 철, 구리를 알래스카에 넘겨주고 모피 2,500장을 구입하여 중국에 60만 리브르에 팔았다는 사실을 언급했다. 그 외에도 이 무역을 위해서는 동인도 회사와 같은 독점적인 회사가 필요할 것이라고 제안했다.

플뢰리외는 이 계획서에서 탐사선 2척과 상선 한 척이 필요하며 탐사선 2척은 대부분 별도로 움직이고 이 가운데 항해를 상대적으로 적게 하는 탐사선과 상선이 동행한다는 계획을 수립하였다. 탐사 지역으로는 쿠릴 열도와 일본 북동 지역 및 동부 지역을 제안했다. 주요 탐사 내용은 일본과 아시아 대륙이 연결되었는지의 여부, 일본 북동 지역 및 동부 지역에 나가사키와 같은 상관을 개설하는 것이 가능한지의 여부, 쿠릴 남부 지역의 주민을 통한 일본과의 간접 교역 가능성 또는 상관을 통한 직접 교역의 가능성에 대한 조사였다. 루이 16세가 이 계획을 검토하고 수정하는데, 여기에서 일본해 지명이 등장한다. 이 계획서에 동해와 관련하여 첨삭한 내용을 먼저 살펴보기로 하자.

첫째, 북위 37.5°에 위치하며, 일본 동쪽으로 약 28° 정도 떨어져 있는 금과 은의 섬을 찾아보라는 지침이다. 이 섬은 원래 에스파냐의 갤리언(galleon)선이 마닐라와 멕시코의 아카풀코(Acapulco) 간 항해 시 발견했다는 섬이다. 그런데 루이 16세는 이곳을 방문하기 위해 하와이(당시의 명칭은 샌드위치 섬)를 떠나 북으로 향하는 일정에 대해서 첨삭을 하였다. 일정에 의하면 하와이를 떠나 북쪽으로 가는 시기가 겨울이었다. 그래서 루이 16세는 북으로 가면 '일본의 바다들(les mers du Japon)'의 풍랑이 세고 추워서 겨울을 나기가 어렵다고 지적하였다. 이 '일본의 바다들'의 명칭은 당시 라페루즈의 항로를 고려할 때 현재의 동해와 일본 동안을 포함하는 포괄적인 개념으로 사용되었을 것이다. 둘째, 중미의 생바르텔레미(Saint Barthelemy)를 거쳐 캐나다의 서부로 향하는 노선을 언급하는 도중 루이 16세는 '일본의 바다들'이 위험하니 2척의 배는 따로 이동하지 말고 반드시 함께 항해하라고 첨삭했다.

지침서의 나머지 부분에는 루이 16세가 일본해라는 명칭을 사용하지는 않았다. 그렇지만 항해의 목적 부분에 일본과 관련된 내용들이 언급되어 있다. 당시 프랑스의 관심은 쿠릴 열도의 남부였다. 쿠릴의 북쪽은 러시아가 차지하고 있다고 판단했는데, 프랑스는 쿠릴 열도의 남부 지역을 일본이 차지하고 있는지 조사하기로 하였다. 그래서 쿠릴 열도의 남부 지역과 일본의 북동 지역 및 동쪽의 항구를 방문하기로 한 것이다. 그리고 프랑스는 일본이 모피를 많이 소비하고 있는 국가라는 것을 알고 알래스카의 모피를 일본에 판매할 계획이었다. 단 일본의 이 지역이 과연 순순히 프랑스의 교역에 응할 것이냐가 관건이었다. 그것이 어렵다면 나가사키에 있던 네덜란드의 상관과 같은 형태를 취한 무역도 좋다고 판단하였다. 또한 일본과의 직접 교역이 불가능할 때 쿠릴 열도의 원주민을 통한 간접적인 교역도 고려할 수도 있다고 생각하였다. 그리고 일본의 해적을 조심하라는 내용이 지침서에 언급된다. 반면 당시 조선의 경우 남해안과 동해안을 따라 항해한다는 여정 말고는 특별한 목적으로 언급되지 않았다.

1785년 6월 26일 마침내 루이 16세가 서명한 항해 지침서가 하달되었다. 여기에는 그가 직접 구체적으로 언급한 항해 지침이 정치·상업적 목적, 천문·지리·항해·물리학 및 기타 자연사 연구 목적, 정박지 등에서의 행동 지침과 위생 지침으로 구분되어 있다. 여기에서 우리의 관심을 끄는 것은 동아시아에 대한 내용이 담긴 정치·상업적 목적이다. 여기에는 19개의 지침이 수록되어 있다.

이 목적은 루이 16세가 지시하여 작성한 『항해의 정치와 상업적 목적』[25]에 수록되어 있으며, 19개의 지침 중 동아시아와 직접적으로 연관되는 것은 지침 10~15이다. 지침 10에서는 알류샨(Aleutian) 열도를 방문하라는 내용이 수록되어 있다. 이곳에서 러시아의 정착촌 발견 가능성과 상업 활동의 가능성을 조사하라고 되어있다. 이어서 지침 11에서는 쿠릴 열도와 홋카이도에 대하여 조사할 내용이 언급되어 있는데, 유럽 인에게 알려지지 않은 이 지역의 도시와 섬, 육지의 주민, 주민들의 성격이 일본인과 유사한지 여부, 러시아가 쿠릴 열도를 차지하고 있는지 여부, 남쪽의 섬들에서 모피 무역이 가능한지 등을 조사하라고 되어있다. 그리고 지침 12는 보다 구체적인 일본과의 무역 가능성을 언급한다. 일본의 북동 해안과 동안에 상륙해서 일본인들과의 무역이 가능한지를 조사하라고 지시했다. 구체적으로 네덜란드가 나가사키의 데지마(Dejima)에 무역관을 가진 것처럼 건물을 소유해서 차와 비단 및 일본 제조물과 교환할 수 있는 무역이 가능한지 탐색하며, 이 나라의 쇄국 정책이 북동 지역과 동안에서는 예외적으로 적용되는 지의 여부 등을 조사하도록 하였다. 지침 14에서 일본과 한국, 만주 사이의 바다에는 일본 해적이 많고, 그들의 배가 약하지만 야간에는 조심해야 한다고 언급하였다.

또한 천문학 및 지리학 관련 지침에서는 항해 중 경위도 측정과 자기극 측정을 하고 지나는 곳의 육지를 스케치 하라는 내용이 포함되어 있다. 이 지침을 바탕으로 울릉도나 제주도의 스케치가 이루어진 것이다. 그리고 이 지침에 언급된 과학적 목적의 달성을 위해 과학자들이 승선하였다. 당시 프랑스 과학원의 사무총장은 계몽주의 학자인 콩도르세(Nicolas de Condorcet)였다. 그는 지리학, 천문학, 생물학, 광물학, 화학 전공 등의 17명의 과학자를 승선시키기로 하였다. 그리고 부솔호에는 나중에 울릉도를 발견하여 그 이름을 다줄레 섬으로 명명한 천문학자 다줄레(Joseph Lepaute Dagelet)가 승선한다. 그는 프랑스 왕실 과학원의 회원이며 왕실 군사 학교의 교수였다. 흥미로운 점은 나폴레옹 역시 승선 대상 후보였다는 것이다. 그러나 그는 출항 당시에 16세로 나이가 어려서 승선 대상에서 배제되었다.

동해 지명 연구의 새로운 지평

한국과 일본 간의 해양 명칭을 둘러싼 지명 전쟁은 현재도 계속되고 있다.[26] 현재 우리 정부의 입장은 동해를 일본해와 병기하는 것이다. 정부의 주장에 동의하지 않는 사람들은 동해·일본해 병기 방침에 비판을 퍼붓는다. 그리고 일본해 지명을 삭제하고 동해를 단독으로 표기해야 한다고 주장하며, 병기를 주장하는 정부를 성토하기도 한다. 그러나 과연 우리의 주장이 역사적으로 정당하고, 국제적으로 설득력이 있는 것인지 냉정하게 점검을 해 볼 필요가 있다.

먼저 일본의 입장이다. 일본 외무성(2009)에 의하면 일본이 동해 병기를 반대하는 이유는 여섯 가지 정도이다. 첫째, '일본해'라는 호칭이 처음으로 사용된 것은 1602년 이탈리아 인 선교사 마테오 리치가 작성한 「곤여만국전도」이다. 그리고 조사 결과 18세기까지 구미(歐美) 지역의 지도에서는 일본해 이외에도 '한국해(Sea of Korea)', '동양해(Oriental Sea)', '중국해' 등 여러 명칭이 사용되었으나, 19세기 초부터는 일본해라는 명칭이 다른 명칭에 비하여 압도적으로 많이 사용된 사실이 확인되므로 일본해라는 호칭은 19세기 초에 구미인에 의해 확립된 것으로 여겨진다. 둘째, 한국도 고지도에 대한 조사를 실시하였으나 이 조사 방법은 신빙성이 매우 낮다. 그 이유는 고지도에서 '동양해'와 '조선해'의 호칭을 '동해'의 호칭과 동일시하고 있기 때문이다. 한국이 실시한 고지도 조사 결과를 보면, '동양해(Oriental Sea)', '한국해(Sea of Korea)'를 '동해(East Sea)'와 동일시 하여 집계한 지도 수의 합계와 '일본해'로 표기된 지도 수의 합계를 비교하였다. 그러나 한국해와 동해는 다르며, '동양해(Oriental Sea)'는 '서양에서 본 동양의 바다'라는 의미이다. 또한 '동해(East Sea)'는 '한반도의 동쪽에 있는 바다'를 의미하는 것으로 동양해와 동해도 그 기원과 의미가 전혀 다른 명칭이다. 셋째, 유엔이나 미국을 비롯한 주요 국가 정부도 '일본해'라는 호칭을 공식적으로 사용하고 있다. 넷째, '일본해라는 명칭은 일본의 확장주의와 식민지 지배의 결과로 널리 확산되었다.'는 한국의 주장은 잘못된 것이다. 일본 정부가 고지도를 조사한 결과, 이미 19세기 초에는 일본해라는 명칭이 다른 명칭을 압도할 정도로 많이 사용된 사실이 확인되었다. 이 시기 일본은 에도 시대였으며, 쇄국 정책을 취하고 있었기 때문에 일본해라는 명칭 확립에 있어 어떠한 영향력을 행사한 적은 없었다. 따라서 19세기 후반의 '일본의 확장주의와 식민지 지배'에 의해 일본해라는 명칭이 확산되었다는 한국의 주장은 전혀 타당성이 없다. 다섯째, 현재 한국 내에서 사용되고 있는 지도에는 한국을 중심으로 하여 한반도의 동쪽 바다를 '동해', 서쪽 바다를 '서해', 남쪽 바다를 '남해'라고 표기하고 있는 것도 존재한다. 따라서 동해는 단순히 방위상 한국의 동쪽 바다를 의미한다. 여섯째, '동해'를 국제적인 표준 명칭으로 사용하자는 움직임은 국제적인 해상 교통의 안전면에도 영향을 미쳐 혼란을 야기할 수 있기 때문에 인정할 수 없다. 이와 같은 이유로 일본해는 국제적으로 확립된 유일한 호칭이며 분쟁의 소지가 될 여지가 없다.

이상과 같은 일본의 주장은 일부는 사실이고 일부는 전혀 사실이 아니다. 필자는 동해 명칭과 같은 국제적인 이슈에 대해 제대로 접근하여 성과를 내기 위해서는 일단 사실은 사실로 인정하고는 논의를 진행해야 한다고 생각한다. 그렇지 않으면 한국 측 논리의 공신력이 실제보다 떨어지게 되어 소위 말하는 허수아비 논법에 말려들게 된다. 이 논리를 적용하면 한국 정부는 역사적 사료도 제대로 찾지 못하며, 사실을 왜곡하기 때문에 일고의 가치가 없다는 일본의 주장에 말려 우리의 논리가 완전히 사라지게 될 위협이 있다. 이제 일본의 주장에 대해 하나씩 살펴보며 오류를 찾기로 하자.

첫째, 서양 고지도 상에 일본해 표기가 많다는 것은 사실이다. 이미 앞 장에서 살펴본 바와 같이 19세기 이후 서양 고지도에서는 동해가 일본해로 표기되었다. 둘째, '동양해' 및 '한국해'와 동해가 다른 의미를 갖는다는 일본의 주장은 논리적인 측면에서 일정 부분 근거가 있다. '동양해'는 17세기까지는 동중국해, 필리핀 주변의 바다 및 일본 주변의 바다를 통칭하는 의미로 사용되었다. 18세기에 동양해가 소동양해의 의미로 현재의 동해를 지칭하여 사용되기도 했지만, 그 빈도는 낮고 대부분의 지도에서는 한국해로 표기되었다. 그리고 19세기부터는 동양해 명칭은 사라졌다. 따라서 동해가 완전히 동양해나 한국해와 일치한다고 볼 수는 없다. 셋째, 유엔이나 미국을 비롯한 주요 국가 정부도 '일본해'라는 호칭을 공식적으로 사용하고 있다는 것 역시 사실이다. 그러나 네 번째 주장부터는 일본의 논리에서 오류를 찾을 수 있다. 일본이 쇄국을 했기 때문에 그들 스스로 일본해를 주장한 것이 아니라 서양인들이 동해를 일본해로 표기했다는 것은 맞다. 그러나 국제수로기구(IHO)에서 동해 명칭이 일본해로 확정된 것은 1929년이다. 이 시기는 일제강점기로 우리나라는 국제수로기구에서 의견을 표시할 기회조차 없었다. 따라서 일본 제국주의에 의해 조선이 식민지가 되지 않았으면, 당연히 일본해 표기에 반대했을 것이다. 다섯째, 동해는 한반도의 동쪽 바다이고 일본의 경우는 서쪽, 러시아의 경우는 남쪽 바다가 되므로 국제적인 명칭으로 사용이 불가능하다는 주장에 대해서는 양측 모두 논리적 근거를 갖추고 있다. 한국은 한반도의 동쪽 바다란 의미를 포기하고 유라시아 대륙의 동쪽 바다란 의미에서 동해를 사용하고 있다. 따라서 중고등학교의 교과서와 지리부도를 포함한 우리나라의 공식적인 지도에서는 서해나 남해 명칭은 사용하지 않는다. 대신 '서해안'이나 '남해안'이라는 명칭은 학습의 편의성을 위해 교과서에서 사용한다. 그리고 '북해' 명칭이 네덜란드와 독일의 북쪽 바다란 의미로 이미 사용되고 있으므로 동해 역시 아예 불가능한 것은 아니다. 물론 중국인들이 중국의 동쪽 바다란 의미로 동중국해를 '동해(東海)'라고 부르고 있기 때문에 약점으로 작용하기도 한다. 그래서 일부 연구자들은 아예 동해 지명 대신 한국해 지명을 주장하기도 한다(이돈수, 2006). 여섯째, 동해와 일본해를 병기하면 지도에서 혼돈이 발생하여 안전을 위협할 수 있다는 주장은 전혀 근거가 없다. 영국 해협과 라망슈(La Manche)같이 두 개의 해양 지명이 병기되고 있는 곳에서도 해양 명칭 때문에 사고가 발생된 적은 없다. 동해나 일본해 지명이 병기된다고 해도 혼란이 일어나는 일은 전무할 것이다. 대부분의 선박은 상세한 좌표가 표시된 전자 해도를 보고 항해하기 때문에, 동해나 일본해와 같은 큰 바다의 지명의 표기 여부는 실제 항해와는 관련이 없다.

현재 동해 지명 논의는 유엔지명표준화회의(UNCSGN)와 국제수로기구에서 이루어지고 있다. 그런데 아직까지 이들 회의에서 성과를 내지 못하고 있으며 앞으로 논의가 제대로 진행되어 성과를 낼 수 있을 지에 대해서도 의문이다. 이들 회의는 지명에 대해 기술적인 측면에서 논의하여 지명 사용의 효율성과 해상 안전의 향상을 추구한다. 그러나 지명은 효율성의 관점에서만 접근하면 변경이 어렵고 그렇게 되면 한번 정해진 지명의 변경은 아예 불가능하게 된다.

지명에 대해 접근하는 방법은 크게 세 가지 방법으로 이루어져 왔다. 첫째는 역사적 유래를 연구하는 것이다. 이 방식의 연구는 말 그대로 고지도에는 어떻게 표기되었냐는 식의 연구이다. 20세기 지명 연구의 대부분은 이런 방식의 연구였다. 동해가 서양 고지도에서는 어떻게 표기되었는지를 조사하고 그 의미를 찾는 것 역시 이 범주에 포함된다. 둘째는 지명의 효용성을 연구하는 방식이다. 선박의 안전을 위해 일본해 단독 지명으로 표기하는 것이 바람직하다는 일본의 주장은 사실 여부에 상관없이 이 방식의 접근에 해당한다. 셋째는 지명과 권력의 관계에서 접근하는 것이다. 이 방식은 철학자 미셸 푸코(Michel Foucault)의 권력담론에서 유발된 것으로, 1990년대 이후의 지명 연구 상당수는 이 방식을 채택하고 있다. 사실 지명만큼 권력이 작용하는 것도 드물다. 지명은 한 장소에 정체성을 부여하기 때문에 권력이 가장 강한 집단이 그 장소의 이름을 선정하게 된다. 이 방식을 채택한 연구들의 주제를 살펴보면 뉴질랜드나 캐나다, 미국에서 어떻게 원주민 지명이 삭제되고 식민 당국의 지명으로 대체되었는지에 관한 것들이 많다.

해양 지명의 관점에서 현재 동해와 가장 비슷한 유형을 가진 바다는 '북해'와 '영국 해협'이다. 북해는 동해와 마찬가지로 해양 지명에 방위를 사용한 경우이다. 그리고 영국 해협은 프랑스 어 지명인 '라망슈'와 병기되고 있다. 이 두 바다의 사례로 해양 명칭이 결정되는 방식을 역사적으로 살펴보기로 하자. 북해 명칭의 채택과 영국 해협의 병기는 흔히 기술적인 측면에서 결정되었다고 생각할 수 있지만, 사실은 완전히 정치적인 고려에 의해 이루어졌다.

먼저 북해를 살펴보자. 북해는 16세기부터 '북해' 또는 '독일해'로 표기되었다. 조더(Gerard de Jode)의 1593년 「유럽 지도」[27]에서는 북해(Oceanus Septetrionalis)로 표기되었지만, 혼디우스의 1638년 「유럽 지도」[28]에서는 독일해(Oceanus Germanicus)로 표기되었다. 시간이 경과되면서 북해로 표기하는 지도의 수가 많아지기는 했지만, 여전히 독일해로 표기하는 지도도 상당수 존재하였다. 그리고 두 개의 지명을 병기하는 지도도 만들어졌다. 대표적인 지도가 키친(Thomas Kitchin)의 1790년 「북부 유럽 지도」[29]와 존스턴(Alexander Keith Johnston)의 1854년 「유럽 산지 지도」[30], 1900년 『타임 아틀라스』에 수록된 안드레(Richard Andree)의 「인종 지도」[31]로 북해와 독일해가 병기되었다. 그런데 이 분위기는 1900년 전후로 급격히 변한다.

1897년 독일 황제 빌헬름 2세(Wilhelm II)는 세계열강으로 도약하기 위해 제국 함대를 창설했다. 이것은 영국 해군에 대한 도전의 의미로 볼 수 있다. 이 해에는 독일 함대가 중국의 칭다오를 점령하여 청나라 정부가 칭다오를 독일에 조차하는 조약을 체결한 해이기도 하다. 이러한 독일의 분위기에 가장 민감하게 반응한 나라가 영국이다. 독일의 군사적 확장에 위협을 느낀 영국은 독일해 지명의 사용에 반대하기 시작했다. 많은 영국인들은 지명이 국가 정체성의 형성에 매우 중요하며, 국가의 번영과 관계된다고 생각했다. 그래서 독일의 해군력이 성장하여 영국에 위협이 되는 현실을 개탄하고, 독일해 명칭의 사용을 금지하자고 주장하였다.[32] 이후로 지도 제작자들은 더 이상 지도에 독일해 명칭을 사용하지 않았다.

당시 북해에 독일 해군의 위협이 엄연히 존재하는 상황에서 이 바다가 지도상에 독일해로 표기되어 신문이나 잡지에 출간되는 것은 보통의 영국 국민들에게는 큰 부담이었다. 오히려 냉소적으로 독일해 명칭을 사용하여 독일의 위협을 강조하고 정치적 이익을 얻는 경우도 있었다. 영국의 보수적 언론 매체인 『The National Review』의 편집장 맥스(Leopold Maxse)는 1900년경 영국이 독일해에 떠있는 섬이 될 위험이 있다고 표현하면서 독일의 위협을 지속적으로 경계했다. 이로 인해 영국에서는 국가 명칭이 포함된 독일해 대신 중립적 명칭인 북해로 바다 이름을 변경하여 표기하였다. 그래서 영국의 아틀라스에서는 제1차 세계대전 발발 이전에 독일해가 완전히 사라졌다. 그러나 재미있는 사실은 독일에서는 이미 19세기부터 독일해 명칭을 사용하지 않고 북해 지명을 사용하고 있었다는 것이다. 예를 들어 바이마르 지리정보원[33]의 1856년 「유럽 지도」[34]는 북해(Nordsee)를 채택했다. 이와 같은 북해 명칭의 사례처럼, 한국인들이 일본해 지명에 반대하는 이유 중 하나는 울릉도와 독도가 일본해에 떠있는 섬으로 보이기를 원하지 않기 때문이다.

북해가 병기에서 단독 표기로 변했다면, 영국 해협은 단독 표기에서 병기로 변한 경우이다. 원래 영국 해협은 역사적으로 영국해(British Ocean)의 일부로만 간주되었다. 프톨레마이오스의 지도에서 영국해는 브리튼 해(Oceanus Britannicus)로 표기되었고 수백 년간 계속해서 브리튼 해로 표기되어 왔다. 그런데 루이 14세는 이 관행에 제동을 걸었다. 국력이 성장한 프랑스는 국가 정체성 확보의 일환으로 영국 해협을 포함한 프랑스 북부 연안의 바다를 프랑스 해로 명명하였다. 그리고 이 바다에 들어오는 외국의 배들은 프랑스 배를 마주칠 경우 자국의 깃발을 내려야 한다고 1662년에 선포하였다. 이전에 영국이 영국해에 들어오는 다른 나라 배들이 행해야 하는 의식에 대하여 선포했는데, 이를 그대로 프랑스 해에 적용한 것이다. 영국 해협은 두 나라의 바다가 겹치는 곳으로, 자연스럽게 해상에서의 충돌이 예견되었다. 그러나 두 나라의 배는 마주칠 경우를 대비해 서로 멀찌감치 돌아가서 예상되는 충돌을 피하였다.

프랑스 해 명칭의 주장은 두 나라의 외교 관계에도 결정적인 영향을 미쳤다. 1667년 네덜란드 브레다에서 체결된 브레다 조약(Treaty of Breda)의 17조는 영국과 프랑스 사이의 협약인데 영국해 명칭을 쓰지 않고 '근처의 바다(Maria Proxima; The Neighboring Seas)'란 명칭을 사용하였다(France, 1668). 당시 프랑스 협상 대표가 영국 해협을 영국해로 부르는 것을 거부했기 때문이다. 그리고 해양 명칭과 관련된 갈등은 계속되었다. 오스트리아 왕위 계승 전쟁을 타결한 1748년 엑스 라 샤펠 조약(Treaty of Aix-la-Chapelle)의 후속 계약을 위해 1749년에 개최된 회담에서 프랑스의 해군 장관 루이에(Antoine-Louis Rouillé)는 해양 명칭으로 전혀 쓰이지 않던 '프랑스 해(Mer francaises)'

의 사용을 영국에 주장하였다. 사실 지명 문제는 상징적인 의미를 제외하고
는 실리적인 측면에서 국가의 이익과는 관련이 없었다. 그럼에도 이 문제
로 인해 원래 조약의 목적은 잊은 채 양국의 사절이 대립하였고, 조약 체결
은 미루어졌다. 이후 오스트리아 왕위 계승 전쟁의 여파로 발생한 7년 전쟁
(1756~1763)의 강화 조약 등에서도 이 문제는 그대로 불거졌다.

  이후 18세기 중반부터 영국의 정치가들은 영국해의 명칭과 관련해 역사적
이고 상징적인 면보다는 현실적인 국가 이익을 중시하는 분위기를 취하였
다. 그리고 지명 문제를 더 이상 해양 주권의 문제로 생각하지 않게 되었다.
1802년 아미앵 조약(Treaty of Amiens)에서 영국 해협이 'English' 없이 'The
Channel'로만 표기된 것은 이러한 분위기를 반영한 것이다. 그러나 영국 해
협과 라망슈 해협의 병기가 단 기간에 확정된 것은 아니다. 실질적인 성과는
20세기 후반부에 이루어졌다. 1986년 프랑스 해군수로부(SHOM; Service Hy-
drographique et Océanographique de la Marine)는 국제수로기구에 'La Man-
che' 및 'English Channel'이라는 2개의 지명 병기를 요청하였다. 프랑스는
또한 2000년 초에 국제수로기구의 『해양과 바다의 경계(Limits of Oceans and
Seas)』 제4판 초안이 준비되었을 때, 영문판에 명칭을 병기해야 한다는 입장
을 되풀이 하였다. 그리고 '비스케이(Biscay) 만'은 '비스케이 만 또는 가스코뉴
(Gascogne) 만'으로, '도버(Dover) 해협'은 '도버 해협 또는 칼레(Calais) 해협'으
로 병기하도록 동시에 요청하였다. 결과적으로 『해양과 바다의 경계』 제4판
초안인 2002년 판에서 세 곳의 해역에 대한 명칭이 병기되었다.

  이상의 역사적 사례를 볼 때 두 나라 이상이 접하고 있는 바다의 명칭을 변
경하거나 병기하는 것은 엄청난 시간이 필요함을 알 수 있다. 따라서 이 문제
는 결코 단시간에 해결될 문제는 아니다. 이것은 동해와 일본해 병기가 일본

한반도, 서양 고지도로 만나다

에도 도움이 된다는 것을 그들이 인식해야만 빨리 진척될 수 있다. 현재 일본이 일본해 단독 표기를 계속 유지해야 된다고 주장하며 내세운 이유는 너무나 초보적이다.

일본은 서양 고지도에서 동해나 일본해가 차지하는 비율이 얼마나 되는가를 해양 명칭의 근거로 사용하고 있다. 이것은 서구 중심주의 세계관에 함몰되어 동아시아 내에서 해결해야 할 문제를 유럽의 고지도에서 찾는 어리석음을 범하는 것이다. 수없이 많은 지도 속에서 몇 퍼센트가 일본해로 표기되었다는 것이 과연 무슨 의미가 있을까? 서구인들이 이렇게 명명했으니, 이 바다의 이름은 이렇다는 논증은 역사 해석치고는 너무나 유치하다. 이것은 극단적인 서구 중심주의 역사관이자 탈식민주의 시대에 식민주의자들의 논거를 추구하는 것이다. 그리고 서양 고지도에 의존하는 것은 요즘 유행하는 '타자의 시점'이라는 관점에서도 문제가 있다. 서구의 지도 제작자들은 말 그대로 제국주의적, 식민주의적 입장에서 동아시아를 지도로 표현하였다. 그래서 18세기에는 한국해로 표기했지만, 19세기 이후에는 일본해로 표기한 것이다. 이 사실은 서구 열강의 타자화 하에서 어떤 명칭을 사용했는지 보여 주는 것이지 실제 한국이나 일본이 일본해를 어떻게 명명했느냐는 것과는 전혀 상관이 없다. 조선보다 일본에 대한 경제적 관심이 컸으므로 한국해 대신 일본해 명칭을 사용했을 따름이다.

19세기 지도의 대부분은 상업적 출판사에서 제작하였다. 그리고 지도의 상당수가 여행기에 첨부되어 출판되었다. 여행기에서 한국해로 표기했든 아니면 일본해로 표기했든, 그 내용은 동아시아 인을 미개인으로 치부하고 교화의 대상으로 간주하는 것이었다. 따라서 이러한 내용을 무시하고 서양 고지도에 의존하는 것은 올바른 역사 해석이 아니다.

여기에 더하여 필자는 왜 동해와 일본해 병기가 바람직한지 몇 가지 논거를 제시하고자 한다. 먼저 지명은 그 지역에 정체성을 부여한다. 한국인은 애국가의 가사에 수록된 대로 동해를 민족과 국가의 정체성의 표현으로 여기고 있다. 지리적 측면에서 한국인의 정체성은 동해, 백두산, 한반도의 세 단어로 요약된다. 따라서 한국인은 일본해 지명을 전혀 수락할 수 없게 된다. 일본인 역시 일본해 지명을 자신들의 정체성과 연관시키고 있다. 일본은 러일 전쟁의 승리로 강대국으로 부상하였다. 그리고 러일 전쟁을 '일본해 해전'으로 불렀기에, 일본해 명칭에 집착하고 있다. 결국 두 나라가 모두 양보할 수 없는 입장이다. 따라서 두 나라의 지명을 모두 사용하는 것 말고는 방법이 없다.

지명은 기억과도 관련이 있다. 일본인들에게 일본해는 러일 전쟁의 승리와 한반도 침략의 시기를 연상시키는 즐거운 추억일 수 있지만, 한국인에게 일본해는 식민지의 경험을 연상시킨다. 그래서 단순히 19세기 이후에 일본해로 표기되어 왔고, 1929년 국제수로기구가 공인한 이름이기 때문에 일본해라는 명칭을 사용해야 한다는 주장은 한국인의 반발심을 불러올 따름이다. 동해는 한국인들이나 일본인들에게는 일상생활이 이루어지는 바다이다. 매일 일어나 바다를 보며 살아가는 해안 지역의 주민들이나 어민들에게 동해는 지도 이상의 의미를 가진다. 내가 매일 바라보고 또 일하는 바다가 일본해나 동해라면 양 국민 모두 감정적인 불만을 느끼지 않을 수 없다. 이것은 서로를 미워하는 감정으로 발전할 수 있으며, 양국의 협력을 방해하게 된다.

장소는 더 이상 공간의 객체로만 존재하지 않으며, 사회적 실천이 이루어지는 장소이다(Zelinsky, 1997). 따라서 국제수로기구나 유엔지명표준화회의의 기준에 의하여 어느 지명이 더 부합하다고 논쟁하는 것은 바다를 둘러싼 사람들의 감정과 일상 생활에서의 실천을 무시하는 것이다. 동해는 한국과 일본 두 나라의 경제와 문화를 연결하는 지중해이다. 19세기 이탈리아의 지리학자 아드리엔 발비(Adrien Balbi)는 말레이 제도에서 캄차카에 이르는 바다를 '동아시아 지중해'라고 명명했다(Balbi, 1843). 이 바다는 오호츠크 해, 동해 (일본해), 황해, 동중국해 및 남중국해, 통킹 만, 보르네오 해 및 타이 만으로 이어지는 바다와 섬들이다. 발비는 이 지역의 상호 작용과 문화적 특성을 지리학적으로 파악하였고, 미래의 중요한 경제축이 될 것을 예견하였다. 그리고 이 개념은 프랑스의 지리학자 뒤푸르35의 지도에서 확인 할 수 있다. 그는 지도에 인도네시아에서 동해에 이르는 바다를 하나의 축으로 하여 동아시아 지중해(Mediterranée Asiatico-Orientale)로 표기했다. 이 지도는 동시대의 다른 지도와는 달리 동아시아의 지리적 현황과 미래의 공간 상호 작용에 대한 혜안을 담고 있다. 현재 이 지역은 세계 무역의 한 축으로 성장하였다. 이 지중해 축은 '동아시아 경제회랑'으로 표현하는데, 향후 동아시아의 발달을 위해 계속 발전시켜 나가야할 축이다(지푸루, 2014).

그런데 실리도 없는 지명 싸움으로 인해 이 축의 하나인 동해·일본해 지중해의 교류가 저해 받고 있다. 이 싸움은 어느 국가도 이길 수 없다. 두 국가의 지명 싸움에 다른 어느 나라도 한 나라의 입장을 적극적으로 지지하지는 않을 것이며, 지명 전문가들은 오히려 이 싸움을 자신들의 영향력 확대를 위한 계기로 삼을 것이다. 한편 외국의 지도 제작 회사들은 동해나 일본해 단독 표기 시 일본 또는 한국 양국으로부터 많은 항의를 받게 될 것이고, 결국은 두 나라의 지명을 동시에 표기하게 될 것이다. 그렇지 않으면 한 나라에서의 판매를 포기할 수밖에 없기 때문이다. 상대방을 이기기보다는 함께 발전하는 것을 도모해야 하는데, 동해와 일본해 병기는 이 방법의 하나가 될 수 있다. 단독 표기가 더 유리하다는 주장은 실익은 없으면서 상대방의 감정을 자극하기만 할 뿐이며 공간적 상상력이 결핍되었음을 보여 줄 따름이다.

1. Asia partium orbis maxima coloniae

2. Asiae nova descriptio

3. Asia with the Islands

4. Parallela geographiae veteris et novae

5. L'Asie divisée selon l'étendue de ses principales parties sur les observations de l'Académie des sciences

6. 장 도미니크 카시니(Jean–Domique Cassini), 즉 카시니 1세에게 수학과 천문학을 배운 정통 지도학자로, 왕실 지리학자이다. 그는 천문학이나 수학에 익숙하지 못하여 지도 편집만 수행하는 다른 지도 제작자와는 근본적으로 차원이 다른 사람이었다. 1702년 프랑스 왕실의 학생이 된 다음 1718년 왕실 과학원 회원이 되었다. 드릴은 명실공히 18세기 최고의 지도학자로서 루이 15세에게 지리학을 가르쳤고, 수석 왕실 지리학자가 되었다. 그는 지도가 영토 분쟁에 미치는 영향을 정확히 인지하고 있었다. 그래서 아메리카 대륙에 대한 영국과의 식민지 전쟁에서 지도 분쟁을 벌이기도 하였다. 따라서 그의 지도에서 보이는 바다나 지명 표기는 시대적 상황과 지리적 여건을 충분히 고려한 것이라 볼 수 있다.

7. Dictionnaire géographique et historique

8. la MER de COREY, Mare Coréa, partie de l'Ocean Oriental, vers le Midi de la presqu'isle du Corey, entre la Chine & le Japon

9. 번역한 'la mer du Midi'는 바다 한가운데 섬이 있는 경우 그 섬이 바라보는 바다를 지칭한다. 당빌의 『신 중국 지도첩』에서는 타이완 남부에서 해남도 사이의 바다를 "Nan Hai ou Mer du Midi"로 불렀다. 이것은 타이완 앞쪽의 바다라는 의미로 사용된 것으로 추정된다.

10. Japonicum Mare, partie de l'Ocean Oriental, au levant du Japon, & aussi au Midi de ce pays, où elle est nommée par les Hollandois le Sudresée ou la mer du Midi, parce qu'elle est effectivement au Sud du Japon

11. Imperii Russici et Tatariae Universae tam majoris et Asiaticae quam minoris et Europaeae Tabula

12. Asia secundum legitimas projectionis stereographicae regulas et juxta recentissimas observation

13. Nieüwe Kaarte van de oostküsten van Groot Tartarië

14. Nieuwe Kaart van't Keizerryk Japan

15. Le Globe terrestre representé en deux plans-hemispheres

16. L'Empire du Japon

17. Carte nouvelle de la Grande Tartarie

18. Atlas du voyage de La Pérouse

19. An Atlas of maps of different parts of the world, designed to show the stations of the protestant missionaries

20. Project instructions, mémoires et autres Pièces relatifs au voyage de découverte ordonné Par le roi Sous la conduite de M. de La Pérouse. 파리의 마자린(Mazarine) 고문서 보존고에서 열람할 수 있다. 목록번호 MS. 1546. 원본 열람이 되지 않고 마이크로 필름을 보아야 하기에 해독이 용이하지 않다.

21. Carte générale des découvertes faites das les mers de Chine et de Tartarie, par les frégates françaises de la Boussole et l'Astrolabe

22. 이 경쟁은 영국의 승리로 1794년 누트카 조약을 체결하고 영국이 이 지역을 지배하는 것으로 종결되었다.

23. 함경도 경흥은 키차를 본떠 상업적 목적을 띤 러시아 주민의 거주지로 1888년 개방되었다(비숍, 1996).

24. Les instructions générales du projet sous le titre Projet de découvertes

25. Objets Relatifs à la Politique et au Commerce

26. 아라비아(Arabian) 만과 페르시아(Persian) 만의 지명 역시 국제적 분쟁을 겪고 있다. 이란은 이 바다를 페르시아 만, 아랍권은 아라비아 만이라고 명명하고 있다. 최근에는 이란이 핵 개발로 지역 패권을 노리면서 아랍권은 이 바다의 명칭과 영토 분쟁에서 열세에 놓일까 우려하고 있다. 따라서 이 지역의 바다 명칭 사용 역시 상당한 주의가 필요하다.

27. Nova Totius Europae Tabula

28. Nova Europae Descriptio

29. A new map of the Northern States

30. Mountains of Europe

31. Ethnographic map of Europe

32. 영국은 한때 영국 해협이 '해협'이나 '라망슈'로 불리는 것도 반대했다(Robbins, 1997).

33. Weimar Verlage des geographischen Instituts

34. Orographisch-hydrogr aphische Karte von Europa

35. 프랑스의 지리학자로 여러 권의 지리서와 역사서를 남겼다. 저서로는 『Histoire de la guerre d'Orient』(1856) 등이 있다.

제7장

서양 고지도의 조·중 경계

서양 고지도로 본 조·중 경계 유형

　간도는 1909년의 간도 협약으로 우리의 의사와 관계없이 부당하게 중국의 영토로 인정되었고, 현재도 우리 동포들 다수가 살고 있는 곳이므로 간도 협약 이전의 상태로 되돌려야 한다는 주장이 꾸준히 제기되어 왔다. 일부 학자들은 아직 우리나라가 정부 차원에서 중국에 이 문제를 제기한 적이 없지만, 중국과의 협상을 통해 간도를 공동 관리하고 간도에 있는 한국 문화가 유지될 수 있도록 지원하는 것이 시급하다고 주장한다(이성환, 2012). 그리고 민간을 중심으로 전개되고 있는 '간도 되찾기 운동' 역시 언론의 조명을 받고 있다. 이들은 이 문제를 해결하기 위해서는 "한국과 중국이 공동으로 현장을 답사하고 역사적 진실을 규명해야 한다."고 주장한다(김종건, 2007). 그런데 이들이 내세우는 근거 자료 중 하나가 서양 고지도이다. 특히 당빌의 지도는 한국의 간도 영유권 주장의 근거 자료로 사용되고 있다.

　한국의 간도 영유권 주장 연구에 가장 큰 영향을 미친 것은 시노다 지사쿠(篠田治策)가 1938년 집필한 『백두산정계비(白頭山定界碑)』라는 책이다.[1] 지금까지 한국의 간도 영유권 주장에 관한 연구는 시노다 지사쿠의 논지를 확대, 재생산 하고 있다고 해도 결코 과장이 아니다(이성환, 2006). 그런데 이 책 역시 간도 이야기를 하면서 당빌의 지도를 방증으로 내세운다. 당시의 중국이나 조선 지도 어디에도 조·중 경계가 명확하지 않은 상태에서 제삼국인에 의해 조·중 간의 경계선이 표시되었기 때문에 객관적인 사료로 활용 가능하다고 생각하는 것이다.

우리나라에서 서양 고지도를 본격적으로 활용하여 간도 영유권을 연구한 사람은 김득황(1987)이다. 그는 만주어 사전인 『기초 만한사전』(대지문화, 1995)을 편찬할 정도로 만주어에 능했고, 또 당빌의 지도첩을 국내에 최초로 소개한 인물이기도 하다. 그는 만주가 우리 민족의 고토라는 신념을 가지고 여러 권의 관련 저서를 집필하였다.

뒤알드의 『중국 백과전서』에 수록된 당빌의 「조선도」는 『황여전람도』를 바탕 지도로 하였다. 그래서 김득황은 『황여전람도』 제작을 위해 1710년 만주 지역을 측량한 레지의 이름을 따서 조·청 경계를 레지선이라 명명하였다(그림 7-1). 레지선은 동북쪽 두만강 하구의 약 6㎞ 동쪽 지점에서 시작되어 두만강 북쪽의 산지 지역을 따라 남서쪽으로 이어지다가 백두산을 가로질러 압록강 상류와 봉황성(鳳凰城)의 남쪽을 지나 압록강 하구의 서쪽에 이르는 선이다(정성화 외, 2007).[2] 레지선 경계 유형은 조·중 경계가 압록강·두만강의 지류를 따라 북쪽으로 약간 확장된 지도라 볼 수 있다. 이 선을 알기 쉽게 설명하자면 압록강과 두만강의 본류를 연결한 선(지금의 국경선으로 인정되는 선)이 아니라 압록강과 두만강의 지류까지 포함해 압록강·두만강 유역 지대를 모두 포함한 선이다. 이 유형으로 국경을 표시한 지도로는 프랑스의 벨렝(Jacques-Nicolas Bellin)의 1764년 「카타이 지도」[3] 등이 존재한다. 김득황은 레지선만 분석하여 조·중 경계로 추정했지만, 이돈수(2004)는 당빌선과 본느선을 추가했다.

당빌선이란 뒤알드의 『중국 백과전서』에 수록된 일본에서 고비 사막에 이르는 지역을 포괄하는 「중국령 타타르 지도」[4]에 표기된 조·청 경계를 부르는 말이다(그림 7-2). 당빌선은 조·청의 경계선이 레지선보다 서쪽 방향으로 확장되어 레지의 경계선에 포함되지 않은 봉금 지역까지 포함하여 나타낸 선으로 봉황성(鳳凰城)과 목책(木柵)을 중심으로 국경을 표시하고 있다[5]. 즉 봉황

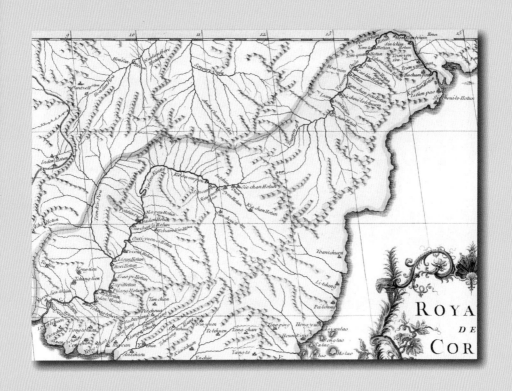

➤ 그림 7-1. 레지선 유형: 당빌의 「조선도」 일부

성과 목책이 조선과 청의 국경선이 되는 것이다. 봉황성의 책문은 조선 시대 관리들이 청나라에 들어가기 전에 신고하는 오늘날 세관에 해당한다. 이 책문을 경계로 목책이 둘러져 있었다. 당시 조선과 청이 압록강과 토문강을 경계로 하고 있었지만, 이 두 강의 건너편 120리에 이르는 지역이 완충 지대 또는 무인 지대로서 비워져 있었다(김현영, 2004). 실제로 연암 박지원이 1780년 (정조 4년) 건륭제의 칠순을 축하하기 위하여 열하(熱河)에 가는 사신의 일원으로 참가한 후 돌아와서 저술한 『열하일기』에 의하면, 1780년 6월 24일 의주에서 출국 검사를 받고 4일째인 6월 27일 중국의 관문인 책문에 이르기까지 중국인을 거의 만날 수 없었다고 하였다. 다시 말해 압록강에서 책문이 있는 봉황성까지 120리(48㎞)에 이르는 지역이 무인 지대로 남아 있었다는 것이다. 당빌의 이 지도에서는 평안도(Pingngan)가 압록강 이북의 현 중국 지안(集安)까지 넓게 표시되어 있고, 함경도(Hienking) 역시 두만강 이북 간도 지역을 포함하고 있다. 즉 서간도와 북간도를 조선의 영토로 표시하고 있으며, 평안도 지명이 압록강 북쪽까지 걸쳐 표기되어 있다. 주로 18세기 중반에서 19세기 초에 프랑스와 영국에서 제작된 지도들에서 이 경계 유형을 확인할 수 있다. 1751년 프랑스의 보곤디(Didier Robert de Vaugondy)가 제작한 「중국 제국 지도」[6], 1794년 영국의 키친(Thomas Kitchin)이 제작한 「중국 제국 지도」[7] 등이 당빌선 유형의 대표적 사례이다.

또 다른 조·청 경계의 유형은 본느선이다. 프랑스의 지도 제작자 본느 (Rigobert Bonne)가 1771년 제작한 「중국령 타타르 지도」[8]에 표기된 조·청 경계를 지칭하는데, 당빌의 「중국령 타타르 지도」와 거의 유사하다(그림 7-3). 그런데 이 지도에 그려진 경계선은 18세기 후반 유럽에서 당빌선에 보이는 조·중 경계보다 더 넓은 지역을 조선의 북방 영토로 표시했다. 본느선을 국경으로 채택하는 지도는 동쪽으로 현재 지린(吉林)성에 위치한 쑹화(松花) 강

　　　　　　　한반도, 서양 고지도로 만나다

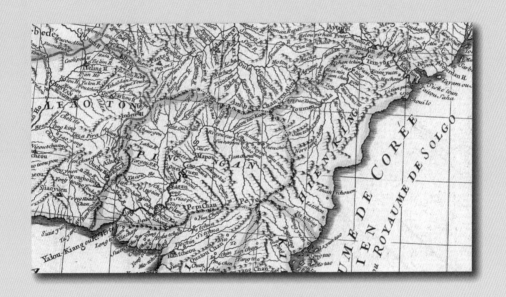

➤ 그림 7–2. 당빌선 유형: 당빌의 「중국령 타타르 지도」 일부

➤ 그림 7-3. 본느선 유형: 본느의 「중국령 타타르 지도」 일부

중상류를 넘어 블라디보스토크까지, 서쪽으로는 현재의 랴오닝(遼寧) 성 조양(朝陽)까지 이르며, 요동과 선양(瀋陽)을 포함하는 방대한 면적이 조선에 포함되는 것으로 표시되어 있다(이돈수, 2004; 정성화 외, 2007). 이탈리아의 자타(Antonio Zatta)가 1784년에 제작한 「중국 지도」[9]가 이 유형의 대표적 사례이다.

이상의 세 가지 경계 유형은 간도 영유권과 관련하여 언론의 집중적 조명을 받았다. 필자는 이상의 세 경계를 살펴보면서 레지선과 당빌선의 경우는 엄연히 지도상에 표시되어 있으므로 어느 선이 실제의 경계와 부합할지 연구의 대상이 된다고 생각한다. 그런데 본느선의 경우는 엄밀히 말해 선을 잘못 판독한 것이다. 그림 7-3의 본느의 지도를 보면 두터운 선이 동쪽 경계선의 보하이(渤海) 만과 북경을 지나 만리장성으로 이어지는 것을 확인할 수 있다. 당빌의 지도에서 경계선 기호로 사용하던 점선은 없고, 경계선으로 추정되는 적색 선이 조선과 중국 남부 지역을 하나의 영역으로 설정하고 있다. 이 지도에서 해석을 어렵게 하는 것은 북경 동쪽에 경계선이 없다는 것이다. 그러나 이 지도를 모방한 자타의 지도에서는 이 선을 산하이관(山海關)까지 그어 경계를 표시했다. 결국 이 선은 만리장성과 버드나무를 심어 울타리를 표시한 유조변(柳條邊)을 이은 것이다. 그리고 본느의 1791년 「중국 지도」[10]를 보면 조·중 경계선이 당빌선과 거의 유사함을 확인할 수 있다. 따라서 본느선을 국경선으로 인정하는 것은 오류이다. 본느선은 국경선이 아니며, 레지선과 당빌선만이 실제로 국경 연구에 유용하다.

그런데 레지선 유형의 지도와 당빌선 유형의 지도를 살펴보면 레지선이 많이 나타나는 지도들은 주로 조선을 따로 독립적으로 세밀하게 묘사한 지도인 데 반해, 당빌선은 주로 아시아나 중국을 주제로 한 보다 광범위한 영역을 그린 지도에 많이 나타난 것을 알 수 있다. 이것은 기본적으로 레지선이 「조선도」, 당빌선이 「중국령 타타르 지도」에 기반한 것이기 때문이다. 즉 「조선도」를 기본으로 한 지도는 레지선를 채택하고, 「중국령 타타르 지도」를 바탕 지도로 한 지도는 당빌선을 선택하게 된 자연스러운 결과이다.

레지선과 당빌선은 사실 하나의 아틀라스에 수록된 두 개의 지도에서 각각 추출된 선이다. 이 두 지도 중 어느 지도가 더 정확하게 조·청 경계를 그렸느냐가 관건이다. 그런데 그것은 판단할 기준이 없다. 필자는 1719년의 『황여전람도』와 1726년의 『옹정십배도(擁正十排圖)』, 1761년의 『건륭십삼배도(乾隆十三排圖)』를 참조하였으나, 조·청 국경선은 확인할 수 없었다. 단지 1721년의 『황여전람도』 목판본에는 압록강과 두만강을 경계로 한 「조선도」가 존재한다. 그러나 대체로는 조·중 경계선이 지도에 존재하지 않는다.

『황여전람도』 제작을 위한 만주 측량은 1709년에 이루어졌고, 백두산정계비에 의한 조·청 경계의 설정은 1712년에 이루어졌다. 그렇기 때문에 『황여전람도』 초판에는 이 국경선이 반영되지 않았다. 따라서 당빌의 지도에서도 국경선을 그리는 것은 애당초 불가능했다. 당빌 역시 국경선을 추정해서 그릴 수밖에 없었을 것이다.

당빌은 당시의 가장 뛰어난 지도 편집자로 과학적인 마인드를 가졌지만 실내 지리학자(armchair geographer)의 한계를 벗어나지 못했다. 그리고 조선에서는 청나라에 정확한 지도를 제공하지 않았다. 청나라 또한 조선과 청나라 간의 정확한 국경 정보를 예수회에 제공하지 않았다. 이러한 상황에서 제작된 지도들로 조선과 청나라의 경계를 분석하는 것은 무리일 수밖에 없다. 예수회가 당시 중국과 국경을 함께하는 아시아의 모든 국가들의 경계선을 정확히 판단하는 것은 불가능했다. 따라서 지도에 어떻게 선을 긋느냐는 전적으로 지도 제작자에게 달렸다. 당빌은 많은 지도를 참조하여 최대한 현실과 부합하다고 생각하는 지도를 그렸다. 덧붙이자면 그가 소장한 지도가 워낙 많았기 때문에 사후 1만 장이 넘는 그의 지도는 프랑스 국립도서관에서 당빌 문고로 관리하고 있다. 그러나 당빌이 아무리 객관적이고 합리성을 가진 뛰어난 지도 편집자라 할지라도 참고할 자료가 없다면 결국 그 재능을 발휘하지 못하게 된다.

사실 유럽 인들은 19세기 말까지도 조선과 청나라의 관계에 대해서 정의하지 못한 상태였고, 책봉과 조공의 관계를 전혀 이해하지 못했다(Rockhill, 1889). 이러한 상황에서 당빌이 조청의 봉금 지대를 이해하고 또 경계를 정확히 파악하여 지도에 그렸다는 것은 있을 수 없는 일이다. 그렇지만 우선은 당빌이 조·청 간의 경계선을 정확하게 파악했다고 가정하고 두 지도의 경계선 중 어느 것이 정확한가를 추측해보자.

동일한 지도첩에 수록된 두 지도의 정확도를 판단하는 것은 의외로 간단하다. 지도 제작자들의 오랜 관행을 적용하면 된다. 그 관행은 좁은 지역을 대상으로 하는 지도가 많은 지역을 동시에 표현한 지도보다 정확하다는 것이다. 당빌의 「조선도」의 경우는 조선과 청나라의 국경이 중요한 표현 대상이 될 수 있다. 그러나 「중국령 타타르 지도」의 경우는 조선과 청나라의 경계뿐만 아니라 중국과 베트남의 경계 등 많은 국경을 고려해야 한다. 따라서 지도 제작자들은 「조선도」의 경계선을 조·중 경계로 선정하는 것이 관행상 합리적인 선택이었다. 이러한 관행에 의거하여 점차 이후의 지도들이 레지선을 조선과 중국의 경계로 채택하였을 것이다.

19세기 후반과 20세기 초가 되면 레지선도 없어지고, 두만강과 압록강을 기준으로 한 현재의 한·중 경계를 설정한다. 오우제만(R. Hausermann)의 1904년 「러시아, 일본과 독일의 자료 및 참모부와 해군성 자료에 기반한 만주지도」[11]를 보면 그 경계가 잘 드러난다. 대신 압록강 이북 지역과 쑹화 강

상류, 압록강의 중국 쪽 지류인 혼(渾) 강 일대, 즉 동간도 지역을 한국의 영토로 묘사한 지도들이 등장했다. 1875년 피터만(Augustus Herman Petermann)의 「중국, 조선, 일본 지도」[12]에서도 동간도가 조선의 영토로 표시되어 있다. 그리고 『스코틀랜드 지리학회지(Scottish Geographical Magazine)』 1895년호 (11권)에 수록된 「로스 목사가 수정한 만주 지도」[13]와 동일한 해에 출간된 스탠퍼드(Edward Stanford)의 「아시아 지도」[14] 역시 동간도를 조선의 영토로 표기하였다(그림 7-4, 그림 7-5).[15] 이 지도들은 백두산 위에 장백산을 그리고 있으며, 두만강이 아닌 장백 산맥을 조선의 국경으로 표시했다. 그리고 중국, 조선, 러시아의 영토를 색상을 달리하여 명확하게 표시했다.

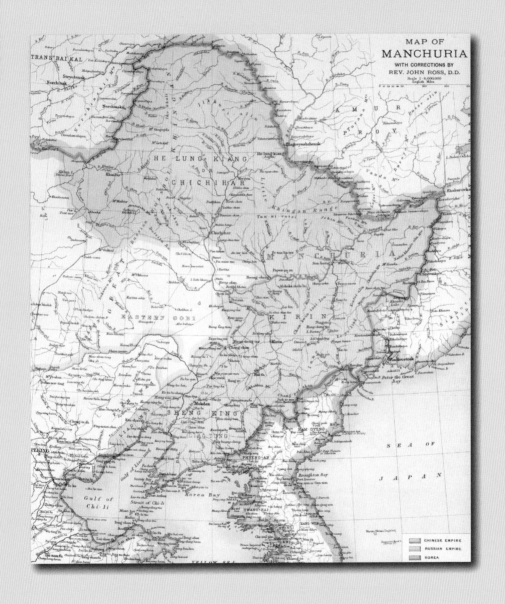

➤ 그림 7-4. 「로스 목사가 수정한 만주 지도」
출처: Scottish Geographical Magazine, 1895

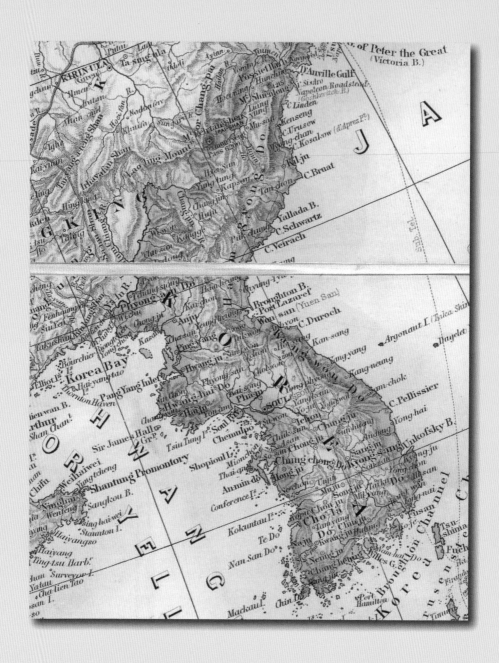

➤ 그림 7-5. 스탠퍼드의 「아시아 지도」의 북방 영토
출처: David Rumsey Map Collection

한국과 중국 고지도를 통해 본 조·청 경계

간도 협약 이전의 상태로 되돌려야 한다는 주장의 옳고 그름을 떠나 과연 간도 협약 이전의 국경 상태가 어떠했는지를 명확하게 판단할 필요가 있다. 당시의 조선과 중국의 국경선을 가장 정확하게 이해하기 위해서는 국가 공인 문서나 국가 공인 지도가 필요하다.

우선 조선과 청나라의 국경 문제에 대해 가장 정확하게 판단했다고 인정받을 수 있는 것은 국가 공인 문서인 조선왕조실록이다. 태조 4년 12월 14일 실록에서 조선의 국경을 압록강과 두만강으로 언급했기 때문에 기본적으로 조선의 국경은 압록강과 두만강이다(이강원, 2007). 그렇지만 당시의 국경은 오늘날과 달리 선이 아니라 면으로 형성되어 있었다.[16] 실제로 세종 때에는 의주, 창성, 강계 등의 주민이 강을 경작하는 것을 허용하되, 10리를 지나치지는 못하게 하였고, 대신 조세는 절반을 받았다(세종실록 14년 1월 4일). 따라서 조선 전기에는 명나라와 조선의 경계가 있었지만, 완전히 선으로 확정된 것은 아님을 알 수 있다. 명나라 시기까지는 작은 나라가 큰 나라를 섬기고, 큰 나라는 작은 나라를 사랑해 주는 사대자소(事大字小)의 관계로 서로 예의를 지켰기 때문에 경계는 크게 문제되지 않았다. 이후 청나라와의 국경 문제도 크게 달라지지는 않았다(엄찬호, 2012).

청나라와의 국경은 1627년 정묘호란의 강화 조약이었던 '강도회맹'에 의해 처음 언급되었다. 강도회맹에는 "조선과 청나라가 각국의 경계를 온전히 지킨다(各全封疆)."라고 되어 있는데, 이로 보아 당시 양국 간에 국경은 존재했던 것으로 보인다. 그러나 구체적으로 어디를 경계로 정하였는지에 대해서는 강도회맹 자체에도 규정되어 있지 않으며, 다른 사료들에 의해서도 지금까지 파악되지 않고 있다. 그리고 청나라는 봉금 정책을 실시하여 중국내의 한족들이 동북에 이주하는 것을 막았을 뿐만 아니라 압록강과 두만강을 통해 조선의 이주민이 건너오지 못하게 하여 이 지역을 무인 지대로 만들었다. 청의 요청도 있었겠지만, 조선 측에서도 양국 간의 충돌을 방지하기 위하여 봉금 정책을 수용하였다. 이후 이 지역은 통치자들을 위해 특산물을 채집하는 것 외에는 사람들이 거주하거나 작물을 경작하는 것이 불가능하였다. 그리고 백두산 정계비가 설치될 때까지 양국 간에는 국경 문제에 아무런 변화가 없었다.

강희제에 이르러 청은 대륙을 통일하고 왕조의 극성기를 맞이하였고, 청조의 전성을 위해 고민하던 강희제는 그 동안 전해져오던 건국 신화에 나오는 부쿠리(布庫里)산을 백두산으로 해석하고 백두산을 청조의 발상지로 간주하였다. 당시까지 그는 조선과 청의 경계를 압록강과 토문강으로 인식하고 있었는데, 1711년 목극등(穆克登)에게 압록강과 토문강 사이의 장백산 변계를 충분히 조사하여 보고하도록 지시했다. 그러나 이 계획은 길이 멀고 추워서 실행되지 못하고 다음 해로 연기되었으며, 조선 국왕에게 정식으로 통고해서 다시 조사토록 하였다. 목극등은 백두산 정상에서 남동쪽 10리 되는 지점에서 분수령을 발견하고, 그 곳을 분계 지점으로 정하여 1712년 5월 15일 비석을 세우고 "서쪽으로 압록강과 동쪽으로는 토문강을 양국의 경계로 한다"는 의미의 '동위토문 서위압록(東爲土門 西爲鴨綠)'을 기록하였다. 1712년 이후 조선은 압록강과 두만강 이남 지역을 강역으로 확보하였다는 것을 정계의 성과로 생각하였다. 이후 조선은 북방 지역에 대한 적극적인 개발과 경영을 추진하여 백두산을 조선 산천의 조종(祖宗)으로 공인하고 국가 제사의 대상으로 삼았으며 백두산 일대와 두만강, 압록강 상류 지역까지 주민의 입거와

개간을 허용하고 새로운 읍치와 진보를 계속 설치하였다. 따라서 본격적으로 조·청 간의 국경선이 만들어지기 시작한 해는 1712년이라 볼 수 있다. 그런데 조·청 간의 동쪽 경계로 규정된 '토문(土門)'이 구체적으로 어느 강을 가리키는지 명확하지 않아 국경 분쟁의 단서로 남게 되었다.

이후 청과 조선 사이에 국경을 둘러싼 이렇다 할 분쟁은 없었다. 다만 영조 7년(1731년) 청나라가 압록강 하구의 망우초에 경비 초소를 설치하려 하였다. 당시 옹정제는 조선의 의견을 물었고, 조선은 청이 조선의 영토를 침범하는 뜻으로 해석해서 반대의 회신을 보냈다. 그리고 청은 경비 초소 설치를 단념하였다. 영조 22년(1746)에 이 사건이 재발하였으나, 다시 조선의 반대 의견을 연유로 무산되었다. 따라서 압록강과 두만강이 조선과 청나라의 국경으로 명확하게 설정된 것은 아닌 것을 알 수 있다. 이처럼 조선과 청은 압록강과 토문강을 경계로 하고 있었지만, 이 두 강의 건너편 120리에 이르는 일대의 지역이 완충 지대 또는 무인 지대로서 비워져 있었다는 것은 사료를 통해 확인할 수 있다.

그렇지만 1870년경 조선의 백성들이 무인 봉금 지역에 들어가기 시작하고 청이 간도 개척 정책을 실시하면서 분쟁이 발생했다. 1885년 을유감계회담(국경회담), 1887년 정해감계회담은 이러한 분쟁을 해결하려는 노력의 일환이었다. 간도 영유권 분쟁의 핵심 쟁점들은 이 두 차례의 감계회담을 통해 표출되었다. 이 회담의 논점은 1885년 을유감계회담 이후 청나라의 군기대신이 작성하여 황제에게 제출한 '고증변석팔조(考證辨析八條)'[17]에 언급되어 있다. 이 가운데 지도와 관련 있는 두 가지만 살펴보기로 하자.

첫째, 토문강과 두만강이 동일한 강이냐의 문제이다. 목극등은 백두산정계비를 설치한 장소를 압록강과 두만강이 갈라지는 분수령으로 오인했다. 오히려 백두산정계비 터에서 흐르는 물은 두만강이 아닌 쑹화 강으로 흘러 들어

간다. 당시 조선에서는 토문강을 쑹화 강이라 주장하고 중국에서는 두만강이라고 반박했다. 즉 동쪽의 경계로 설정했던 토문강에 대한 해석을 둘러싸고 의견이 달랐던 것이다. 토문강을 쑹화 강 지류로 해석하면 간도를 포함한 만주 일대가 조선의 영토가 되고, 이곳에 많은 조선인이 거주하고 있었던 조선의 입장에서는 영토 분쟁에서 상당히 유리한 입장이 된다(신병주, 2007). 그렇지만 문제는 이를 명확하게 할 백두산정계비 건립 당시의 기록이 화재로 전부 소실되어 청나라에서는 이를 확인할 수 없었다는 것이다(이화자, 2009).

그래서 조선과 청나라 양측은 1885년 국경 문제를 논하는 감계회담을 열게 된다. 조선의 이중하는 1885년의 1차 회담에서 토문강의 경계를 쑹화 강으로 삼는 것을 주장하였다. 실제로 15세기에 편찬된 명나라의 『요동지(遼東志)』에 수록된 지도를 보면 토문강과 쑹화 강이 동일한 강이라는 것이 아주 분명하게 드러난다. 그리고 16세기의 『전요지(全遼志)』에도 거의 같은 내용 및 지도가 실려 있다(서길수, 2009). 또한 「황조일통여지전도(皇朝一統輿地全圖)」에는 토문강이 토문하(土門河)로 표시되어 있으며 쑹화 강의 지류로 표시되어 있다.[18] 따라서 이중하의 주장은 상당히 근거가 있었다.

그런데 1887년의 2차 회담에서 이중하는 이 주장을 번복하였다. 1887년은 청국이 조선의 내정에 깊이 관여하던 시기로서 감계에 나서는 이중하의 입장도 이전과 달리 소극적일 수밖에 없었다. 이제 청국 대표는 두만강의 남쪽에 위치한 서두수(西豆水)와 홍단수(洪丹水)가 두만강의 상류라 주장하고 이를 조사하자고 하였는데, 이 경우 잘못하면 함경도 무산의 장파(長坡)가 청국령으로 넘어가게 되는 결과가 야기될 수 있었다.[19] 「황조일통여지전도」에서는 홍단수와 서두수가 두문강 본류의 남쪽에 표시되어 있고 당시 청나라는 지도의 어윤하(漁潤河)가 서두수라고 주장했다(그림 7-6). 그래서 자칫하면 무산이 중국령이 될 가능성이 있었던 것이다. 결과적으로 회담 후 청국 감계 위원들은 조선에서 도문강(圖們江)을 두만강이라고 부르는데, 무산(茂山)을 경유한 상류에 서두수와 홍단수의 물줄기가 있다고 본국에 보고하였다.

둘째, 청국은 백두산정계비가 소백산 분수령에 있어야 하는데 주민이 몰래 옮겼다고 보았다. 한편 정해회담에서 청국은 조선의 내정에 관여하고 있는 정국을 십분 이용하여 고압적인 자세로 감계의 목적이 백두산정계비에 따라 양국의 국경을 확인하는 것이 아니라 양국을 경계하는 강물의 수원을 탐사하는 것이며, 정계비가 양국의 국경을 나누는 것이 아니라고까지 주장하였다.[20] 반면 이중하는 『흠정통전(欽定通典)』에 "길림과 조선은 도문강으로 경계를 삼는다."고 했으며, 「황조일통여지전도」에 백두산 앞 압록강과 도문강 사이에 물이 없는 곳은 점획(點畫) 표지(標識)가 있어서 경계를 알 수 있고, 『성경통지(盛京通誌)』에 "남쪽으로 장백산에 이르고 그 남쪽은 조선 경계이다."라고 했으니 백두산정계비가 양국의 경계라는 등으로 청국 측 자료를 활용하여 반박하였다. 또한 청국이 두만강의 상류로 주장한 서두수와 홍단수는 조선의 내지로 변계의 대상이 될 수 없다고 주장하였다.[21] 나아가 이중하는 청국이 서두수를 조사한다면 감계에 불응할 것이고, 『흠정회전도설(欽定會典圖說)』과 「황조일통여지전도」는 천하에 반포된 것으로 이미 양국 간 외교 문서에 통용되던 것이라며 청국 측을 압박하였다.[22] 그리고 백두산정계비가 조선인에 의해 옮겨졌으며, 돌과 흙으로 쌓은 단인 비퇴(碑堆)는 청국 조정에서 장백산에 가기 위해 왕래하는 지름길을 표시한 것이지, 경계가 아니라는 청국의 주장에 대해 이 비퇴는 목극등이 돌과 흙으로 단을 쌓고, 그 한 쪽에 국경 표지물을 만든 것이기 때문에 조선의 영토를 구분하는 증거라고 주장하였다.

여기서 언급한 「황조일통여지전도」는 1832년(道光十二年)에 청나라의 동우성(董祐誠)과 이조락(李兆洛)이 제작한 것이다.[23] 이 지도는 강희제의 『황여전람도』와 건륭제의 『건륭십삼배도』를 참조하되 건륭제 시기의 행정 구역

개편과 수로 변경을 반영했다. 동쪽으로는 사할린, 서쪽으로는 파미르 고원, 북쪽은 러시아 국경에 이르는 범위를 나타냈다. 조선의 모습은 『황여전람도』와 유사한데, 이전에 비해 조·청 경계가 명확하게 표시됨을 알 수 있다. 이 지도를 살펴보면, 붉은 점으로 표시된 조·청 경계가 압록강, 두만강과 완전히 일치한다. 두만강의 명칭은 도문강(圖們江)과 대도문강(大圖們江)으로 표기되어 있고 도문강의 지류인 소도문강(小圖們江) 역시 확인할 수 있다. 따라서 19세기 청나라에서는 압록강과 두만강을 조·청 경계로 명확히 인식하고 있었음을 알 수 있다.

이 지도에서 추가로 확인이 가능한 것은 쑹화 강이다. 이 지도의 방안 하나가 0.5°에 해당하는데, 쑹화 강의 유로를 따라 가면 길림이 위치하고 그 위 북위 44.3° 정도에 쑹화(松花)라고 표시했다. 따라서 당시 청나라에서는 이곳을 쑹화 강의 발원으로 생각했을 가능성이 있다. 그리고 조선의 주장대로 쑹화 강이 조청의 경계라면 조선의 영토는 길림을 포함하게 된다. 지도의 좌상단 노란색 경계산 아래에는 혼동강(混同江)이 표시되어 있다. 『신증동국여지승람』에서는 쑹화 강과 혼동강이 천지에서 발원하여 북쪽으로 흐르는 것으로 기술되어 있다.

이것을 당시 이중하의 주장과 관련해 살펴보자. 당시 청나라는 조선인이 정계비를 옮겨 놓았다고 주장하면서 무산 이하 두만강을 경계로 하되, 두만강의 지류 중 가장 남쪽에 있는 서두수(西豆水, 지도에서는 漁潤河)를 경계로 삼으려고 했다. 반면 이중하는 두만강의 발원지를 정계비와 가장 가깝고 제일 북쪽에 위치한 홍토수(紅土水)[24]로 주장했다. 홍토수는 이 지도에서는 백두산정계비 우측의 도문강(圖們江) 즉 두만강 본류에 해당하며, 홍단수는 홍단하(洪丹河)로 표기되어 있다. 두만강의 상류 수류는 크게 4곳인데, 백두산으로부터 남쪽 방향으로 홍토수, 석을수, 홍단수, 서두수 순이다. 청이 홍단수에

➤ 그림 7-6. 「황조일통여지전도」의 북방 영토
프랑스 국립도서관 소장

서 석을수로 양보했지만 이중하가 "내 머리를 자를 수는 있어도 조선의 국토를 잘라낼 수는 없다"고 버티는 바람에 회담은 결렬되었고, 이후 양국의 정치적 상황으로 인해 회담은 이어지지 못했다. 결과적으로 「황조일통여지전도」에 의하면 토문은 쑹화 강으로 해석될 여지가 있다. 그렇지만 이와는 관계없이 당시 중국은 두만강과 압록강을 조·중 경계선으로 인식하고 있었던 것 역시 이 지도에서 확인할 수 있다.

  이제 조금 더 이전으로 돌아가 백두산정계비 설치 당시 조선의 기록을 살펴보자. 1712년 백두산정계비 건립과 관련된 숙종실록(숙종 38년 3월 6일과 8일, 6월 10일)상의 기록들을 검토해 보면, 토문은 두만강을 가리키는 것이 거의 확실하다. 실제로 1712년 이후에 제작된 것으로 추정되는 국립중앙도서관 소장 『해동총도(海東總圖)』에서도 토문강이 두만강을 지칭한다(이서행·정치영, 2011). 그리고 이이명이 1706년 제작한 「요계관방도(遼薊關防圖)」의 백두산 바로 위에 있는 글상자에서도 백두산 동쪽으로 토문강이 흐른다고 기술했다. 또한 이강원(2007, 2010)은 『용비어천가』와 「대동여지도」에 수록된 지명 분석을 통해 토문강, 두만강, 분계강이 동일한 지명이라는 결론을 얻었다.
  한 가지 흥미로운 것은 18세기 중엽에 「북관장파지도(北關長坡地圖)」와 「서북피아양계만리일람지도(西北彼我兩界萬里一覽之圖)」를 비롯한 일부 조선의 고지도에서 토문강 옆에 분계강(分界江)이 등장한다는 것이다. 분계강은 이름 자체가 조선과 청의 국경을 뜻한다. 고지도와 고문헌에 나타나는 분계강은 정계비와 연결된 강은 아니며, 두만강 이북 지역에서 흐르다가 하류에 가서야 두만강으로 흘러들어 가는 강을 말한다. 이에 해당하는 강은 해란강(海蘭江)일 수 있지만, 해란강은 백두산 인근에서 물줄기가 시작되지 않는다. 이 강은 실제로는 존재하지 않는데, 강석화(2000)는 분계강론에 대해 당시까지 청인들이 살지 않았던 두만강 상류와 중류의 이북 지역을 우리 땅이라고 인식하는 전제 아래 분계강을 설정했던 것으로 추정했다. 상상 속에 존재하면서도 일부 고지도에 모습을 드러낸 분계강은 당시 북방 지역 백성들의 실제적인 영토 의식이 반영돼 나타난 것이다. 두만강 이북의 땅이 우리 땅임을 보여 주는 강이 있을 것이라는 의식 속에 그려진 가상의 물줄기이다.

또 한 가지 흥미로운 것은 일본의 간도 인식이다. 1894년 일본 육지측량부에서 제작한 1:1,000,000 지도의 봉천부(奉天府), 길주(吉州) 지도를 보면 간도를 포함한 넓은 지역이 조선의 영역으로 표시된 것을 알 수 있다(그림 7-7). 지도의 선이 국경선인데 범례에는 방국계(邦國界)로 표시되어 있다. 따라서 일본은 간도를 조선의 영토로 인식했음을 알 수 있다. 이렇게 경계를 표시한 이유를 단정할 수는 없지만, 아마도 일본은 대륙 진출을 염두에 두고 간도를 조선의 영토로 표시하여 중국과의 협약에서 자신들이 유리한 입장을 차지하려 했을 가능성이 있다. 그리고 일본은 간도 협약에서 조·청의 동쪽 국경을 '백두산정계비~석을수~도문강(두만강)'으로 확정하고, 간도 거주 조선민은 청나라의 법권(法權)에 복종하여야 한다는 내용을 포함시켰다.

당시 조선인들도 간도를 조선의 영토로 표시한 지도를 제작하기도 했다. 예를 들어 장지연의 1907년 『대한신지지(大韓新地誌)』에 수록된 현성운의 「대한전도(大韓全圖)」, 대한 제국 시기에 현공염이 제작한 1908년 「대한 제국 지도(大韓帝國地圖)」도 간도를 조선령으로 표기했다. 반면 1908년 중국의 정치 지도자인 쑹자오런(宋敎仁)이 제작한 「간도도(間島圖)」에는 두만강과 압록강을 국계로 표시하였다(박선영, 2004). 따라서 이 시기에 간도를 둘러싸고 한·중 간에 미묘한 신경전이 있었던 것을 확인할 수 있다. 그러나 1909년 간도 협약[25]을 통해 조선은 동간도를 상실했고, 시간이 지나면서 조선의 영토 인식은 한반도 이내로 제한되었다.

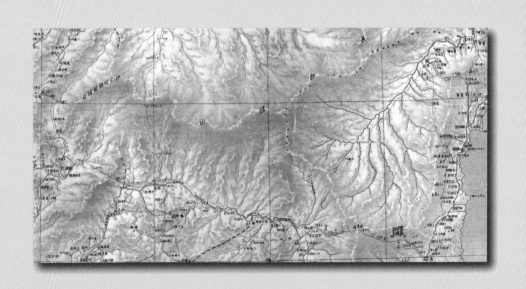

➤ 그림 7-7. 1894년 일본 육지측량부 지도의 간도 26

결과적으로 서양 고지도를 근거로 북방 영토의 영유권을 주장하는 것은 백두산정계비 설치 이전의 상태로 돌아가자는 것이다. 정해감계회담에서 이중하가 주장한 것은 넓은 간도 땅에 대한 영유권이 아니라, 백두산 주변으로 국한된 영토에 대한 영유권의 주장이었다. 따라서 서양 고지도, 이중하, 그리고 간도 협약의 조·중 경계 범위의 편차가 매우 크다는 것을 인지할 필요가 있다.

  간도를 비롯한 북방 영토에 대한 접근 방법은 18세기부터 많은 논쟁을 유발했다. 18세기 말에 '요동 수복론'은 하나의 이념이 되어 있었다(강석화, 2007). 18세기 역사가 이종휘(李種徽)는 『동사(東史)』에서 민족의 기원을 단군, 기자, 삼한으로 출발하여 조선으로 이어진다고 보았으며, 부여와 발해를 민족의 고토로 인식하고 나아가 고구려를 중심축으로 역사책을 서술하고 있다. 그는 요동의 선양(瀋陽) 일원이 단군이래 발해에 이르기까지 동방의 소유였고 고려 역시 심양가는 길에 위치한 청석령(靑石嶺)을 경계로 삼았으며 원나라 말년에 이성계가 원의 잔당을 쳐부수어 동쪽으로 봉황성에서 서쪽으로 요하에 이르기까지 텅 비게 되었으나 끝내 차지하지 못한 것을 안타까워하였다. 신채호는 『조선상고사(朝鮮上古史)』에서 고려의 국경을 논하며, 북벌파인 묘청(妙淸)을 패망시킨 김부식이 사대주의를 근본으로 하여 삼국사기를 지었고 또 고려가 압록강 이남에 안주했다고 비판하였다.
  이러한 이종휘나 신채호의 역사관을 보면 호방한 민족의 기상을 느낄 수 있다. 그리고 한반도의 지정학적 상황에 위축된 우리 자신을 반성하게 된다. 그렇지만 간도 영유권을 주장하는 것이 과연 실제로 이익이 있는지 반드시 되새겨 볼 필요가 있다.
  정약용은 『요동론(遼東論)』에서 서쪽으로 요동을 얻고 동쪽으로 여진을 평정하며 북쪽으로 국경을 넓혀 조선이 큰 나라로 성장하는 것을 바랐다. 그러나 그는 현실적으로 매우 신중하였다. 그래서 요동을 수복하지 못한 것은 유감이지만, 군사 비용과 외교적인 비용에 비해서 이익이 적기 때문에 요동을 차지하지 못한 것이 오히려 나라를 위해서 다행한 일이라고 기술하였다.

향후의 간도 영유권에 대한 주장도 매우 신중할 필요가 있다. 간도 연구는 단순한 연구 이상이다. 사람마다 다른 역사관을 가질 수는 있지만, 근거가 되는 문헌은 철저히 연구해야 한다. 서양 고지도와 한국 고지도, 중국 고지도, 당시의 감계협약에 사용된 자료 등을 철저히 고증하지 않고 일부 자료에만 근거하여 간도를 우리 땅으로 주장하는 것은 심각한 외교 문제를 야기할 수 있다. 배타적 민족주의의 시각으로 과거를 해석하는 것은 오히려 과거를 왜곡하는 결과를 초래할 수 있으며, 동북아 구성 국가 간의 역내 갈등과 긴장을 고조시킬 가능성이 높다. 무엇을 주장하든 국익을 위해 심사숙고하여 주장하되, 그 근거를 확실하게 마련해야 한다. 그렇지 않으면 국내에서는 통용될 수 있어도 실익은 없는 허무한 민족주의의 구호로 끝나게 된다.

한반도, 서양 고지도로 만나다

1. 우리나라에는 2005년 『간도는 조선 땅이다』라고 번역된 제목으로 소개되었다.

2. 좀 더 상세히 설명하면 녹둔도(鹿屯島)를 포함하는 흑산령(黑山嶺) 산맥에서 보타산(普陀山)에 이르는 모든 하천과 쑹화 강 서대원(西大源) 제주광 분수령인 장백산과 그 지맥에서 혼강 본류의 조금 서방을 거쳐 대소고하의 수원에서 압록강과 봉황성 중간에 이르는 선상에 점선으로 그려진 국경선을 의미한다.

3. Carte du Katay ou Empire de Kin

4. Carte Générale de La Tartarie Chinoise

5. 사실 두 지도 모두 레지의 자료를 이용하였고 또 모두 당빌이 편집하였기 때문에 레지선과 당빌선으로 구분하여 부르는 것은 모순이다.

6. L'Emipre de la Chine

7. The Empire of China, with its Principal Divisions

8. Carte de la Tartarie Chinoise

9. La Tartaria Chinese

10. Empire de la Chine

11. Mandchourie Corée, Japon et côtes orientales de la chine d'après les documents russes, japonais et allemands, les cartes d'Etat-Major et les cartes marines

12. China, Korea und Japan

13. Map of Manchuria with corrections by Rev. JOHN ROSS

14. Stanford's Library Map of Asia

15. 『스코틀랜드 지리학회지』의 217-230쪽에 수록된 논문 「만주(manchuria)」에서는 조·청 경계에 대해 언급하지 않았다.

16. 18세기의 조·청 경계는 일종의 면으로 이루어진 변방으로 보는 것이 합당하다. 이는 유럽 국가들의 18세기 지도에서도 마찬가지다. 해안으로 명확히 구분이 가능한 경우를 제외하고는 피레네 산맥과 같은 프랑스와 에스파냐의 국경은 면으로 형성되었다. 다만 그 면이 어느 정도의 너비를 갖느냐가 문제였다.

17. 청국이 주장하는 양국의 경계에 대해서 진위를 가릴 것 세 가지와 고증해야 할 다섯 가지를

말한다. 청국의 군기대신(軍機大臣)이 황제에게 상주한 글에 자세히 나오는데,『감계사등록』
마지막에 수록되어 있다.

18. 지도에서 노란색 선을 따라가면 확인할 수 있다.

19.『감계사등록』하, 1887년 4월 7일

20.『감계사등록』하, 1887년 4월 20일

21.『감계사등록』하, 1887년 4월 15일 청국 관원에게 답함

22.『감계사등록』하, 1887년 윤 4월 9일

23. 이 지도는 8폭으로 만들어졌는데, 원도를 현재 프랑스 국립도서관에서 소장하고 있다. 목록
번호는 GE A-357(RES)이며 크기는 43×243cm이다.

24. 홍토수(紅土水)는 두만강의 최상류로, 현재 북한과 중화인민공화국의 국경을 이루는 하천이
다.

25. 일제는 1905년(광무 9년) 대한제국의 외교권을 박탈한 뒤 청나라와 간도 문제에 관한 교섭을
벌여 오다가 남만주 철도 부설권과 푸순(撫順) 탄광 채굴권을 얻는 대가로 간도를 청나라에 넘
겨주는 협약을 체결하였다.

26. Dai Nippon Teikoku Rikuchi Sokuryōbu

참고문헌

강석화, 1995, 1712년 朝·淸 定界와 18세기 朝鮮의 北方經營, 진단학보, 79, 135-165.

강석화, 2000, 조선후기 함경도와 북방영토의식, 서울: 경세원.

강석화, 2005, 조선후기의 북방영토의식, 한국사연구, 129, 95-115.

강석화, 2007, 19세기 북방 강역에 대한 인식, 역사와경계, 65, 1-26.

강장희, 2001, 포르투갈의 동방무역 진출과 그 위치에 대해서 -주해독점권 주장과 그 실제 적용을 중심으로-, 동양학연구, 7, 165-196.

강준식, 1995, 다시 읽는 하멜표류기, 서울: 웅진닷컴.

권태효, 2008, 근대 여명기 우리 신화 연구, 서울: 민속원.

김기봉, 2012, 서양의 거울에 비친 중국, 철학과 현실, 95, 149-160.

김기혁, 2006, 『조선후기 고지도에 나타난 조·청·노 경인식의 변화』, 부산대학교 부산지리연구소, 보고서.

김기혁, 2015, 『황여전람도』「조선도」의 모본(母本) 지도 형태 연구 -규장각 소장 「관동·관서지도」를 중심으로-, 한국지역지리학회지, 21(1), 153-175.

김득황, 1987, 『白頭山과 北方疆界: 압록강, 두만강은 우리의 국경이 아니다』, 서울: 사지연.

김동엽, 2011, 15-16세기 동남아 해상무역의 특성과 변화, 동남아시아연구, 21, 2, 1-41.

김명기, 2011, 국제법상 쇄환 정책에 의한 독도영토주권의 포기여부 검토, 독도연구, 10, 235-258.

김백영, 2013, 한말 - 일제하 동해의 포경업과 한반도 포경기지 변천사, 도서문화, 41, 7-36.

김상근, 2004, 세계지도의 역사와 한반도의 발견, 파주: 살림.

김은영, 2008, 서양인이 읽은 조선 -조불조약 체결(1886) 전 프랑스에서 생산된 출판물을 중심으로, 서양사론, 99, 201-237.

김은정, 2006, 13세기 서양에서 바라본 몽골 제국의 역사 -카르피네 수도사Giovanni Piano di Carpine의 『몽골의 역사 Storia dei Mongoli』(originale 1329)를 중심으로-, 이탈리아어문학, 19, 21-47.

김우준·정갑영, 2006, 조선족에 대한 한국과 중국의 역사적 인식 비교, 백산학보, 74, 371-401.

김장구, 2010, 플라노 드 카르피니의 『몽골인의 역사』에 보이는 몽골사 인식, 동국사학, 49, 69-103.

김종건, 2007, 백두산, 간도 역사연구의 현황과 쟁점, 동북아역사논총, 18, 65-141.

김현영, 2004, 조선후기 朝·淸 변경의 인구와 국경인식, 한국사론, 41, 109-144.

김혜경, 2012, 예수회의 적응주의 선교, 서강대학교 출판부.

김혜정, 2009, 동해의 역사와 형상: 고지도와 함께 하는 동해이야기, 경희대학교출판문화원.

김호동 역, 2000, 동방견문록, 파주: 사계절.

김호동, 2002, 동방 기독교와 동서문명, 서울: 까치글방.

김화경, 2009, 섬의 소유를 둘러싼 한·일 관습에 관한 연구: 울릉도 쟁계의 결말에 작용된 관습을 중심으로, 독도연구, 7, 5-45.

남영우, 2011, 일제의 한반도 측량침략사, 파주: 법문사.

남영우·김부성, 2009, 독일 지도학자 Siebold의 생애와 업적, 한국지도학회지, 9(1), 1-12.

남의현, 2012, 淸代 柳條邊의 形成과 性格, 명청사연구, 38, 127-161.

남의현, 2012, 고지도를 통해서 본 15~17세기의 변경지대: 압록강, 두만강 변을 중심으로, 만주연구, 14, 37-73.

남종국, 2010, 16세기 지중해 향신료 무역, 서양중세사연구, 26, 261-291.

레이아드, 게리, 1995, 「천하도」의 유래에 대하여, 문화역사지리, 7, 23-26.

리스너, 이바르(김동수 역), 2005, 서양 위대한 창조자들의 역사, 파주: 살림.

리스너, 이바르(최영인·이승구 역), 2008, 고고학의 즐거움, 파주: 살림.

마한, 알프레드 세이어(김주식 역), 1999, 해양력이 역사에 미치는 영향, 서울: 책세상.

맨더빌, 존(주나미 역), 2014, 맨더빌 여행기, 인천: 오롯.

문상명, 2012, 고지도에 나타난 백두산 및 백두산 동북부 하천, 성신여자대학교 대학원, 박사학위논문.

문상명, 2013, 한국 고지도 속 백두산 북동류 하천에 나타나는 북방영역에 관한 인식과 사회적 담론, 문화역사지리, 25(2), 88-105.

미야 노리코(김유영 역), 2010, 조선이 그린 세계지도, 서울: 소와당.

박구병, 1987, 한국포경사, 수산업협동조합중앙회.

박구병, 1995, 미국포경선원의 한국영토 상륙과 한국인과의 접촉에 관한 연구, 아세아 연구, 94, 23-162.

박대헌, 1996, 『서양인이 본 조선』, 서울: 호산방.

박대헌, 2001, 서양 지도에 나타난 제주의 모습과 그 명칭에 관한 연구, 제주도연구, 19, 119-167.

박석순·손승철·신동규·서민교, 2005, 일본사, 서울: 대한교과서.

박선영, 2004, 근대 동아시아의 국경인식과 간도 -지도에 나타난 한중 국경선 변화를 중심으로-, 중국사연구, 32, 199-234.

박선영, 2007, 서간도, 동간도가 명기된 참모본부 지도에 대하여: 중화민국 중앙연구원 근대사연구소에서 새롭게 발견한 간도 자료, 동양사학연구, 101, 299-317.

박선영, 2008, 토문강을 둘러싼 중국의 '역사 조작'혐의, 중국근현대사연구, 40, 131-157.

박선영, 2010, 중화민국 시기의 '간도' 인식, 중국사연구, 69, 425-465.

박용진, 2014, 중세 말 유럽인들의 아시아에 대한 이미지와 그 변화, 서양중세사연구, 33, 353-380.

박천홍, 2008, 악령이 출몰하던 조선의 바다, 서울: 현실문화.

박철, 2011, 16세기 서구인이 본 꼬라이, 서울: 한국외국어대학교 출판부.

박현진, 2007, 獨島 領有權과 地圖·海圖의 證據能力·證明力, 국제법학회논총, 52(1), 89-128.

박화진, 2005, 일본 그리스챤 시대 규슈지역에 대한 고찰, 역사와 경계, 54, 191-226.

배우성, 2014, 조선과 중화, 서울: 돌베개.

볼레스텍스, 프레데릭(이향, 김정연 역), 2001, 착한 미개인 동양의 현자, 서울: 청년사.

블라서, 레오나르트, 2003, 만남과 발견: 극동 아시아에서의 네덜란드 동인도 회사의 활동, 동방학보, 97-118.

비숍, 이사벨라 버드(이인화 역), 1996, 한국과 그 이웃나라들, 서울: 살림.

서길수, 2009, 백두산 국경연구, 서울: 여유당.

서정철, 1991, 서양고지도와 한국, 서울: 대원사.

서정철·김인환, 2010, 지도 위의 전쟁: 고지도에서 찾은 한·중·일 영토 문제의 진실, 서울: 동아일보사.

서정철·김인환, 2014, 동해는 누구의 바다인가, 서울: 김영사.

성백용, 2010, 여행기를 통해 본 동서양의 교류와 소통: 맨드빌의 『여행기』와 동양, 동국사학, 49, 105-138.

성백용, 2011, "몽골의 평화" 시대의 여행기들을 통해서 본 『맨드빌 여행기』의 새로움, 서양중세사연구, 28, 197-229.

성염, 2004, 신국론, 제 11~18권, 칠곡: 분도출판사.

손일, 2014, 네모에 담은 지구: 메르카토르 1569년 세계지도의 인문학, 서울: 푸른길.

송미령, 2011, 예수회 선교사들의 明淸交替에 대한 인식변화와 선교의 모색, 명청사연구, 35, 285-311.

송정남, 2000, 베트남의 역사, 부산대학교 출판부.

시노다 지사쿠(신영길 역), 2005, 간도는 조선땅이다: 백두산정계비와 국경, 서울: 지선당.

신동규, 1998, 17세기 네덜란드의 조선무역기도에 관한 고찰, 사학연구, 55/56, 459-476.

신동규, 2005, VOC의 동북아시아 진출에 보이는 조선무역의 단절과 일본무역 유지정책, 한일관계사연구, 22, 47-79.

신병주, 2007, 규장각에서 찾은 조선의 명품들, 서울: 책과함께.

신진호·전미경, 2011, 마테오 리치의 중국견문록, 서울: 문사철.

심정보·정인철, 2011, 세계고지도의 동해 해역에 나타난 지명 병기의 사례 연구, 영토해양연구, 2, 6-29.

알레니, 줄리오(천기철 역), 2005, 직방외기—17세기 예수회 신부들이 그려낸 세계, 서울: 일조각.

양태진, 1992, 韓國國境史硏究, 서울: 법경출판사.

엄찬호, 2011, 고지도를 통해 본 한·중·일 경계인식의 변화, 한일관계사연구, 39, 3-36.

엄찬호, 2012, 조·중간의 경계분쟁과 고지도, 한일관계사연구, 42, 305-342.

오상학, 2011, 조선시대 세계지도와 세계인식, 서울: 창비.

오인동, 2008, 꼬레아, 코리아: 서양인이 부른 우리나라 국호의 역사, 서울: 책과함께.

오일환, 2010, 서양고지도의 우리나라 반도형태와 한·중 경계인식에 대한 연구, 한국외국어대
학교 국제지역연구센터, 국제지역연구, 13(4), 327-356.

오일환·김기수, 2004, 18세기 서양고지도에 나타난 우리나라와 제주도, 문화역사지리, 16(1),
113-122.

왈라벤(지명숙 역) 2003, 보물섬은 어디에, 서울: 연세대학교 출판부.

유하영, 2014, 수토정책에 대한 국제법적 해석, 독도연구, 16, 263-286.

월러스틴, 이매뉴얼(유재건 외 역), 2013, 근대세계체제 II: 중상주의와 유럽 세계경제의 공고화
1600-1750년, 서울: 까치.

이강원, 2007, 조선후기 국경인식에 있어서 豆滿江·土門江·分界江 개념과 그에 대한 검토, 정
신문화연구, 30(3), 91-118.

이강원, 2010, 『대동여지도』 백두산, 두만강 일대에 표시된 몇 가지 지명의 검토: 국경인식 위
치,어원 및 오기 문제를 중심으로, 한국지역지리학회지, 16(5), 474-496.

이돈수, 2004, 18세기 서양고지도 속에 나타난 북방영토, 간도학보, 1, 245-279.

이돈수, 2006, 서양고지도에 나타난 한국해(동해) 명칭과 바다 경계: 16세기 이후 1830년대까지
변화 양상을 중심으로, 한민족연구, 1, 79-104.

이명희, 2011, 청 강희 시기(1662-1722) 전국 지도 제작에 대한 고찰, 문화역사지리, 23(3),
104-118.

이상업, 2003, 서양인들이 본 한국 근해, 부산: 한국해양개발(주)

이상태, 2006, 사료가 증명하는 독도는 한국땅, 서울: 경세원.

이서행·정치영, 2011, 고지도와 사진으로 본 백두산, 성남: 한국학중앙연구원 출판부.

이성환, 2006, 간도문제 연구의 회고와 전망, 백산학보, 76, 611-643.

이성환, 2012, 한국인의 북방영토 인식: 간도 및 간도문제를 중심으로, 동북아 문화연구, 31,
231-251.

이영림, 2009, 루이 14세는 없다, 서울: 푸른역사.

이왕무, 2011, 이중하의 생애와 정치활동, 이중하와 21세기 한국외교, 외교통상부 세미나 자료
집, 9-31.

이왕무 외, 2010, 역주 감계사등록 하, 동북아역사재단.

이원순, 2002, 김대건(金大建): 한국 교회의 향도자로 순교한 청년 사제, 한국사 시민강좌, 30,
일조각, 177-189.

이재은·양보경, 2011, 서양 고지도에 표현된 한중국경 및 만주, 문화역사지리, 23(3), 21-35.

이진명, 2005, 독도 지리상의 재발견, 서울: 삼인.

이화승, 2014, 明 中期이후, 東南沿海의 海上世界, 동양사학연구, 127, 91-135.

이화자, 2008, 명청시기 중한 지리지에 기술된 백두산과 수계, 문화역사지리, 20(3), 31-50.

이화자, 2009, 광서연간 조청 양국의 을유·정해감계에 대한 재평가, 문화역사지리, 21(1), 243-259.

임병철, 2012, 르네상스기 이탈리아인들의 자아와 타자를 찾아서, 서울: 푸른역사.

장상훈, 2006, 淸代 皇輿全覽圖 收錄 〈朝鮮圖〉 硏究, 동원학술논문집, 8, 113-152.

장영숙, 2013, 일제시기 역사지리서에 반영된 간도(間島) 인식, 동아시아문화연구, 53, 295-328.

정기준, 2013, 고지도의 우주관과 제도원리의 비교연구, 서울: 경인문화사.

정동준, 2010, 13-15세기 향신료 직무역의 역사, 서양사학연구, 23, 1-22.

정성화, 1999, 16세기 유럽 고서에 나타난 한국: 이미지의 태동, 역사학보, 162, 161-187.

정성화, 2001, 16세기 포르투갈 자료에 나타난 한국의 이미지, 경희사학, 23, 199-220.

정성화, 2009, 한국 관련 지식의 유럽적 기반과 내용: 17세기 전반기 예수회 중국 선교, 대구사학, 97, 109-142.

정성화·이돈수·김상민, 2007, 外國古地圖에 表現된 우리나라 地圖 變遷과정 硏究, 수원: 국토지리정보원.

정수일, 2001, 씰크로드학, 서울: 창작과비평사.

정수일, 2012, 오도록의 동방기행, 서울: 문학동네.

정인철, 2006, 카시니 지도의 지도학적 특성과 의의, 대한지리학회지, 41(4), 375-390.

정인철, 2008, 서양중세지도에 표현된 지상낙원의 지도학적 연구, 대한지리학회지, 43(3), 412-431.

정인철, 2010a, 서양고지도에 나타난 곡과 마곡의 표현 유형, 대한지리학회지, 45(1), 165-183.

정인철, 2010b, 16세기와 17세기 서양고지도에 나타난 홋카이도와 주변 지역의 표현, 한국지도학회지, 10(1), 13-25.

정인철, 2010c, 프랑스 국립도서관 소장 서양 고지도에 나타난 동해 지명의 조사 연구, 한국지도학회지, 10(2), 13-27.

정인철, 2011, 부아쉬의 산맥 체계에 의한 바다 분류가 동해 표기에 주는 시사점, 한국지도학회지, 11(2), 15-26.

정인철, 2014, 프랑스 왕실과학원이 18세기 유럽의 중국 지도에 미친 영향, 대한지리학회지, 49(4), 585-600.

정인철·심정보, 2013, 황명직방지도에 수록된 조선에 대한 지리정보, 한국지도학회지, 13(2), 11-22.

정인철·Roux, Pierre-Emmanuel, 2014, 프랑스 포경선 리앙쿠르호의 독도 발견에 대한 연구, 영토해양연구, 7, 146-179.

조광, 1997, 19세기 중엽 西勢東漸과 조선-金大建 殉敎의 歷史的 背景-, 교회사연구, 12, 27-65.

조병현, 2011, 간도영유권 주장의 지적학적 범위 분석, 백산학보, 90, 185-211.

주강현, 2005, 제국의 바다 식민의 바다, 서울: 웅진지식하우스

주경철, 2000, 네덜란드 동인도회사의 설립과정, 서양사연구, 25, 1-34.

주경철, 2005, 네덜란드 동인도회사와 아시아 교역: 세계화의 초기 단계, 미국학, 28, 1-32.

주경철, 2008, 대항해시대, 서울: 서울대학교출판문화원.

지푸루, 프랑수아(노영순 역), 2014, 아시아 지중해, 서울: 선인.

천기철, 2003, 『職方外紀』의 저술 의도와 조선 지식인들의 반응, 역사와 경계, 47, 97-122.

최갑수, 2001, 역사 에세이 유라시아 천년, 한국일보, 2001년 3월 7일자.

최병욱, 2004, 중국에서의 프랑스 보교권(保敎權)의 기원과 성립 -청초(淸初) 프랑스 예수회선
    교사의 중국파견에서 청불(淸佛) 〈북경조약(北京條約)〉의 체결까지, 명청사연구, 22,
    235-270.

최영수, 1989, 포르투갈과 스페인의 교역독점정책에 관한 연구, 한국외대논문집, 22, 637-638.

최영수, 1990, 포르투갈과 스페인의 식민정책에 관한 비교연구, 이베로아메리카연구, 1, 199-
    263.

최영수, 2005, 포르투갈과 일본의 교류에 관한 연구, 포르투갈-브라질 연구 2(1), 117-140.

최영수, 2006, 콜럼버스 이전의 해상발견에 관한 연구: 포르투갈의 해상활동을 중심으로, 국제
    지역연구, 10(3), 339-380.

최장근, 2008, 간도와 독도 영토문제의 비교분석, 일어일문학, 38, 247-264.

최창모, 2004, 기억과 편견 반유대주의의 뿌리를 찾아서, 서울: 책세상.

최혜경, 2010, 서양 고지도를 통해 본 울릉도와 독도: 파인드코리아 웹사이트상의 고지도를 중
    심으로, 한국고지도연구, 2(1), 47-62.

토비, 로널드(허은주 역), 2013, 일본 근세의 '쇄국'이라는 외교, 서울: 창해.

파스키에, 장 티에리, 1983, 프랑스 선의 동해 진출사, 영토문제 연구, 177-189.

프탁, 로데리히(신용철 역), 1985, 포르투갈 극동무역의 성쇠, 동양사학연구, 22, 135-158.

핀투, 페르낭 멘데스(이명 외 역), 2005, 핀투여행기, 서울: 노마드북스.

하네다 마사시(이수열·구지영 역), 2012, 동인도회사와 아시아의 바다, 서울: 선인.

한상복, 1980, 라 뻬루즈의 세계일주 탐사항해와 우리나라 근해에서의 해양조사활동, 한국과학
    사학회지, 2(1), 48-59.

한상복, 1988, 해양학에서 본 한국학, 서울: 해조사.

해외문화홍보원, 2004, East Sea in Old Western Maps.

행정자치부 국가기록원, 2007, 서양 고지도를 통해 본 한국.

홀, 바실(김석중 역), 2000, 10일간의 조선 항해기, 서울: 삶과꿈.

Abeydeera, Ananda, 1994, Taprobane, Ceylan ou Sumatra? Une confusion féconde, *Archipel*, 47,
    87-124.

Akerman, James, 1995. The Structuring of Political Territory in Early Printed Atlases. *Imago
    Mundi*, 47, 138-54.

Akweenda, Sakeus, 1989, The Legal Significance of Maps in Boundary Questions, *British*

    Yearbook of International Law, 60(1), 205-255.

Alegria, Maria Fernanda, Daveau, Suzanne, Garcia, Joao, and Relano, Francesc, 2007, Portuguese Cartography in the Renaissance, in *Woodward, David, (eds.), History of Cartography*, volume 3, 975-1068.

Allen, Rosamund, 2005, *Eastward Bound: Travel and Travellers, 1050-1550*, Manchester University Press.

Andrews, John, H., 2009, *Maps in those days*, Dublin: Four Courts Press.

Balbi, Adrien, 1843, *Elémens de géographie générale, ou, Description abrégée de la terre*, Paris: J. Renouard.

Barney, Stephen A., Lewis, W. J., Beach, J. A. and Berghof, Oliver, 2006, *The Etymologies of Isidore of Seville*, Cambridge University Press.

Barré, Michel, 2003, *Les dernières chasses au cachalot: Açores*, Lille : Editions du Gerfaut.

Baverel, Danièle, Gouragny, Pascal., Méasson, Josette, 2011, *Les cartographes et les nouveaux mondes*, Paris: Point de vue.

Beazley, Raymond, 1903, *The Texts and Versions of John de Plano Carpini and William de Rubruquis*, London: the Hakluyt Society, .

Belcher, Edward, 1843, *Narrative of a Voyage round the World performed in H.M.S. Sulphur, 1836-1842*, Hinds, R.B.

Belcher, Edward, 1848, *Narrative of the Voyage of H.M.S. Samarang during 1843-1846* , London: Reeve, Benham, and Reeve.

Bernard-Maitre, Henri, 1953, L'orientaliste Guillaume Postel et la decouverte spirituelle du Japon en 1552, *Monumenta Nipponica*, 9(1/2), 83-108.

Bernard-Maitre, Henri, 1935, Les Etapes de la Cartographie Scientifique pour la Chine et les Pays Voisins, *Monumenta Serica*, 1(2), 428-477.

Blais, Hélène, 2005, *Voyages au grand ocean: Geographies du Pacifique et colonisation 1815-1845*, Paris: CTHS.

Boyle, John Andrew, 1971, *The Successors of Qenghis Khan*, New York: Columbia University Press.

Brietius, Philippus, 1648, *Parallela geographiae veteris et novae,* Paris: Sébastian Cramoisy et Gabrie Cramoisy.

Broughton, William. R., 1804, *A Voyage of Discovery to the North Pacific Ocean*, London: J. Stockdale.

Broughton, William. R., 1807, *Voyage de découvertes dans la partie septentrionale de l'océan Pacifique*, Paris: Dentu.

Brucker, Joseph, 1881, La mission de Chine de 1722 à 1735. Quelques pages de l'histoire des missionnaires français à Pékin au XVIIIe siècle, *Revue des questions historiques*, 29. 491-532.

Buchon, Jean Alexandre et Tastu, J., 1839, *Notice d'un atlas en langue catalane, manuscrit de l'an 1375*, Paris: Imprimerie royale.

Cady, John Frank, 1954, *The roots of French imperialism in Eastern Asia*, New York: Cornell University Press.

Camino, Marato Merceses, 2005, *Producing the pacific*, Amsterdam: Rodopi.

Cams, Mario, 2014, The China Maps of Jean-Baptiste Bourguignon d'Anville: Origins and Supporting Networks, *Imago Mundi*, 66(1), 51-69.

Chekin, Leonid S., 2006, *Northern Eurasia in medieval cartography*, Turnhout: Brepols.

Chen, Cheng-siang, 1978. The Historical Development of Cartography in China, *Progress in Human Geography*, 2(1), 101-120.

Cherkis, Norman, 2010, The importance of Hydrographic and Oceanographic Programs: protection of national assets in offshore regions, *Proceedings for, The fifth international symposium on application of marine geophysical data and underdea feature names*, Busan, Korea, Oct. 21-22, 2010, 49-57.

Colnett, James, 1940, *The journal of Captain James Colnett aboard the Argonaut from April 26, 1789 to Nov. 3, 1791*, Toronto: The Champlain Society.

Commelinus, Isaac, 1725, *Recueil des voyages qui ont servi a l'etablissement et aux progrez de la Compagnie des Indes orientales, formée dans les Provinces-Unies des Païs-Bas*, Amsterdam: Jean-Baptiste Machuel le jeune.

Conti, Nicolo, 2004, *Le voyage aux Indes de Nicolò de Conti (1414-1439)*, Chandeigne.

Cook, James, 1821, *The three voyages of Captain James Cook round the world*. London: Longman.

Cook, James and King, James, 1784, *A voyage to the Pacific Ocean*, London: John Stockdale.

Cordier, Henri 1895, *L'Extreême-Orient dans l'atlas catalan de Charles V, roi de France*, Paris: Impr. nationale.

Cordier, Henri, 1898, De la situation du Japon et de la Corée: Manuscrit Inédit du Père A. Gaubil S. J., *T'oung Pao*, 9(2), 103-116.

Cortesao, Armando, 1990, *The Suma Oriental of Tomé Pires / An Account of the East, from the Red Sea to Japan, written in Malacca and India in 1512-1515 / and The Book of Francisco Rodrigues*, New Delhi: Asian Education Service.

Cortesao, Armando and Mota, Avelino Teixeira da 1960-1962, *Portugaliae monumenta cartographica*, Lisbon: Imprensa Nacional Casa da Moeda.

Crone, Gerald, R., 1953, *Maps and Their Makers*, London: Htchinson University Library.

Dalché, Patrick, 2007, The Reception of Ptolemy's Geography (End of the Fourteenth to Beginning of the Sixteenth Century, in Woodward, David, (eds.), *History of Cartography*, volume 3, 1550-1568.

Dallet, Claude Charles, 1874, *Histoire de l'Eglise de Corée*. Paris: Victor Palmé.

D'Anville, Jean Baptiste Bourguignon, 1737, *Nouvel Atlas de la Chine, de la Tartarie Chinoise, et du Thibet*. La Haye: Scheurleer.

De Backer, Louis, 1877, *Guillaume De Rubrouck, Ambassadeur De Saint Louis En Orient,* Paris: E. Leroux.

De Coene, Karen, 2012, *Liber Floridus 1121: the world in a book,* Tielt: Lannoo.

De Eredia, Manuel Godinho, 1618, *Declaracam de Malaca, India méridional com Cathay.*

Denucé, Jean, 1908, *Les origine de la cartographie portugaise et les cartes des REINEL,* Paris: Gand.

Dew, Nicholas, 2009, *Orientalism in Louis XIV's France,* Oxford: Oxford University Press.

Dew, Nicholas, 2010, Scientific travel in the Atlantic world: the French expedition to Gorée and the Antilles, 1681-1683, *British Society for the History of Science,* 43(1), 1-17.

Du Bois, Abraham, 1736, *La Geographie moderne, naturelle historique & politique,* La Havre: Jacques vanden Kieboom.

Du Halde, Jean Baptiste, 1735. *Description Géographique, Historique, Chronologique, et Physique de L'Empire de la Chine et de la Tartarie Chinoise.* 4 vols. Paris: Le Mercier.

Edson, Evelyn, 2007, *The World Map 1300-1492,* Baltimore: The Johns Hopkins University Press.

Florovsky, Anthony, 1951, Maps of the Siberian route of the Belgian jesuit, A.Tomas(1690), *Imago Mundi,* 8, 103-108.

France, 1668, *Traité de paix entre les couronnes de France et d'Angleterre: conclu à Breda le 31 juillet 1667,* Paris: l'impr. de Frédéric Léonard.

Gaubil, Antoine, 1970, *Correspondance de Pekin: 1722-1759,* Paris: Droz.

Gerini, Colonel, G.E, 1909, *Researches on Ptolemy's Geography of Eastern Asia,* London: Royal Asiatic Society.

Golvers, Nöel, 2011, Michael Boym and Martino Martini: a contrastive portrait of two China missionaries and mapmakers, *Monumenta Serica.* 59, 259-271.

Goodman, Nelson, 1981, Routes of Reference, *Critical Inquiry,* 8(1), 121-132.

Goodman, Grant, 2000, *Japan and the Dutch 1600-1853,* Richmond, Curzon.

Gottsche, Carl Christian, 1886, *Land und Leute in Korea,* Berlin: W. Pormetter.

Gouye, Thomas, 1692, *Observations physiques et mathématiques,* Paris: Imprimerie royale.

Griffis, William Elliot, 1904, *Corea, the hermit nation,* New York: Charles Scribner's Sons.

Grunzinski, Serge, 2014, *The eagle & the dragon,* Cambridge: Polity.

Gützlaff, Karl Friedrich August, 1834, *The Journal of Three Voyages along the Coast of China in 1831, 1832 & 1833 with Notices of Siam, Corea and Loo Choo Island,* Westley.

Hall, Basil, 1818, *Account of a voyage of discovery to the west coast of Corea, and the great Loo-Choo Island,* London: John Murray.

Harley, John Brian, 1989, Deconstructing the Map, *Cartographica,* 26(2), 1-20.

Harris, Steven, 2005, Jesuit Scientific Activity in the Overseas Missions, 1540-1773, *Isis*, 96(1), 71-79.

Hayes, Derek, 2001, *Historical Atlas of the North Pacific Ocean*, Seattle: Sasquatch Books.

Hefferman, Michael, 2002, The Politics of the Map in the Early Twentieth Century, *Cartography and Geographic Information Science*, 29, 3, 207-226.

Hofmann, Catherine, Richard, Hélène, Vagnon, Emmanuelle, 2013, *L'Age d'or des cartes marines*, Paris: Seuil.

Hsia, Florence, 2009, *Sojourners in a Strange Land*, University of Chicago Press.

Hostellier, Laura, 2007, Global or Local? Exploring Connections between Chinese and European Geographical Knowledge During the Early Modern Period, *East Asian Science, Technology, and Medicine*, 26, 117-135.

Huard, Pierre and Wong, Ming, 1966, Les enquêtes françaises sur la science et la technologie chinoises au XVIIIe siècle, *Bulletin de l'Ecole française d'Extrême-Orient*. 53(1), 137-226.

Huc, Evariste, 1857, *Le christianisme en Chine, en Tartarie et au Thibet*, Paris: Gaume Frères.

Huetz de Lemps, Paul, 2006, Des Français aux îles Hawaii au XIXe siècle, *Revue'Histoire Maritime*, 6, 95-136.

Hutton, Charles, Shaw, George, and Pearson, Richard, 1809, T*he Philosophical transactions of the Royal society of London, from their commencement in 1665, in the year 1800*, volume 6, London: C. and R. Baldwin.

Hyde, Charles Cheney, 1933, Maps as Evidence in International Boundary Disputes, *American Journal of International Law*, 27, 311-316.

Jami, Catherine, 2012, *The emperor's new mathematics*, Oxford: Oxford University Press.

Keuning, Johannes, 1949, Hessel Gerritsz, *Imago Mundi*, 6, 46-66.

Klaproth, Heinrich-Julius von, 1832, *Rinsifée (of Sendai), san kokf tsou ran to sets: ou, Aperqu géneral des trois royaumes,* Paris: John Murray.

Koeman, Cornelis, 1985, *Jan Huygen Van Linschoten*, Coimbra: UC Biblioteca Geral.

La Roncièrs, Monique de and Jourdin Michel Mollat du, 1984, *Les Portulan*, Paris: Nathan.

Lach, Donald F., 2008, *Asia in the Making of Europe, Volume I: The Century of Discovery*, Chicago: University of Chicago Press.

Lacroix, Louis, 1997, *Les Derniers baleiniers français*, Rennes: Ouest-France.

Lambert-Dansette, Jean, 2001, *Histoire de l'entreprise et des chefs d'entreprise en France*, Paris : L'Harmattan.

Ledyard, Gary, 1994, Cartography in Korea, in Harley, John Brian and Woodward, David, (eds.), *History of Cartography,* volume 2. University of Chicago Press, 325-344.

Malon, Claude, 2006, *Le Havre colonial de 1880 à 1960*, Caen: Presses universitaires de Caen.

Malte-Brun, Conrad, 1827, *Universal geography or, A description of all the parts of the world, on a*

한반도, 서양 고지도로 만나다

new plan, according to the great natural divisions of the globe, Philadelphia: A. Finley.

Malte-Brun, Conrad and Huot, Jean-Jacques-Nicolas, 1834, *A System of Universal Geography, Or, A Description of All the Parts of the World, on a New Plan*, Boston: Samuel Walker.

Marston, Geoffrey, 1980, The Abandonment of The 'British Seas, *Cambrian Review*, 62, 62-68.

McLeod, John, 1818, *Voyage of His Majesty's Ship Alceste: Along the Coast of Corea, to the Island of Lewchew, with an Account of her Subsequent Shipwreck*, Londres: J. Murray.

Mignolo, Walter, 2010, *The Darker Side of the Renaissance: Literacy, Territoriality, and Colonization*, Ann Arbor: The University of Michigan Press.

Monin, Pierre, 1625, *Histoire de ce qui s'est passé au royaume de la Chine et du Japon*, Paris: Sebastien Cramoisy.

Mungello, Davis, 1989, *Curious Land: Jesuit Accommodation and the Origins of Sinology*, Honolulu: University of Hawaii Press.

Nieuhoff, Jean, 1670, *Het Gezantschap Der Neêrlandsche Oost-Indische Compagnie, aan den grooten Tartarischen Cham, Den tegenwoordigen Keizer van China*, Amsterdam: Jacob van Meurs.

Nigg, Joseph, 2013, *Sea Monsters*, Chicago: The University of Chicago Press.

Olshin, Benjamin, 1995, A sixteenth century Portuguese report concerning an early Javanese world map, *Manguinhos*, 2(3), 97-104.

Padrón Ricardo, 2002, Mapping Plus Ultra: Cartography, Space, and Hispanic Modernity, *Representations*, 79, 28-60.

Pasquier, Jean, 1982, *Les Baleiniers français au XIX e siècle, 1814--1868,* Grenoble : Terre et Mer.

Pastoureau, Mireille, 1988, *Atlas du monde*, Paris: Sans & Conti.

Pauthier, Guillaume, 1865, *Le livre de Marco Polo*, Paris: Livrairie de Firmin Didot Freres.

Pearson, Michael, 2003, *The Indian Ocean*, London: Routledge.

Pelletier, Philippe, 2011, *Le Liancourt et Les Liancourt*, Seoul: Northeast Asian History Foundation.

Petto, Christine Marie, 2007, *When France was King of Cartography*, Lanham: Lexington Books.

Pflederer, Richard, 2012, *Finding their way at sea*, Houten: Hes & De Graff.

Rackham, Harris, 1938-1942, *Pliny: Natural history books 3-7*, Cambridge: Havard University Press.

Rockhill, William W., 1889, Korea in Its Relations with China, *Journal of the American Oriental Society*, 13, 1-33.

Robbins, Keith, 1997, *Great Britain: Identities, Institutions and the Idea of Britishness since 1500*, London: Routledge.

Rollin, Charles, 1829, *The History of the Arts and Sciences of the Ancients*, London: Rivington.

Romer, Frank E., 1998, *Pomponius Mela's Description of the World*, Michigan: University of

Michigan Press.

Roux, Pierre-Emmanuel, 2009, Les baleines d'un consul en Corée : Pigŭm-do, 1851, in Mélanges offerts à Marc Orange et Alexandre Guillemoz, Paris : Collège de France.

Russel-Wood, A.J.R., 1992, *The Portuguese empire 1415-1808*, Baltimore: The Johns Hopkins University.

Sahlins, Peter, 1989, *Boundaries: the making of france and spain in the pyrees*, Berkley: University of California Press.

Sanson, Nicolas, 1653, *L'Asie*, Paris: Chez L'Autheur.

Schilder, Gunter and van Egmond, Marco, 2007, Maritime Cartography in the Low Countries during the Renaissance, Edited by David Woodward *History of Cartography* Vol. 3, 1384-1432.

Schilder, Günter and Kok, Hans, 2010, *Sailing for the East*, Houten: Hes & De Graaf.

Schutte, Father, J.F., 1969, Japanese Cartography at the Court of Florence; Robert Dudley's Maps of Japan, 1606-1636, *Imago Mundi*, 23, 29-58.

Schwartzberg, Joseph. E., 1994 Southeast Asian Nautical Maps, Edited by J. B. Harley and David Woodward *History of Cartography* Vol.2, 828-838.

Scully, Richard, 2010, 'North Sea or German Ocean'? The Anglo-German Cartographic Freemasonry, 1842-1914, *Imago Mundi*, 62, 46-62.

Semans, Cheryl Ann, 1987, *Mapping the Unknown: Jesuit Cartography in China, 1583-1773*. Ph.D.diss., University of California, Berkeley.

Short, John R., 2004, *Making Space: Revisioning the World, 1475-1600*, New York: Syracuse University Press.

Shorto, Russel, 2013, *Amsterdam: A History of the World's Most Liberal City*, London: Little Brown.

Smith, William, 1854, *Dictionary of Greek and Roman Geography*, London: Walton and Maberly.

Société Belge de Librairie, 1839, *Géographie Universelle ou Description Générale De La Terre*, Bruxelle: Human et co.

Sociétés de Paris, Londres et Bruxelles, 1837 *Dictionnaire géographique universel ou description de tous les lieux du globe*, Bruxelle.

Souciet, Etienne, 1729, *Observations mathématiques, astronomiques, géographiques, chronologiques, et physiques*, Paris: Rollin.

Stevenson, Edward, 1912, *Genoese World Map 1457*, New York: The Hispanic Society of America.

Stevenson, Edward, 1991, *Cladius Ptolemy The Geography*, New York: Dover.

Strabon, 1880, *Géographie de Strabon*, Paris: Hachette.

Suarez, Thomas, 1999, *Early Mapping of Southeast Asia*, Singapore: Periplus.

Subrahmanyam, Sanjay, 2005, On World Historians in the Sixteenth Century, *Representations*,

91, 1, 26-57.

Szczesniak, Boleslaw, 1953, The Atlas and Geographic Description of China: A Manuscript of Michael Boym(1612-1659), *Journal of the American Oriental Society*, 73(2), 65-77.

Szczesniak, Boleslaw, 1956, The seventeenth century maps of China, *Imago Mundi*, 13, 116-136.

Takeuchi, Keiichi, 2004, Perception of the Mediterranean World in China and Japan and vice versa in the History of Geography and Cartography, *Mediterranean world*, 17, 1-16.

Thomaz, Luis Filipe, 1995, The image of the Archipelago in Portuguese cartography of the 16th and early 17th centuries, *Archipel*, 49, 79-124.

Toulouse, Sarah, 2007, Marine Cartography and Navigation in Renaissance France, in Woodward, David, (eds.), *History of Cartography*, Vol. 3. 1550-1568.

Teske, Roland, 1991, *St. Augustine on Genesis: Two books on Genesis against the Manichees and on the literal interpretation on Genesis*, Washington, D.C: The Catholic University of America Press.

Westrem, Scott, 2001, *The Hereford Map*, Turnhout: Brepols.

Wheatley, Paul, 1954, A Curious Feature on Early Maps of Malaya, *Imago Mundi*, 11, 67-72.

Wheeler, Brannon, 2013, Guillaume Postel and the Primordial Origins of the Middle East, *Method and Theory in the Study of Religion*, 25, 244-263.

Winter, Heinrich, 1949, Rodrigues' atlas of ca. 1513, *Imago Mundi*. 6, 20-26.

Woodward, David, 2007, Cartography and the Renaissance, in *Woodward, David, (eds.), History of Cartography*, Vol. 3. 3-24.

Wright, George, 1834, *A new and comprehensive gazetteer*, London: Thomas Kelly.

Wright, John Kirtland, 1923, Notes on the Knowledge of Latitudes and Longitudes in the Middle Ages, *Isis*, 5(1), 75-98.

Wright, John Kirtland, 1925, *The Geographical Lore of the Time of the Crusades*, New York: American Geographical Society.

Wroth, Lawrence, C., 1944, *The Early Cartography of the Pacific*, New York: Martino.

Yoeli, Pinhas, 1970, Abraham and Yehuda Cresques and the Catalan Atlas, *The Cartographic Journal*, 7(1), 17-27.

Yamada, Yoshihiro, 2012, Japanese Book of the Art of Navigation "Gennakoukaiki" (1618) By Kouun Ikeda, *International Committee for the History of Nautical Science XVI International Reunion Bremerhaven* 3 - 6 October, 2012, 1-47.

Yule, Henry, 1866, *Cathay and the way thither: being a collection of medieval notices of China*, London: the Hakluyt society.

Zanco, Jean-Philippe, 2003, *Le ministère de la marine sous le second empire*, Vincennes: Service historique de la marine.

Zelinsky, Wilbur, 1997, Along the frontiers of name geography. *Professional Geographer*, 49(4), 465-66.

지은이

정인철

서울대학교 사범대학 지리교육과를 졸업하고 프랑스 스트라스부르대학교에서 지리
학 석사와 박사 학위를 받았다. 경남발전연구원에서 근무했으며, 1996년부터 부산대
학교 지리교육과 교수로 재직 중이다. 미국 텍사스A&M대학교의 객원교수와 한국지
도학회 회장을 역임했다.

주요 논문으로는 「카시니 지도의 지도학적 특성과 의의」, 「프랑스 왕실과학원이 18
세기 유럽의 중국지도제작에 미친 영향」, 「황명직방지도에 수록된 조선에 대한 지리
정보」 등이 있다. 초창기 연구 주제는 계량적 방법에 의한 지도 비교와 지리정보시스
템이었으나, 현재는 지도가 근대 국가 형성에 미친 영향을 연구하고 있다.